Leopoldina-Jahrbuch 2023

Jahrbuch 2023

Leopoldina Reihe 3, Jahrgang 69

Herausgegeben von

Gerald Haug

Präsident der Akademie

Deutsche Akademie der Naturforscher Leopoldina
Nationale Akademie der Wissenschaften, Halle (Saale) 2024
Wissenschaftliche Verlagsgesellschaft Stuttgart

Redaktion: Dr. Michael KAASCH und Dr. Joachim KAASCH

Das Jahrbuch erscheint bei:
Wissenschaftliche Verlagsgesellschaft Stuttgart,
Maybachstraße 8, 70469 Stuttgart
service@wissenschaftliche-verlagsgesellschaft.de
www.wissenschaftliche-verlagsgesellschaft.de

Das Jahrbuch wird gefördert durch das Bundesministerium für Bildung und Forschung sowie das Ministerium für Wirtschaft, Wissenschaft und Digitalisierung des Landes Sachsen-Anhalt.

Bitte zu beachten:
Die Leopoldina Reihe 3 bildet bibliographisch die Fortsetzung von:
(R. 1) Leopoldina, Amtliches Organ ... Heft 1–58 (Jena etc. 1859–1922/23)
(R. 2) Leopoldina, Berichte ... Band 1–6 (Halle 1926–1930)

Zitiervorschlag: Jahrbuch 2023. Leopoldina (R. 3) 69 (2024)

Die Abkürzung ML hinter dem Namen steht für Mitglied der Deutschen Akademie der Naturforscher Leopoldina – Nationale Akademie der Wissenschaften.

Die im Jahrbuch angegebenen Internetadressen und Verlinkungen sind zum Zeitpunkt des Erscheinens der Publikation gültig. Spätere Veränderungen durch die Betreiber der Internetseiten können nicht ausgeschlossen werden.

Bibliografische Information der Deutschen Nationalbibliothek
Die Deutsche Nationalbibliothek verzeichnet diese Publikation in der Deutschen Nationalbibliografie; detaillierte bibliografische Daten sind im Internet über https://portal.dnb.de abrufbar.

Postadresse: Jägerberg 1, 06108 Halle (Saale), Postfachadresse: 11 05 43, 06019 Halle (Saale)
Hausadresse der Redaktion: Emil-Abderhalden-Straße 37, 06108 Halle (Saale)
Tel.: +49 345 47 23 91 34, Fax +49 345 47 23 91 39
Herausgeber: Prof. (ETHZ) Dr. Gerald HAUG, Präsident der Deutschen Akademie der Naturforscher Leopoldina – Nationale Akademie der Wissenschaften
Printed in Germany 2024
Gesamtherstellung: Druck-Zuck GmbH, Halle (Saale)
DOI:10.26164/leopoldina_10_01253
ISBN (Print): 978-3-8047-4542-1
ISSN (Print): 0949-2364
ISSN (Online): 2748-9477

Gedruckt auf chlorfrei gebleichtem Papier.

Inhalt

4. Satzung

5. Anhang

Das Präsidium der Nationalen Akademie der Wissenschaften Leopoldina am 28. September 2023 zur Leopoldina-Jahresversammlung in Halle/Saale (*von links nach rechts*): Generalsekretärin Franziska Hornig (mit beratender Stimme); die Sekretarin der Klasse IV Prof. Dr. Charlotte Klonk, Kunsthistorikerin, Berlin; die Vizepräsidentin Prof. Dr. Ulla Bonas, Pflanzengenetikerin, Halle (Saale); das Präsidiumsmitglied Prof. Dr. Thomas Lengauer, Informatiker, Saarbrücken; Präsident Prof. (ETHZ) Dr. Gerald Haug, Halle/Mainz/Berlin; der Sekretar der Klasse I Onno Oncken, Geologe, Potsdam; das Präsidiumsmitglied Prof. Dr. Martin Quack, Chemiker, Zürich; Vizepräsident Prof. Dr. Robert Schlögl, Chemiker und Katalyseforscher, Berlin; die Vizepräsidentin Prof. Regina Riphahn, Ph.D., Wirtschaftswissenschaftlerin, Nürnberg; der Vizepräsident Prof. Dr. Thomas Krieg, Mediziner, Köln; und die Sekretarin der Klasse III Prof. Dr. Jutta Gärtner, Medizinerin, Göttingen.

1. Berichte

Markus Scholz | Leopoldina

Markus Scholz | Leopoldina

Bericht des Präsidenten

Gerald Haug ML (Halle/Saale, Berlin, Mainz)

1. Einleitung

Über den Stand der Forschung zu informieren und darauf basierende Handlungsoptionen für Politik und Gesellschaft zur Diskussion zu stellen, sind zentrale Anliegen der Nationalen Akademie der Wissenschaften Leopoldina. Im Rahmen ihrer wissenschaftsbasierten Beratung ging es der Leopoldina 2023 um die Position der Wissenschaft in der demokratischen Meinungs- und Willensbildung, die sie gemeinsam mit Partnerinnen und Partnern im In- und Ausland erörtert hat: Wie hat sich die gesellschaftliche Bedeutung von Wissenschaft – auch im Zuge von Coronavirus-Pandemie, Klimawandel und Energiewende – verändert? Welche Ansätze evidenzbasierter Beratung gibt es auf internationaler Ebene? Und wie reagieren Forschende auf die Verflechtung von Krisen?

Wir können auf die fachliche Expertise von nahezu 1700 Mitgliedern aus allen Bereichen der Forschung zurückgreifen, um unabhängig von politischen oder wirtschaftlichen Einzelinteressen den wissenschaftlichen Erkenntnisstand verlässlich in die Gesellschaft zu vermitteln. Die Mitglieder der Leopoldina bilden mit ihrer wissenschaftlichen Exzellenz das Fundament aller Aktivitäten der Akademie. Ihre herausragenden Leistungen werden akademieintern und durch externe hochrangige Auszeichnungen regelmäßig gewürdigt. So wurden im Jahr 2023 zwei aus Ungarn stammende Leopoldina-Mitglieder mit der berühmtesten wissenschaftlichen Auszeichnung der Welt geehrt: Prof. Dr. Ferenc Krausz ML erhielt den Nobelpreis für Physik, Prof. Dr. Katalin Karikó ML den Nobelpreis für Medizin oder Physiologie. Der wissenschaftliche Werdegang beider Akademiemitglieder belegt eindrucksvoll, wie wichtig Internationalität für den Weg in die Spitzenforschung und für den wissenschaftlichen Austausch in der Leopoldina ist.

In einer Zeit auf Dauer gestellter Krisen gilt es, die Aufklärung, wie sie von der freien Wissenschaft verkörpert wird, gegen Zweifel an ihrer Vertrauenswürdigkeit zu verteidigen. Die Leopoldina ist der gemeinschaftlichen Suche nach verlässlichem Wissen über die Wirklichkeit ohne Wenn und Aber verpflichtet. Deshalb orientiert sie sich unbeirrt an den hohen Standards wissenschaftlicher Exzellenz, die von aufklärungsfeindlichen Kreisen als unrealistisch oder unzeitgemäß kritisiert werden.

In einer Welt, die sich geopolitisch tiefgreifend verändert, versteht sich die Leopoldina als offener Kooperationspartner für alle Akteure, die denselben wissenschaftlichen Werten folgen. Evidenzbasierte Beratung auf Exzellenzniveau benötigt angesichts der Länder und Kontinente übergreifenden Herausforderungen eine hochgradige Internationalität der Institutionen, die sie durchführen – gerade angesichts zunehmender ideologischer Abschottung und kriegerischer Auseinandersetzung.

2. Wissenschaft, Politik und Gesellschaft

2.1 Wiener Thesen und Initiative zur evidenzbasierten Politikgestaltung

Die Leopoldina fördert nicht nur den Transfer wissenschaftlicher Erkenntnisse aus einzelnen Forschungsfeldern in Politik und Gesellschaft; sie diskutiert auch Möglichkeiten, wie innerhalb von staatlichen Einrichtungen Infrastrukturen geschaffen werden können, die die Beachtung wissenschaftlicher Evidenz in Entscheidungsprozessen erhöhen sollen.

„Die Wissenschaft soll als ehrlicher Makler auftreten" und „Wissenschaft soll informieren, nicht legitimieren", lauten zwei der neun *Wiener Thesen zur wissenschaftsbasierten Beratung von Politik und Gesellschaft*,[1] welche die Leopoldina und die Österreichische Akademie der Wissenschaften (ÖAW) beim *Joint Academy Day* am 1. Februar 2023 in Wien (Österreich) zur Diskussion stellten. Die *Wiener Thesen* reflektieren wichtige Erfahrungen beider Akademien während der Coronavirus-Pandemie. Eine der Thesen lautet: Politikerinnen und Politikern darf durch die wissenschaftsbasierte Beratung die Entscheidungslast nicht abgenommen werden. Wissenschaftsakademien werden in den *Wiener Thesen* als glaubwürdige Informationsquellen für Politik und Gesellschaft sowie als Foren kritischer Wissenschaftsreflexion beschrieben.

In der Reihe *Leopoldina-Forum* erschienen 2023 die Ergebnisse zweier Roundtable-Veranstaltungen – „International Perspectives on Evidence-based Policymaking" und „How to strengthen Evidence-based Policymaking? Strategic Positioning within Government"[2] –, die im Rahmen der 2018 ins Leben gerufenen Leopoldina-Initiative für evidenzbasierte Politikgestaltung stattgefunden haben. Auf beiden Veranstaltungen wurden Ansätze vorgestellt, die das Handeln von Politik und Verwaltung durch wissenschaftliche Evidenz unterstützen können. Denn zur Bewältigung von Herausforderungen wie Klimawandel, Energiewende oder Digitalisierung braucht es klar strukturierte, transparente und evidenzbasierte Entscheidungsprozesse. Das Papier gibt Einblicke in internationale *Best-Practice*-Modelle u. a. aus Australien, Finnland, Großbritannien und Kanada.

2.2 Leopoldina-Jahresversammlung „Gesetz(e): Regeln der Wirklichkeit – Regeln für die Wirklichkeit"

Gesetze regeln das Zusammenleben der Gesellschaft, sie äußern sich aber auch indirekt in sozialen Normen und Gewohnheiten, sind unveränderbar in Form von Naturgesetzen oder kategorisch im religiösen Sinn. Dieses breite Spektrum von Natur- und Gottesgesetzen, Gesetzen und Gesetzmäßigkeiten, Regeln und Normen stand im Mittelpunkt der Jahresversammlung der Nationalen Akademie der Wissenschaften Leopoldina am 28. und 29. September in Halle (Saale).

Auf der Leopoldina-Jahresversammlung wurden verschiedene Formen der Bestimmung von Regelmäßigkeiten und Regelfestsetzungen ins Verhältnis zueinander gesetzt

1 https://www.leopoldina.org/fileadmin/redaktion/Publikationen/Nationale_Empfehlungen/2023_Wiener-Thesen.pdf.

2 https://www.leopoldina.org/fileadmin/redaktion/Publikationen/Leopoldina-Forum/2023_Leopoldina_Forum_Roundtables_Evidence-based_Policymaking.pdf.

und die Frage nach dem Status und nach der Funktion von Gesetzen diskutiert. Auf diese Weise wurden verschiedene Wissenschaftskulturen, insbesondere die Natur-, Geistes- und Sozialwissenschaften, in ein gewinnbringendes Gespräch gebracht. Die wissenschaftliche Koordination der Jahresversammlung 2023 hatten der Romanist Prof. Dr. Andreas Kablitz ML, der Physiker Prof. Dr. Konrad Samwer ML und der Rechtswissenschaftler Prof. Dr. Andreas Vosskuhle ML übernommen.

2.3 Wissenschaft, die den Blick auf sich zurückwirft: Frühjahrstagung des Zentrums für Wissenschaftsforschung

Seit einigen Jahren werden Geltungsansprüche wissenschaftlichen Wissens, der Rang wissenschaftlicher Expertise in politischen Prozessen sowie der gesellschaftliche Zweck und Nutzen der Wissenschaft mitunter hitzig diskutiert. Das fordert auch die Forschungen über die Wissenschaft heraus, sich selbst zu reflektieren: Mit welchen Konzepten kann die veränderte gesellschaftliche Bedeutung der Wissenschaft analysiert und verstanden werden? Welche Ziele sollten die Forschung über Wissenschaft und ihr Verhältnis zur Gesellschaft verfolgen? Welche Forschungsperspektiven hat sie dazu miteinander zu verbinden?

Unter dem Begriff „Wissenschaftsreflexion“ werden jene Formen von Forschung verstanden, die solche Fragen in den Blick nehmen. Dabei geht die Wissenschaftsforschung von einem interdisziplinären Paradigma aus, indem sie Aspekte der Wissenschaftsphilosophie und -geschichte mit jenen der Soziologie sowie Politologie verbindet. Dieser interdisziplinären Ausrichtung trug auch das Programm der Frühjahrstagung des Zentrums für Wissenschaftsforschung Rechnung, die vom 29. bis 30. März 2023 unter dem Titel „Wissenschaftsreflexion – Konzepte, Ziele, Perspektiven“ stattfand und von Forscherinnen und Forschern der Philosophie, Soziologie, Geschichte und Rechtswissenschaft interdisziplinär organisiert worden war. Während der Tagung wurden die theoretischen Überlegungen auf die Lebenswelt bezogen, indem gleichermaßen Popularisierungs- und Leugnungstendenzen von Wissenschaft in der Gesellschaft betrachtet wurden. Weitere Perspektiven waren die internationale Wissenschaftsreflexion sowie die Wissenschaftspolitik und deren Implikationen für die Wissenschaftsreflexion.

3. Wissenschaftssystem

3.1 Federführung der Leopoldina in der Allianz der Wissenschaftsorganisationen

Zum 1. Januar 2023 übernahm die Leopoldina für ein Jahr die Federführung in der Allianz der Wissenschaftsorganisationen. Diese ist ein Zusammenschluss der bedeutendsten Wissenschaftsorganisationen in Deutschland. Sie nimmt regelmäßig Stellung zu wichtigen Fragen der Wissenschaftspolitik.

Sowohl auf nationaler Ebene als auch auf Ebene der Europäischen Union war die Allianz 2023 aktiv, um sich für Belange von Wissenschaftlerinnen und Wissenschaftlern sowie eine Verbesserung der Rahmenbedingungen für Wissenschaftseinrichtungen einzusetzen. Mit dem Ziel, die Bürokratiebelastung in der Wissenschaft zu reduzieren, reichte die Allianz einen umfangreichen Vorschlagkatalog bei der Verbändeabfrage zum

Bürokratieentlastungsgesetz ein. Mit Stellungnahmen beteiligte sie sich an Verbändeanhörungen, u. a. zu den Referentenentwürfen zur Novellierung des Lobbyregistergesetzes sowie für ein Gesetz zur Stärkung der Resilienz kritischer Einrichtungen. Auch für eine rasche Neu- und Wiederberufung wissenschaftlicher Mitglieder der Zentralen Kommission für Biologische Sicherheit setzte sich die Allianz ein. Ein zentrales Allianz-Thema war die Novellierung des Wissenschaftszeitvertragsgesetzes. Nach der Veröffentlichung der Eckpunkte äußerte sich die Allianz mit einem viel besprochenen Diskussionspapier. In Reaktion auf den Referentenentwurf veröffentlichte die Allianz einen im Dialog noch einmal weiterentwickelten Vorschlag zur Gestaltung attraktiver Wissenschaftskarrieren. Auf Ebene der Europäischen Union engagierte sich die Allianz für eine wissenschaftsbasierte Diskussion zu Tierversuchen in der Forschung sowie die wissenschaftsadäquate Ausgestaltung eines *Cyber-Resilience-Acts*.

Die nationale Abstimmung zu internationalen Themen gewann 2023 angesichts der komplexen geopolitischen Weltlage zunehmend an Bedeutung. Der „Koordinierungskreis Ukraine“ der Allianz organisierte unter Federführung der Leopoldina u. a. zwei Treffen des Koordinierungskreises in erweiterter Form, die auch Förderstiftungen, Ministerien sowie Akteurinnen und Akteure aus der Ukraine einbezogen. Ziel war die Vorbereitung eines langfristig angelegten Ukraine-Handlungskonzepts. Im Herbst stand der Terrorangriff der Hamas auf Israel am 7. Oktober und seine Auswirkungen im Fokus der Allianz-Arbeit. In einer gemeinsamen Stellungnahme betonte die Allianz nachdrücklich ihre Solidarität mit Israel. Die Diskussion über den Umgang mit Risiken in internationalen Forschungskooperationen begleitet die Allianz bereits seit einigen Jahren. Die China-Strategie der Bundesregierung gab dem Austausch unter den Allianz-Organisationen unter Einbezug der Expertise des Ausschusses zur Koordinierung der Auslandsbeziehungen (AKA) neue Impulse.

Unter Federführung der Leopoldina verlängerte die Allianz das Mandat für den Gemeinsamen Ausschuss für sicherheitsrelevante Forschung. Auch der Kooperationsvertrag zur ABS/Nagoya-Protokoll-Informationsplattform konnte 2023 geschlossen werden und die Plattform ihre Arbeit aufnehmen. Beschlossen wurde auch die Weiterentwicklung der Allianz-Initiative „Digitale Information“ zum Allianz-Schwerpunkt „Digitalität in der Wissenschaft“. Vor diesem Hintergrund setzte 2023 auch eine vertiefte Beschäftigung u. a. mit dem textbasierten Dialogsystem *ChatGPT* und dem im Koalitionsvertrag angekündigten Forschungsdatengesetz ein.

3.2 Gemeinsamer Ausschuss zum Umgang mit sicherheitsrelevanter Forschung

Der Gemeinsame Ausschuss zum Umgang mit sicherheitsrelevanter Forschung der Deutschen Forschungsgemeinschaft (DFG) und der Leopoldina hat sich als zentrale Koordinierungsstelle des deutschen Wissenschaftssystems rund um ethische Fragen sicherheitsrelevanter Forschung etabliert. Daher haben die Präsidien der Leopoldina und der DFG das Mandat des Ausschusses zum dritten Mal um weitere drei Jahre verlängert, damit er weiterhin deutsche Forschungseinrichtungen bei der Implementierung der gemeinsamen *Empfehlungen zum Umgang mit sicherheitsrelevanter Forschung*[3] (2022) unterstützt.

3 https://www.leopoldina.org/fileadmin/redaktion/Publikationen/Nationale_Empfehlungen/2022_DFG-Leopoldina_Empfehlungen_Wissenschaftsfreiheit_web.pdf.

Ziel ist es, die Selbstverwaltung und Bewertungskompetenz der Wissenschaften beim Umgang mit potenziellen Risiken der Forschung nachhaltig zu stärken. Dies gilt insbesondere für die Arbeit der inzwischen etwa 100 deutschlandweit arbeitenden Kommissionen für Ethik sicherheitsrelevanter Forschung.

In Zeiten geopolitischer Spannungen und komplexerer Forschungsinnovationen, etwa im IT-Bereich, wird das Vertrauen in die Selbstverwaltung der Wissenschaften im Spannungsfeld von Forschungsfreiheit und -risiken auf eine neue Probe gestellt. Die internationale Forschungsgemeinschaft und nationale Behörden führen in diesem Zusammenhang intensive Debatten über die Integrität und Sicherheit von Forschung. Ziel soll es sein, weiterhin verantwortungsvolle Forschungskooperationen auch mit Ländern zu ermöglichen, die abweichende Werte und Grundsätze, etwa in Bezug auf Menschenrechte und demokratische Prinzipien, aufweisen. Der Ausschuss beteiligte sich auch 2023 an zahlreichen nationalen Tagungen und Workshops sowie in der G7-Arbeitsgruppe „Security and Integrity of the Research Ecosystem" (SIGRE) und an einem Workshop der Europäischen Kommission zu Forschungssicherheit. Weiterhin führte er am 5. Juni 2023 in Berlin eine Tagung zur Sensibilisierung und Kompetenzbildung für Ethik sicherheitsrelevanter Forschung in der Lehre durch.

4. Energie und Klima

4.1 Energiewende im Fokus des Forschungsgipfels 2023 und in Publikationen der Leopoldina

Beim Forschungsgipfel 2023, der am 28. März unter dem Motto „Blockaden lösen, Chancen nutzen: Ein Innovationssystem für die Transformation" im Berliner Allianz-Forum stattfand, diskutierten Persönlichkeiten aus Wirtschaft, Wissenschaft und Politik über Leitideen für Innovations-*Roadmaps* und beschleunigte Prozesse, um die gesellschaftliche Transformation hin zu mehr Nachhaltigkeit und Digitalisierung voranzutreiben.

Angesichts der aktuellen Krisen standen auf dem Forschungsgipfel 2023 zwei Innovationsfelder besonders im Fokus: die Digitalisierung der Gesundheitswirtschaft und die nachhaltige Gestaltung des Energiesystems. Zum zweiten Thema stellte Leopoldina-Vizepräsident Prof. Dr. Robert Schlögl ML das Diskussionspapier *Leitideen für die Transformation des Energiesystems*[4] vor. Um in Deutschland und Europa die Pariser Klimaziele zu erreichen, muss das Energiesystem transformiert werden. Erforderlich sind Strategien, die von den zu erreichenden Zielen her konzipiert, daher möglichst technologieoffen sind und so weit wie möglich die Attraktivität privater Investitionen in die Transformation erhöhen. Dafür ist vor allem die Klärung von Rahmenbedingungen für Investitionen und deren Verlässlichkeit zentral. Parallel sollen Anreize und Vorgaben eine effizientere Energienutzung bewirken. Damit die Energiewende gelingt, ist ein breiter gesellschaftlicher Partizipations- und Diskussionsprozess wichtig, für den das Diskussionspapier Leitideen vorstellt.

4 https://www.leopoldina.org/fileadmin/redaktion/Publikationen/Nationale_Empfehlungen/2023_Leopoldina_Diskussionspapier_Transformation_des_Energiesystems.pdf.

Das Energiesystem in Deutschland wird mit Blick auf die Klimaziele derzeit massiv umgebaut. Inwieweit neben erneuerbaren Energien auch die Kernfusionsenergie hierzu einen Beitrag leisten könnte, war 2023 eine intensive Debatte der Forschungs- und Energiepolitik. Die Diskussion kreiste insbesondere um die Frage, ob mit der Laserfusionsforschung eine zweite Kernfusionstechnologie eine breite Förderung erfahren soll. Im Leopoldina-Fokus *Kernfusion: eine Option für Energiesicherheit und Klimaschutz?*[5] vom Oktober 2023 erläutern drei Forscherinnen und Forscher den Wissensstand unterschiedlicher technologischer Ansätze (Magnet- und Laserfusion) und unter welchen Bedingungen Kernfusion in den kommenden Jahrzehnten die Energieversorgung substanziell ergänzen und damit zu Energiesicherheit und zum Klimaschutz beitragen könnte.

4.2 Internationale Beratungen zur Energiewende

Die Europäische Union will bis 2050 klimaneutral werden. Dazu ist eine grundlegende Transformation notwendig, insbesondere in den Sektoren Energie, Mobilität und Landwirtschaft. Den europäischen und internationalen Diskurs dazu wissenschaftlich zu begleiten, ist ein Ziel der Leopoldina. Gemeinsam mit der Polnischen Akademie der Wissenschaften hat die Leopoldina die Europäische Klimakonferenz (*European Climate Conference*) initiiert. Die Konferenz fand vom 15. bis 16. Mai 2023 in Warschau (Polen) statt und versammelte rund 100 Wissenschaftlerinnen und Wissenschaftler aus 45 Ländern. Sie befassten sich mit den sich verstärkenden negativen Folgen des Klimawandels, etwa der Zunahme von Extremwetterereignissen, und diskutierten sektorenübergreifende Strategien und Maßnahmen, um Transformationsprozesse zu beschleunigen. In einer gemeinsamen Abschlusserklärung (*Warsaw Communiqué*[6]) empfehlen sie einen systemischen Ansatz zur Erreichung der Klimaneutralität.

Die Frage, wie die Energiewende konkret gestaltet werden kann, stand im Mittelpunkt des trilateralen Symposiums „Energy Solutions", das die Leopoldina gemeinsam mit der Nationalen Akademie der Wissenschaften der USA und der Israelischen Akademie der Wissenschaften vom 11. bis 12. Oktober 2023 in Berlin und Halle (Saale) veranstaltet hat. 30 Expertinnen und Experten aus Deutschland, den USA und Israel tauschten sich über den Stand der Forschung in Wissenschaft und Industrie sowie über die unterschiedlichen Strategien der Energiewende in den drei Ländern aus. Dabei ging es um alle Teilbereiche des Energiesektors von der Erzeugung über die Speicherung, Umwandlung, Übertragung und Versorgung sowie um die Skalierbarkeit neuer, klimafreundlicher Technologien.

CO_2-neutrale Energiesysteme und Technologien, globale Preismechanismen für Kohlendioxid sowie die internationale Zusammenarbeit in Energie- und Klimafragen stehen aktuell auch im Zentrum der Kooperation der Leopoldina mit der Chinesischen Akademie der Wissenschaften (CAS). Bei der Wiederaufnahme ihrer Beziehungen nach der Pandemie im Rahmen einer Delegationsreise der Leopoldina nach Peking (China) im Juli sowie

5 https://www.leopoldina.org/fileadmin/redaktion/Publikationen/Diskussionen/2023_Leopoldina_Fokus_Kernfusion.pdf.

6 https://www.leopoldina.org/fileadmin/redaktion/Publikationen/Nationale_Empfehlungen/2023_ECC_Warsaw_Communique_web.pdf.

beim Besuch des CAS-Präsidenten bei der Leopoldina im Oktober 2023 vereinbarten die Präsidenten der beiden Akademien eine gemeinsame Konferenz zu diesem Thema. Diese wurde im November 2023 offiziell für den 29. und 30. Oktober 2024 in Berlin unter dem Titel „On the Path to Carbon Neutrality“ angekündigt.

5. Landnutzung

5.1 Diskussionen über Herausforderungen und Lösungsansätze zur Landnutzung

Die Fokusgruppe „Biodiversität – Landnutzung – Klima“, die Arbeitsgruppe „Internationaler Agrarhandel“ und die Arbeitsgruppe „Moore und Auen“ luden im Jahr 2023 zu mehreren Veranstaltungen ein und sprachen hierbei unterschiedliche Zielgruppen an.

Beim virtuellen Podium „Nasse Moore! Klimaschutz, Naturschutz und Nutzungsperspektiven“ am 9. November 2023 diskutierten Expertinnen und Experten mit fachlich Interessierten die Perspektiven und die Bedeutung der Wiedervernässung trockengelegter Moore für die Erreichung der nationalen, europäischen und internationalen Klimaschutzziele.

Das Leopoldina-Symposium „Mehr, größere oder bessere Schutzgebiete? Wie Deutschland die biologische Vielfalt besser schützen kann“ am 27. November 2023 in der Landesvertretung Sachsen-Anhalt in Berlin wurde von Steffi Lemke, Bundesministerin für Umwelt, Naturschutz, nukleare Sicherheit und Verbraucherschutz, eröffnet. Expertinnen und Experten für die Bereiche Agrarlandschaft, Küsten und Meere, Wald sowie Binnengewässer und Auen skizzierten den Zustand dieser Ökosysteme und ihre jeweiligen Perspektiven auf die Schlüsselfrage.

Der Rückgang der Biodiversität hat in der Agrarlandschaft in den vergangenen Jahren immer kritischere Ausmaße angenommen. Auch die klimawirksamen Emissionen aus entwässerten Moorböden sind in den Fokus der Politik gerückt. Die Herausforderung einer „Landwende“ besteht darin, die vielfältigen Anforderungen an Landnutzung zu integrieren und gleichzeitig die Landwirtschaft in Deutschland zukunftsfest zu gestalten. Hierüber diskutierten am 30. November 2023 die Expertinnen Prof. Dr. Katrin Böhning-Gaese ML und Dr. Franziska Tanneberger mit zwölf Mitgliedern des Deutschen Bundestags im Rahmen eines Parlamentarischen Frühstücks in der Deutschen Parlamentarischen Gesellschaft. Das Interesse der Abgeordneten richtete sich dabei insbesondere auf die Möglichkeiten der Bewirtschaftung wiedervernässter Moorstandorte.

5.2 Nachhaltige Aquakultur für eine globale Ernährungssicherheit nutzen – Kooperation mit Brasilien

Ob nachhaltige Aquakultur dazu beitragen kann, die Landnutzung effizienter zu gestalten und die Ernährungssicherheit zu verbessern, diskutierten Nachwuchswissenschaftlerinnen und Nachwuchswissenschaftler aus Südamerika und Europa im Rahmen des Workshops „Sustainable Aquaculture – Environmental Impacts and Food Security” vom 16. bis 19. Oktober 2023 am Leibniz-Institut für Gewässerökologie und Binnenfischerei in

Berlin. Mit der Veranstaltung setzen die Leopoldina und die Brasilianische Akademie der Wissenschaften ihre langjährige Kooperation zum Thema „Water and Regional Development“ fort.

In den letzten Jahren hat sich der Aquakultursektor zu einer Alternative für die Versorgung mit tierischen Proteinen entwickelt, da Fische Futtermittel effizienter in Fleisch umwandeln als an Land gehaltene Nutztiere. Dem gegenüber stehen jedoch ökologische und soziale Auswirkungen wie z. B. die mögliche Belastung natürlicher Lebensräume und Ökosysteme. Im Workshop wurden gemeinsam Lösungsansätze zur Risikominimierung unter Berücksichtigung der Vielfalt der Aquakulturwirtschaft und der gesellschaftlichen Rahmenbedingungen erarbeitet, die auch publiziert werden sollen.

Im Kontext des Workshops fand eine öffentliche Podiumsdiskussion zum Thema „From Aquafarm to Fork?“ in der brasilianischen Botschaft in Berlin statt. Im Mittelpunkt standen die Herausforderungen und Chancen einer nachhaltigen Aquakultur. Neben Charlina Vicheva, der Leiterin der Generaldirektion für Maritime Angelegenheiten und Fischerei der Europäischen Kommission, nahmen Vertreterinnen und Vertreter der Welternährungsorganisation (FAO), des *Aquaculture Stewardship Council*, *IGLO (Deutschland)* und des Bundesministeriums für Ernährung und Landwirtschaft an der Diskussion teil.

5.3 Start für die Zukunftswerkstatt Landwende

Land ist eine begrenzte und damit umkämpfte Ressource – als Anbaufläche, Weideland oder geschützter Lebensraum. Für eine verantwortungsbewusste, nachhaltige und gerechte Landnutzung müssen die vielfältigen Landnutzungsansprüche miteinander in Einklang gebracht und Schäden für Umwelt, Klima, Tier und Mensch minimiert werden. Chancen und Herausforderungen einer „Landwende“ wurden am 29. August 2023 unter dem Titel „Landwende: Wie wollen wir leben?“ thematisiert.

Unter der wissenschaftlichen Leitung von Prof. Dr. Katrin Böhning-Gaese ML, Direktorin des Senckenberg Biodiversität und Klima Forschungszentrums, diskutierten Wissenschaftlerinnen und Wissenschaftler aus den Bereichen Biodiversität, Klima, Ernährung, Ethik und Ökonomie Fragen nach wirtschaftlichem Wachstum und planetaren Grenzen, nach globaler und gesamtgesellschaftlicher Gerechtigkeit, und nach der Verantwortung von Wissenschaft, Politik und Gesellschaft sowie nach der Freiheit des Einzelnen.

6. Medizin

6.1 Empfehlungen zur Krankenhausreform

Die Politik hat parteiübergreifend erkannt, dass tiefgreifende Reformen im deutschen Gesundheitssystem notwendig sind. Ziel der von der Bundesregierung initiierten Krankenhausreform ist es, langfristig die Behandlungsqualität, beispielsweise durch Bündelung von Kompetenzen, zu steigern, und gleichzeitig eine flächendeckende Versorgungssicherheit zu gewährleisten. Die Reform bietet jedoch darüber hinaus die Chance, auch die wissenschafts- und evidenzbasierte Gesundheitsversorgung langfristig zu stärken.

Darauf macht die im Juni 2023 veröffentlichte *Ad-hoc*-Stellungnahme *Die Krankenhausreform für eine wissenschaftlich fundierte Gesundheitsversorgung nutzen*[7] aufmerksam. Für den Ausbau eines wissenschaftlich fundierten Gesundheitssystems kommt den Universitätsklinika eine Schlüsselrolle zu: Sie verbinden interdisziplinäre Forschung, Lehre und klinische Versorgung, bieten Aus-, Fort- und Weiterbildungen und ermöglichen es über die Einrichtung von Zentren, ärztliche und wissenschaftliche Expertise zu konzentrieren.

Für eine optimale Versorgung von Patientinnen und Patienten ist es notwendig, alle beteiligten Partner des Gesundheitssystems, Krankenhäuser, niedergelassene Ärztinnen und Ärzte sowie universitäre und außeruniversitäre Forschungseinrichtungen zu integrieren und aufeinander abzustimmen. Hierzu ist es wichtig, bestehende Kooperationen auszubauen und systematisch Netzwerkstrukturen mit der Universitätsmedizin in einer zentralen koordinierenden Rolle zu schaffen.

6.2 Fokus auf Long-COVID

Neben Empfehlungen zur Krankenhausreform standen die Auswirkungen der Coronavirus-Pandemie im Fokus der Arbeit der Leopoldina. Nach einer milden Coronavirus-Infektion leiden ca. 5 % der Betroffenen noch zwölf Monate danach an Symptomen, die unter den Oberbegriffen „Long-COVID“ oder „Post-COVID“ zusammengefasst werden. Für die meisten Patientinnen und Patienten ist bislang noch keine wirksame Behandlung verfügbar. Das Risiko, chronisch zu erkranken, ist hoch. Post-COVID-Zustände sind heterogen und variieren stark in ihrer Ausprägung und Schwere. Das gilt auch für die myalgische Enzephalomyelitis/chronisches Fatigue-Syndrom (kurz ME/CFS) – eine der häufigsten Folgeerkrankungen, von der schätzungsweise 17 Millionen Menschen bereits vor der Pandemie weltweit betroffen waren.

Am 24. Januar 2023 hat die Leopoldina im Rahmen der Reihe „Leopoldina International Virtual Panel“ (LIVP) eine Online-Podiumsdiskussion über neueste Forschungsergebnisse zu Long-COVID durchgeführt. Im Zentrum standen die immunologischen Grundlagen, das große Spektrum möglicher Symptome, die Schutzwirkung von Impfungen sowie aktuelle Therapieansätze für Menschen, die auch Monate nach einer COVID-19-Infektion noch Symptome zeigen. Vier international führende Expertinnen und Experten aus Deutschland, Frankreich, Israel und den USA waren auf dem Panel vertreten. Über 600 Zuschauerinnen und Zuschauer aus mehr als 30 Ländern – darunter Vertreterinnen und Vertreter aus Wissenschaft, Politik und Medien sowie Betroffene von Long-COVID – verfolgten die Diskussion online. Am 12. Juli 2023 hielt Klasse III „Medizin“ der Leopoldina ihr Symposium „Different Perspectives on Long-/Post-Covid“ ab, zu dem internationale Expertinnen und Experten nach Halle (Saale) kamen.

7 https://www.leopoldina.org/fileadmin/redaktion/Publikationen/Nationale_Empfehlungen/2023_Leopoldina-Ad-hoc-Stellungnahme_Krankenhausreform.pdf.

6.3 Austausch mit afrikanischen Akademien zu Infektionskrankheiten und mit der koreanischen Akademie zur Hirnforschung

Mit ihren internationalen Fachsymposien bringt die Leopoldina Fachexpertise aus aller Welt zusammen. Der interdisziplinäre Austausch dient dazu, möglichst umfassende Antworten auf aktuelle wissenschaftliche Herausforderungen zu finden, und fließt in die unabhängige Beratung von Politik und Öffentlichkeit zu Themen von globaler Relevanz ein.

Vom 23. bis 24. Mai 2023 fand ein afrikanisch-deutsches Symposium am Max-Planck-Institut für Infektionskrankheiten in Berlin statt, das die Leopoldina gemeinsam mit der *Academy of Science of South Africa* (ASSAf) und den Wissenschaftsakademien aus Senegal und Äthiopien veranstaltete. Im Fokus standen die Lehren aus der Coronavirus-Pandemie für eine globale Pandemievorsorge. Unter Einbeziehung von Nachwuchswissenschaftlerinnen und -wissenschaftlern und auf der Basis neuester Forschungsergebnisse skizzierten die Teilnehmerinnen und Teilnehmer des Workshops einen sektorübergreifenden und multidimensionalen Ansatz bei der Bekämpfung von Pandemien.

Wie ein solcher Ansatz zur globalen Pandemievorsorge konkret umgesetzt werden kann, war die Leitfrage der öffentlichen Podiumsdiskussion „Pandemic Preparedness beyond COVID-19“. In der südafrikanischen Botschaft in Berlin diskutierten Wissenschaftlerinnen und Wissenschaftler aus Südafrika, Senegal, Äthiopien und Deutschland mit Vertreterinnen und Vertreter des Bundesministeriums für Gesundheit und der Pharmaunterunternehmen Biovac und Roche. Im Beisein des südafrikanischen Botschafters erneuerten zudem Leopoldina und ASSAf ihr seit 2013 bestehendes Kooperationsabkommen. Bei dem Symposium handelte es sich um die vierte Veranstaltung in einer gemeinsamen Reihe von Leopoldina und ASSAf zu Infektionskrankheiten. Unterstützt wurde die Veranstaltung von der *German Alliance for Global Health Research* (GLOHRA).

Ein gemeinsam mit der *Korean Academy of Science and Technology* (KAST) organisiertes Symposium vom 28. bis 29. Juni 2023 brachte 23 renommierte Wissenschaftlerinnen und Wissenschaftler aus Südkorea und Deutschland zum Thema Hirnforschung in Halle (Saale) zusammen. Unter dem Titel „Advances in Brain Research“ wurden aktuelle Trends und neuste Ergebnisse der Hirnforschung sowie neue Wege zur Behandlung, Heilung und Vorbeugung von Hirnkrankheiten diskutiert. Aufgegriffen wurden dabei auch Chancen und Grenzen von Hirnorganoiden, zu denen die Leopoldina bereits 2022 eine umfassende Stellungnahme vorgelegt hatte, sowie der Einsatz von künstlicher Intelligenz in der Hirnforschung. Die KAST ist eine der strategischen Partnerakademien der Leopoldina in Asien. Seit 2012 besteht ein Kooperationsabkommen.

7. Internationale Kooperationen

7.1 Internationale Netzwerke und Science Diplomacy in Zeiten von Krisen und Konflikten

Das globale Umfeld ist derzeit geprägt von militärischen Konflikten und gleichzeitig auftretenden Krisen, die auch Wissenschaft und Bildung betreffen, wie der anhaltende russische Angriffskrieg gegen die Ukraine oder die Spannungen auf dem Balkan, im Nahen Osten und in Ostasien. In diesen Spannungsfeldern kann der internationale wissenschaftliche Austausch einen wichtigen Beitrag leisten – durch Wissenschaftsdiplomatie. Diese baut Brücken zwischen Gesellschaften und entwickelt gemeinsame Strategien zur Bewältigung globaler Herausforderungen. In Krisensituationen kann sie mit Expertise unterstützen. Die Leopoldina setzt in ihren wissenschaftsdiplomatischen Aktivitäten auf die Reputation, Vernetzung und das gesamte Repertoire der Wissenschaft zur Verbesserung der internationalen Beziehungen.

Die Leopoldina und die Israelische Akademie der Wissenschaften verbindet seit vielen Jahren eine enge und vertrauensvolle Partnerschaft. Unmittelbar nach dem Terrorangriff der Hamas am 7. Oktober 2023 hat die Leopoldina im Rahmen der gemeinsamen Stellungnahme der Allianz ihre Solidarität mit Israel und der dortigen Wissenschaft zum Ausdruck gebracht, allen Opfern in Israel und den palästinensischen Gebieten ihr Mitgefühl ausgesprochen und sich gegen jede Form von Antisemitismus in Deutschland und weltweit positioniert.

Neben dem Engagement im Koordinierungskreis Ukraine der Allianz der Wissenschaftsorganisationen und dem 2022 aufgelegten *Leopoldina Ukraine Distinguished Fellowship* wurden 2023 die bilateralen Beziehungen zur *National Academy of Sciences of Ukraine* weiter vertieft. Beispiele hierfür sind der Besuch mit der Bundesministerin für Bildung und Forschung Bettina Stark-Watzinger im Februar 2023 in Kyjiw (Ukraine) oder das im Mai 2023 unterzeichnete Partnerschaftsabkommen. Außerdem setzt sich die Leopoldina für die Verankerung von Bildung und Forschung beim Wiederaufbau ein, z. B. gemeinsam mit den nationalen Akademien aus Polen und den USA im Rahmen des „Ukraine Rebuilding Engineering, Science, Education, and Technology Coordination Council".

Seit 2015 hat die Leopoldina die Federführung für die jährlich stattfindende Gemeinsame Wissenschaftskonferenz im Berliner Prozess Westbalkan, einer zwischenstaatlichen Initiative zur Unterstützung der Integration der westlichen Balkanländer in die EU und zur Förderung der regionalen Zusammenarbeit in Südosteuropa. Bei der 7. Gemeinsamen Wissenschaftskonferenz vom 19. bis 20. September 2023 an der Akademie der Wissenschaften Albaniens in Tirana standen die Themen Integration in europäische Forschungsprogramme, die Stärkung von wissenschaftlicher Exzellenz und Konzepte für internationale Mobilität und Zusammenarbeit im Mittelpunkt. Beteiligt waren rund 60 Leitungen von Akademien, Universitäten und Forschungseinrichtungen. Die Empfehlungen der Konferenz flossen direkt in das Westbalkan-Gipfeltreffen der Staats- und Regierungschefinnen und -chefs ein.

Das *Human Rights Committee* (HRC) der Leopoldina besteht seit 2001 und setzt sich weltweit für verfolgte Wissenschaftlerinnen und Wissenschaftler ein. 2023 unterstützte das HRC Forschende in China, Iran, Saudi-Arabien und Vietnam. Prof. Dr. Jutta Gärtner ML vertrat als Vorsitzende des HRC die Leopoldina auf dem 14. Zweijahrestreffen des *International Human Rights Network of Academies and Scholarly Societies* (IHRN) vom 6. bis 8. Juni 2023 in Pretoria (Südafrika).

7.2 G7- und G20-Politikberatung

Jedes Jahr werden die Gipfeltreffen der Staats- und Regierungschefinnen und -chefs der G7- und G20-Staaten von den Wissenschaftsakademien dieser Länder beraten. In den Formaten „Science7" (S7) und „Science20" (S20) erarbeiten die Akademien wissenschaftsbasierte Stellungnahmen zu ausgewählten Themen der Gipfelagenda, um ihre gebündelte wissenschaftliche Expertise in den politischen Verständigungsprozess einzubringen. Im Rahmen der japanischen G7-Präsidentschaft lag die Federführung für den S7-Prozess 2023 beim *Science Council of Japan* (SCJ). Unter Beteiligung von Mitgliedern der Leopoldina wurden drei Stellungnahmen erarbeitet. Sie zeigen Handlungsoptionen zur Bewältigung multipler Krisen, zur Verbesserung der Gesundheit älterer Menschen und zum Schutz der Biodiversität der Meere auf. Die gemeinsamen Empfehlungen wurden am 7. und 8. März 2023 in Tokio (Japan) im Rahmen einer G7-Wissenschaftskonferenz öffentlich vorgestellt, diskutiert und dem japanischen Premierminister Fumio Kishida von den S7-Präsidentinnen und -Präsidenten persönlich übergeben.

Das Format „Science20“ wurde während der deutschen G20-Präsidentschaft 2017 etabliert, um die Wissenschaft stärker in den G20-Prozess einzubinden. Im Vorfeld des G20-Gipfels in Neu-Delhi (Indien) haben die G20-Akademien die gemeinsame Stellungnahme *Transformative Wissenschaft für eine nachhaltige Entwicklung*[8] veröffentlicht. Darin empfehlen sie konkrete Maßnahmen für eine saubere Energie, ganzheitliche Gesundheit sowie hinsichtlich der Vernetztheit von Wissenschaft, Gesellschaft und Kultur. Die Stellungnahme wurde unter Federführung der *Indian National Science Academy* (INSA) erarbeitet. Die finalen Abstimmungen fanden auf dem S20-Gipfel am 21. und 22. Juli 2023 in Coimbatore (Indien) statt.

Außerdem fanden Treffen der *Chief Science Advisers* der G7- und G20-Staaten statt. Auf der Agenda des *G20 Chief Science Advisers Roundtable* am 27. und 28. August 2023 in Gandhinagar (Indien) standen Gesundheitsfragen, ein verbesserter Zugang zu Wissen sowie Diversität in der Wissenschaft. Bereits am 4. März 2023 fand auf Einladung des Wissenschafts- und Technologieberaters der japanischen Regierung ein informelles Treffen der *G7 Science and Technology Advisers* in Washington, D.C. (USA) statt.

8 https://www.leopoldina.org/fileadmin/redaktion/Publikationen/G7-Statements/2023_S20_Communique_Signed_web.pdf.

Deutsch-amerikanisch-israelisches trilaterales Symposium „Energy Solutions. Research and Industry-Related Developments in Energy Production, Storage, Conversion, Transmission and Distribution" am 11. und 12. Oktober 2023, Hauptsitz der Leopoldina, Jägerberg 1, Halle (Saale).

Der Leopoldina Akademie Freundeskreis e. V. zeichnete am 31. Mai 2023 im Rahmen des erstmals von Eckart von Hirschhausen moderierten neuen Projektes Nachhaltigkeitsdialog den Arzt, Autor, Comedian, Fernsehproduzent, Moderator und Wissenschaftsjournalist mit dem mit 10000 Euro dotierten Wissenschaftskommunikationspreis 2023 für eine nachhaltige Zukunft aus: der Geehrte Eckart von Hirschhausen (*Mitte*) mit den Vorstandsmitgliedern des Freundeskreises Santer zur Horst-Meyer, Jutta Schnitzer-Ungefug, Michael Schunke und Dietrich Kloevekorn-Norgall (*von links nach rechts*).

Leopoldina Akademie Freundeskreis e. V.

Bericht: Jutta Schnitzer-Ungefug (Halle/Saale)
Vorstandsvorsitzende Leopoldina Akademie Freundeskreis e. V.

Freundeskreis

Der Leopoldina Akademie Freundeskreis fördert mit seinen derzeit etwa 200 Mitgliedern in vielfältiger Weise die Aktivitäten und Aufgaben der Leopoldina, so beispielsweise

– die Planung und Durchführung wissenschaftlicher Konferenzen,
– die Veröffentlichung wissenschaftlicher Ergebnisse,
– die Förderung des wissenschaftlichen Nachwuchses,
– die Vergabe von Preisen für wissenschaftliche Leistungen,
– die Förderung internationaler Kooperationen,
– die Repräsentation der in der Leopoldina vertretenen Wissenschaften und Wissenschaftler bei internationalen Veranstaltungen sowie in internationalen Gremien,
– die wissenschaftliche Aufarbeitung von gesellschaftsrelevanten Themen,
– die wissenschaftsbezogene Öffentlichkeitsarbeit und
– die Beobachtung und Bewertung der Wissenschaftsentwicklung.

Die Aktivitäten des Leopoldina Akademie Freundeskreis e. V.

Seit seiner Gründung 2007 hat der Freundeskreis auf Veranlassung des Präsidiums der Leopoldina zahlreiche Projekte in verschiedenen Bereichen mit einer höheren sechsstelligen Summe gefördert und unterstützt.

Am Anfang der Projekttätigkeit stand die für die Leopoldina und den Freundeskreis emotional bedeutsame Erstellung einer Gedenkstele, die an die jüdischen und nicht-jüdischen Mitglieder der Leopoldina erinnert, die während des Nationalsozialismus in den Konzentrationslagern ermordet worden sind. Sie steht heute im Aufgangsbereich zum Leopoldina-Hauptgebäude.

Das bisher aufwendigste Projekt ist zweifellos die umfassende Restaurierung des historischen Freimaurer-Raumes im ehemaligen Logenhaus „Zu den drei Degen“, heute Hauptsitz der Leopoldina. Dieser Raum gilt aufgrund seiner aufwendigen Wand- und Deckengestaltung aus dem Jahr 1906 als künstlerisch wertvoll und stellt eine Seltenheit dar. Nach über vierjähriger Restaurierung konnte dieses Projekt durch Einbringen eines gläsernen Wandbildes abgeschlossen werden. Die Broschüre *Der Ritualraum des VI. Grades der Freimaurerloge – Zu den Drei Degen*, von der Leopoldina herausgegeben, beschreibt dieses Projekt sehr ausführlich.

Ähnlich aufwendig war die Neugestaltung der beiden großen, schlichten Fenster im Foyer des Hauptgebäudes. Gestaltet wurden diese nach einem Wettbewerb unter namhaften Glaskünstlern von der Professorin Christine Triebsch, Halle (Saale). Dokumentiert wurde das Projekt in einer vom Freundeskreis finanzierten und von der Leopoldina herausgegebenen Broschüre *Lichtspiel Wissenschaft*.

Zu weiteren erwähnenswerten Projekten, die mittlerweile zum Abschluss gebracht werden konnten, zählen *a)* die Bereitstellung und Aufstellung von Hinweistafeln hinter den Ortseingangsschildern der Stadt Halle, die Besucherinnen und Besucher der Stadt auf die Leopoldina aufmerksam machen, *b)* die finanzielle Unterstützung für die Durchführung eines Konservierungsprojektes zur Sicherung wertvoller Buch- und Archivbestände sowie *c)* die Übernahme einer Grabpatenschaft des auf dem Stadtgottesacker in Halle wieder hergerichteten Grabes des Physikers und XV. Leopoldina-Präsidenten Prof. Dr. Hermann Knoblauch (1820–1895; Amtszeit 1878–1895), dem die Leopoldina ihren ständigen Sitz in Halle (Saale) ab 1878 zu verdanken hat. Die Stadt Halle würdigte Knoblauchs Verdienste auf Antrag des Freundeskreises Ende 2021 mit der Ernennung der Grabstätte zum Ehrengrab der Stadt Halle.

Zu den wichtigsten Aktivitäten des Jahres 2023 gehören:

- Der Leopoldina Akademie Freundeskreis fördert – im Sinne der Leopoldina – auch Projekte, in denen auf die verschiedenen Wirkungsstätten der Akademie und ihrer Präsidenten im Laufe ihrer Geschichte hingewiesen wird. Vom Akademie-Gründer Johann Lorenz Bausch (1605–1665), dem I. Präsidenten der Akademie (1652–1665), sind weder Wohnhaus noch Grabstelle oder eine andere Wirkungsstätte in Schweinfurt nachweisbar. Um auf den bedeutenden Sohn der Stadt mit einem Denkmal hinzuweisen, musste daher nach einem geeigneten Standort gesucht werden. Gemeinsam mit dem Schweinfurter Oberbürgermeister Sebastian Remelé wurde dieser Ort auf dem Campus der Technischen Hochschule Würzburg-Schweinfurt gefunden. Für die Gestaltung des Denkmals, einer überlebensgroßen Bronzebüste, konnte mit Bernd Göbel einer der renommiertesten Bildhauer und Medailleure der Gegenwart gefunden werden, der jahrzehntelang als Professor für Bildhauerei an der Burg Giebichenstein Kunsthochschule Halle tätig war. Im September 2023 wurde das Denkmal feierlich enthüllt. Oberbürgermeister Remelé und Leopoldina-Präsident Gerald Haug würdigten die enge Verbundenheit der Leopoldina mit ihrer Gründungsstadt. Auch der Gestalter der Bronzebüste, der Bildhauer Bernd Göbel, war anwesend. Dieses aufwendige Projekt konnte damit nach langer Vorbereitungszeit vollendet werden. Im Herbst 2024 wird darüber hinaus eine Dokumentation des Entstehungsprozesses vorliegen.
- Auch 2023 führte der Freundeskreis mit der Leopoldina eine Reihe gemeinsamer Veranstaltungen durch. Die Frühjahrsveranstaltung im März 2023 stand unter dem Motto „Weiter, schneller, nachhaltiger: Materialforschung für Hochleistungsbatterien". Festredner war der Physikochemiker Prof. Dr. Jürgen Janek ML (Gießen). Er erläuterte, welche immer wichtigere Rolle wiederaufladbare Batterien seit der Einführung der Lithium-Ionen-Batterie vor 30 Jahren spielen, wobei die Elektrifizierung von Fahrzeugen diese Entwicklung weiter verstärkt. Janek forscht zu innovativen Materialien und Konzepten für elektrochemische Energiespeicher, wie z. B. Feststoffbatterien. Sie gelten als eine nächste Generation von Akkus, da sie u. a. schnellere Ladevorgänge ermöglichen, die Reichweiten von E-Autos erhöhen und eine längere Lebensdauer als die gegenwärtig führende Lithium-Ionen-Batterie haben. 2022 wurde Janek zusammen mit der Physikerin Prof. Dr. Kerstin Volz für grundlegenden Erkenntnisse

Enthüllung des Denkmals für Akademie-Gründer Johann Lorenz BAUSCH auf dem Campus der Technischen Hochschule Würzburg-Schweinfurt am 5. September 2023 (*von links nach rechts*): das Vorstandsmitglied des Freundeskreises Dietrich KLOEVEKORN-NORGALL, der Bildhauer Bernd GÖBEL, die Vorsitzende des Freundeskreises Jutta SCHNITZER-UNGEFUG, der langjährige Stadtarchivar von Schweinfurt Uwe MÜLLER ML, der Schweinfurter Oberbürgermeister Sebastian REMELÉ und Leopoldina-Präsident Gerald HAUG.

über wiederaufladbare Batterien mit dem ersten Leopoldina Greve-Preis ausgezeichnet, benannt nach Hannelore und Helmut GREVE, deren Stiftung den Preis mit 250 000 Euro dotiert.

- Die Leopoldina hatte 2022 ein Programm aufgelegt, um Wissenschaftlerinnen und Wissenschaftler aus der Ukraine, deren Karriere in der Wissenschaft durch den Krieg gefährdet ist oder unterbrochen wurde, mit einem Stipendium bei der Wiederaufnahme oder Fortführung ihrer Forschungstätigkeit zu unterstützen. Das *Leopoldina Ukraine Distinguished Fellowship* ermöglicht herausragenden promovierten Forschenden aus der Ukraine für zunächst ein Jahr die Bearbeitung eines eigenständigen Forschungsprojektes in Deutschland bei gleichzeitiger Beibehaltung ihrer Affiliation an einer ukrainischen Institution. Insgesamt wurden 10 Fellowships vergeben, eine der Förderungen hat der Freundeskreis finanziert.
- Im Rahmen der gemeinsamen Frühjahrsveranstaltung am 21. März 2023 konnten wir Frau Dr. Yuliya KHRUNYK persönlich kennenlernen. Sie forscht für ein Jahr mit dem vom Freundeskreis finanzierten *Leopoldina Ukraine Distinguished Fellowship* bei Prof. Dr. Annette BECK-SICKINGER ML am Institut für Biochemie der Universität Leipzig an ihrem Projekt „Marine Sponge Inspired Biomaterials and their Use in Biomedicine". Frau KHRUNYK studierte in Lviv und erreichte dort 2003 ihren ersten Masterabschluss in Biologie und Physiologie. Im Anschluss erhielt sie ein Stipendium für ein Masterstudium der *Environmental Quality Science* an der *University of Alaska Fairbanks* (AK, USA), das sie 2005 erfolgreich abschloss. Von 2006 bis 2010 war sie als PhD-Studentin am Max-Planck-Institut für terrestrische Mikrobiologie in Mar-

burg tätig. Nach erfolgreicher Promotion übernahm sie 2011 eine PostDoc-Position am *Institute of Plant and Animal Ecology* der Russischen Akademie der Wissenschaften in Ekaterinburg, dem Heimatort ihres Ehemanns. 2014 wechselte sie als Postdoktorandin an die *Ural Federal University* in Ekaterinburg, wo sie u. a. zur Biokompatibilität und Osseointegration neuer Biomaterialien forschte und dabei auch bereits mit deutschen Forschungsgruppen kooperierte (Prof. Dr. Annette Beck-Sickinger, Prof. Dr. Andreas Nüssler, Prof. Dr. Hermann Ehrlich).

- In einer gemeinsamen Veranstaltung von Leopoldina, Leopoldina Akademie Freundeskreis und dem Landesamt für Denkmalpflege und Archäologie Sachsen-Anhalt erfolgte am 6. März die Präsentation des von Dr. Holger Brülls (Denkmalpfleger und Kunsthistoriker, Halle) erstellten Bildbandes *Reise ins Licht*. In diesem werden die farbenprächtigen Kunstwerke vorgestellt, die sich in historischen Kirchen- und Profanbauten des Bundeslandes Sachsen-Anhalt befinden und zu großen Teilen unbekannte Zeugnisse der Glasmalerei des 20. Jahrhunderts sind. Dazu zählen bedeutende Werke aus der Epoche des Expressionismus und der Klassischen Moderne sowie neuere Glaskunst von führenden Vertretern wie Johannes Schreiter, Jochem Poensgen, Tony Cragg, Neo Rauch und Markus Lüpertz. Auch die 2019 von Frau Professorin Christine Triebsch entworfenen Fenster im Treppenhaus der Leopoldina sowie die Fenster im Leopoldina-Zentrum für Wissenschaftsforschung von 1988 sind Teil des Gesamtwerkes. Abgerundet wurde die Veranstaltung mit einer Podiumsdiskussion über die gegenwärtige Situation von Glasgestaltung und Glasmalerei als architekturbezogene Kunst in öffentlichen Räumen. Es diskutierten, moderiert von Holger Brülls, Thomas Kuzio (Maler und Glasmaler, Neusommersdorf), Annegrete Riebesel (Glasgestalterin, Berufsverband Bildender Künstler Sachsen-Anhalt e. V., Halle), Dipl. Ing. Uta Zerjeski (Architektin, Brandenburg) und Manon Bursian (Direktorin der Kunststiftung Sachsen-Anhalt, Halle). Den Abschluss bildete ein Künstlergespräch mit Christine Triebsch, die zur künstlerischen Gestaltung ihrer Fenster im Foyer des Treppenhauses der Leopoldina Rede und Antwort stand.
- Der Freundeskreis war mit der Akademieleitung übereingekommen, 2023 als neues Projekt einen Nachhaltigkeitsdialog aufzulegen. Als Moderator des ersten Nachhaltigkeitsdialogs konnte der Arzt, Wissenschaftsjournalist und Gründer der Stiftung „Gesunde Erde – Gesunde Menschen“ Dr. Eckart von Hirschhausen gewonnen werden. Er erörterte im Gespräch mit Leopoldina-Mitgliedern den Fragenkomplex, wie sich der Klimawandel auf die menschliche Gesundheit auswirkt und wie wir darauf reagieren müssen. Seine Gesprächspartner im vollbesetzten Festsaal der Leopoldina am 31. Mai 2023 waren die Medizinethikerin und Vorsitzende des Deutschen Ethikrats Prof. Dr. Alena Buyx ML, die Psychologin Prof. Dr. Cornelia Betsch, der Molekularbiologe Prof. Dr. Thomas Mettenleiter ML, die Biologin Prof. Dr. Katrin Böhning-Gaese ML sowie der Veterinärmediziner und ehemalige Präsident des Robert-Koch-Instituts Prof. Dr. Lothar Wieler ML. Der Leopoldina Akademie Freundeskreis e. V. hat Dr. Eckart von Hirschhausen an diesem Abend in Anerkennung seines jahrzehntelangen Einsatzes für eine nachhaltige Zukunft als Arzt, Autor, Comedian, Fernsehproduzent, Moderator und Wissenschaftsjournalist den mit 10 000 Euro dotierten Wissenschaftskommunikationspreis 2023 für eine nachhaltige Zukunft verliehen.

- Am 1. Juni 2023 fand eine Partnerveranstaltung des Nachhaltigkeitsdialogs in Kooperation mit dem Futurium in Berlin zum Thema „‚Scientics‘? Wenn Wissenschaft auf Politik trifft“ statt. Es ging dabei um das Verhältnis von Wissenschaft, Politik und Gesellschaft und speziell darum, wie wissenschaftsbasierte Politikberatung während der Coronavirus-Pandemie aussah und welche Rolle sie zukünftig spielen sollte. Eckart von Hirschhausens Diskutanten waren der Leopoldina-Präsident Prof. Dr. Gerald Haug ML, die Kinder- und Jugendmedizinerin Prof. Dr. Jutta Gärtner ML, der Soziologe Prof. Dr. Armin Nassehi ML, der ehemalige Chef des Bundeskanzleramts Prof. Dr. Helge Braun sowie die Rechtswissenschaftlerin und sächsische Verfassungsrichterin Prof. Dr. Elisa Hoven.
- Im Jahr 2023 konnte der Freundeskreis zwei Bausch-Stipendien vergeben. Das Johann-Lorenz-Bausch-Stipendium richtet sich an Nachwuchswissenschaftlerinnen oder -wissenschaftler, die im Bereich der Wissenschaftsgeschichte tätig sind. Verbunden ist es mit einem in der Regel viermonatigen Aufenthalt am Leopoldina-Zentrum für Wissenschaftsforschung. Von März bis Mai 2023 war der erste Stipendiat, der koreanischstämmige Jin-Woo Choi, zu Gast. Er beschäftigte sich in dieser Zeit mit dem Thema „Melting Memories: Meteorology and the Cultural Makings of the Great Winter 1709“ und nutze dazu Quellen aus Archiv und Bibliothek der Leopoldina. Er ist nun wieder im Rahmen seiner Dissertation zur Geschichte der Meteorologie an der *University of Oklahoma* (Norman, OK, USA) tätig. Im Herbst 2023 war Konradin Eigler zu Gast, der als Doktorand an der *University of Oxford* (*Wolfson College*, Oxford, Großbritannien) tätig ist und seinen Aufenthalt in Halle dem Thema „Progress Revisited? The Historiography of Science in France and Germany, 1780–1810“ widmete.
- Seit 2009 vergibt die Leopoldina den Leopoldina-Preis für junge Wissenschaftlerinnen oder Wissenschaftler, deren Promotion nicht länger als fünf Jahre zurückliegt, und die in dieser Zeit bereits mit bemerkenswerten wissenschaftlichen Leistungen auf sich aufmerksam gemacht haben. Der Auswahlkreis ist übernational. Der Freundeskreis finanziert das Preisgeld jährlich mit 5000 Euro. Die Preisträgerin des Jahres Dr. Jingyuan Xu vom Karlsruher Institut für Technologie (KIT) befand sich zum Zeitpunkt der Nominierung in Elternzeit und wird den Preis im Jahr 2024 entgegennehmen.
- Die Mitgliederversammlung des Freundeskreises hat 2022 beschlossen, ausgewählten jungen Menschen (Schülerinnen und Schülern, Studierenden, Doktorandinnen und Doktoranden sowie in Ausbildung befindlichen jungen Menschen) eine Junior-Mitgliedschaft im Leopoldina Akademie Freundeskreis e. V. anzubieten. Für diese Mitgliedschaft wird bis zum Abschuss der Ausbildung ein symbolischer Beitrag von 1 Euro pro Jahr fällig. Mit Eintritt ins Berufsleben wird ein jährlicher Mitgliedsbeitrag von 100 Euro fällig, zwei Jahre später der volle Beitragssatz von 200 Euro. Mittlerweile haben 20 junge Menschen (Schülerinnen und Schüler, die mit Stipendien an der Jahresversammlung der Leopoldina teilnahmen, Landespreisträgerinnen und -preisträger von Jugend forscht und Jugend musiziert) sich zu dieser Mitgliedschaft entschlossen. Wir freuen uns auf den künftigen Austausch mit der jüngeren Generation. Junior-Mitglieder werden wie alle anderen Mitglieder regelmäßig per E-Mail über Veröffentlichungen der Akademie sowie Veranstaltungen der Leopoldina bzw. des Freundeskreises informiert, die häufig auch per Stream zugänglich sind, so dass sie diese auch aus der Ferne besuchen können. Entsprechende Informationen können sie dann auch über ihre Kanäle weiterverbreiten.

Erleben Sie Nobelpreisträger live, werden Sie ein Mitglied des Freundeskreises!

Erleben Sie herausragende Persönlichkeiten der Wissenschaft – darunter viele Nobelpreisträgerinnen und -preisträger – live bei ihren Vorträgen zu den brennenden Themen unserer Zeit und freuen Sie sich auf den gemeinsamen Gedankenaustausch! Denn als Mitglied des Leopoldina Akademie Freundeskreis e. V. laden wir Sie zu allen Veranstaltungen des Freundeskreises ein, ebenso zu denen der Leopoldina – es erwartet Sie ein hochkarätiges Programm. Als Mitglied des Freundeskreises stärken Sie eine für die Wissenschaft in Deutschland wichtige Institution.

Interessiert am Fördern, Erleben und Mitgestalten? Für eine Mitgliedschaft stehen drei Optionen zur Auswahl:

- die „Persönliche Mitgliedschaft“: 200 Euro/Jahr,
- die „Fördernde Mitgliedschaft“ für natürliche und juristische Personen: 1000 Euro/Jahr,
- die „Mäzenatische Mitgliedschaft“ für natürliche und juristische Personen: ab 2500 Euro/Jahr.

Auch Ihre Spende – ob ungebunden oder projektbezogen – ist immer willkommen.

Mitglieder des Vorstands

Seit Januar 2021 besteht der Vorstand aus:

- Horst Dietz, Berlin, Ehrenmitglied,
- Franziska Hornig, Halle (Saale),
- Dietrich Kloevekorn-Norgall, Halle (Saale), Schatzmeister,
- Reinhard Renneberg, Merseburg,
- Jutta Schnitzer-Ungefug, Halle (Saale), Vorsitzende,
- Michael Schunke, Halle (Saale),
- Santer zur Horst-Meyer, Halle (Saale), Schriftführer.

Kontakt

Leopoldina Akademie Freundeskreis e. V.
Jägerberg 1
06108 Halle (Saale)

E-Mail: freundeskreis@leopoldina.org
www.freundeskreis-leopoldina.de

Postanschrift:
Postfach 110543
06019 Halle (Saale)

Tel.: – 49 345 47239600
Fax: – 49 345 47239139

Bankverbindung:
Saalesparkasse

IBAN: DE96 8005 3762 1894 1146 94
BIC: NOLADE21HAL

Wir danken unseren mäzenatischen, fördernden und persönlichen Mitgliedern für ihre großzügige Unterstützung im Jahr 2023.

Weitere Informationen über den 2007 gegründeten Leopoldina Akademie Freundeskreis e. V., seine Aktivitäten sowie einen Antrag auf Mitgliedschaft finden Sie auch auf der Website des Freundeskreises: www.freundeskreis-leopoldina.de.

2. Veranstaltungen

Markus Scholz | Leopoldina

Jahresversammlung 2023

Gesetz(e): Regeln der Wirklichkeit – Regeln für die Wirklichkeit

am 28. und 29. September 2023
in Halle (Saale)

Markus Scholz | Leo

Bericht über die Leopoldina-Jahresversammlung 2023 Gesetz(e): Regeln der Wirklichkeit – Regeln für die Wirklichkeit

am 28. und 29. September 2023 in Halle (Saale)

Bericht: Michael Kaasch und Joachim Kaasch (Halle/Saale)

„Alle Gesetze sind Versuche, sich den Absichten der moralischen Weltordnung im Welt- und Lebenslaufe zu nähern."
Johann Wolfgang von Goethe (1749–1832, ML 1818)[1]

Zur Leopoldina-Jahresversammlung 2023 traf sich am 28. und 29. September 2023 eine hochansehnliche Festgemeinschaft von etwa 350 Mitgliedern und Gästen im großen Konferenzsaal des Akademiehauptgebäudes auf dem halleschen Jägerberg. Es war eine auf anderthalb Tage komprimierte Veranstaltung zu einem weitgefassten Thema. Bereits vor der eigentlichen Jahresversammlung hatte am Vormittag des ersten Tages die jeweils mit den Jahrestagungen verbundene Sitzung des Senates der Akademie stattgefunden.

Eröffnung

Am Nachmittag des ersten Versammlungstages stand die Feierliche Eröffnung auf dem Programm. Die musikalische Einstimmung lieferte die Band *Three*[2] mit einer emotionsvollen Interpretation des Jazzklassikers *Summertime* von George Gershwin (1898–1937).[3] Dem folgte das Musikstück *Black Orpheus* von Luiz Bonfá (1922–2001).

Akademiepräsident Gerald Haug ML (Halle/Saale, Berlin, Mainz) eröffnete danach mit seiner Ansprache die Festsitzung.[4] Er begrüßte die Erschienenen, darunter den Ministerpräsidenten des Landes Sachsen-Anhalt Reiner Haseloff und die Staatssekretärin im Bundesministerium für Bildung und Forschung Sabine Döring, und bedankte sich für die rege Beteiligung sowie besonders bei den wissenschaftlichen Organisatoren der Jahresversammlung für deren Vorarbeiten. Anschließend folgte das Gedenken an die verstorbenen Mitglieder der Akademie.[5]

Die Präsidentenrede beschäftigte sich in diesem Jahr mit der Frage der Wissenschaftsfreiheit. Der Präsident ging vom Grundgesetz der Bundesrepublik Deutschland und des-

1 Aus dem Nachlaß (Über Literatur und Leben), Nr. 831, Goethe 1907, S. 183.
2 Das sind Sophia Rebes (Saxophon), Thomas Kussmaul (E-Gitarre) und Daniel Martin (Kontrabass).
3 Zum Jazzstandard gewordene Arie aus Gershwins Oper *Porgy and Bess* (1935).
4 Ansprache von Präsident Gerald Haug in diesem Jahrbuch, S. 61–65.
5 Die verstorbenen Mitglieder sind in *Struktur und Mitglieder* … 2024 verzeichnet, S. 380–389.

sen Begriff von geschützter Wissenschaftsfreiheit aus. Der Schutz des Grundgesetzes erstreckt sich danach auf jede Tätigkeit zur Ermittlung der Wahrheit, die durch „Ernsthaftigkeit und Planmäßigkeit“ gekennzeichnet ist. Präsident HAUG befasste sich mit dem für Forscherinnen und Forscher erforderlichen Freiheitsspielraum und dessen Regulierung durch rechtliche Rahmensetzungen der Wissenschaftspolitik. Dabei charakterisierte er Konflikte, die erwachsen, wenn Regeln *für die* Wissenschaft dazu führen, dass Wissenschaftlerinnen und Wissenschaftlern den Regeln *der* Wissenschaft nicht mehr vollkommen folgen können und dieser Zustand negative Auswirkungen auf die erreichbaren Resultate und das Wohl Dritter hat. Er behandelte einige Phänomene tatsächlicher oder vermeintlicher Überregulierung, die zur Abwanderung von Forschungspotentialen, Demotivierung von Forschern und Verlust von Innovationschancen führen können. Themen sind die Regelung von Arbeitszeitverträgen, ausufernde Dokumentationspflichten oder Überbürokratisierung von Abläufen. Der Präsident regte an, dass sich die Wissenschaftsorganisationen verstärkt dieser Materie annehmen sollten.

Der Ministerpräsident von Sachsen-Anhalt Reiner HASELOFF brachte in seinem Grußwort in bewährter Art und Weise seine besondere Verbundenheit mit der Leopoldina zum Ausdruck.[6] In seinen Ausführungen verwies er auf Probleme von Meinungsbildung und Gesetzgebung.

Die Staatssekretärin im Bundesministerium für Bildung und Forschung Sabine DÖRING versuchte in ihrem Grußwort,[7] das Versammlungsthema mit Rückbezug auf das

Abb. 1 Überreichung der Cothenius-Medaille an Jürgen TROE (*Mitte*) durch Präsident Gerald HAUG (*rechts*) und Vizepräsident Thomas KRIEG (*links*).

6 Grußwort von Ministerpräsident Reiner HASELOFF in diesem Jahrbuch, S. 67–69.

7 Grußwort von Staatssekretärin Sabine DÖRING in diesem Jahrbuch, S. 71–74.

Werk von Immanuel Kant (1724–1804), dessen 300. Geburtstag 2024 unmittelbar bevorstand, zu verorten.

Im Anschluss an die Grußworte erfolgte die Verleihung von Akademieauszeichnungen. Der Titel Ehrensenator wurde an Andreas Barner, von 2013 bis 2021 Präsident des Stifterverbands für die Deutsche Wissenschaft, vergeben. Die Cothenius-Medaille, die für ein herausragendes wissenschaftliches Lebenswerk an ein Akademiemitglied verliehen wird, erhielt der Chemiker Jürgen Troe ML (Göttingen) für seine Forschungen auf dem Gebiet der chemischen Reaktionskinetik.[8]

Das wissenschaftliche Programm der Jahresversammlung wurde von dem Romanisten Andreas Kablitz ML (Köln), dem Physiker Konrad Samwer ML (Göttingen) und dem Juristen Andreas Vosskuhle ML (Freiburg i. Br.) verantwortet. Kablitz ist seit 1994 Direktor und Professor für Romanische Philologie und Allgemeine und Vergleichende Literaturwissenschaft am Petrarca-Institut der Universität zu Köln. Seine Forschungsschwerpunkte liegen in der italienischen und französischen Literatur des Mittelalters sowie der Literatur der europäischen Renaissance. So arbeitete er zu dem italienischen Dichter und Philosophen Dante Alighieri (1265–1321) und dem italienischen Dichter und Historienschreiber Francesco Petrarca (1304–1374). Außerdem beschäftigt sich Kablitz mit dem Roman des 19. Jahrhunderts und Fragen der Literaturtheorie sowie Konzepten der Verkörperung und Theatralität. Samwer war von 1999 bis 2018 Professor für Experimentalphysik an der Georg-August-Universität Göttingen. Zu seinen Forschungsschwerpunkten gehören Festkörperphysik, ungeordnete Systeme, Flüssigkeiten und Gläser sowie Magnetismus von Oxid-Systemen. Vosskuhle ist seit 1999 Professor für Öffentliches Recht und Direktor des Instituts für Staatswissenschaft und Rechtsphilo-

Abb. 2 Andreas Kablitz bei seinen Einführungsworten (*links*) und Lorraine Daston bei ihrem Festvortrag.

8 Zu den Ehrungen siehe *Struktur und Mitglieder* … 2024, S. 393–398; siehe auch Laudatio von Präsident Haug auf Andreas Barner anlässlich von dessen Ernennung zum Ehrensenator, in diesem Jahrbuch, S. 75–78.

sophie der Albert-Ludwigs-Universität Freiburg (i. Br.). Seine Tätigkeitsschwerpunkte sind Verfassungsrecht, Allgemeines Verwaltungs- und Umweltrecht sowie Staats- und Rechtstheorie. Von 2010 bis 2020 war er Präsident des Bundesverfassungsgerichts. Die fachliche Verankerung der Organisatoren steht für die Breite des gewählten Zuganges.

Andreas Kablitz führte zu bereits weit fortgeschrittener Zeit auf der Festsitzung in das Tagungsthema ein. Er betonte, dass Gesetzmäßigkeiten bzw. Regelmäßigkeiten die verschiedenen in der Leopoldina vertretenen Gebiete miteinander verbinden. Er verwies dabei einerseits auf deskriptive Gesetze, z. B. auf die Suche der Physiker nach Naturgesetzen, der Sozialwissenschaftler nach Regelmäßigkeiten im Wahlverhalten und der Musikwissenschaftler im Werk von Komponisten sowie von Kulturwissenschaftlern nach Lautgesetzen, sowie andererseits auf normative Gesetze, etwa die juristischen Gesetze, die das Zusammenleben in Gesellschaften regeln sollen.

Den abschließenden Eröffnungsvortrag hielt Lorraine Daston ML (Berlin) zum Thema „How Can Laws Be Natural?“

Zum Thema

Zum Charakter von Gesetzen

Gesetze im weiteren Sinne sind „Ausdruck regelhafter Zusammenhänge zwischen Phänomenen aller Art in Natur, Wissenschaft und Gesellschaft“.[9] Gesetze im allgemeinen Sinne sind Natur- und Denkgesetze. Vor allem im Bereich der Wissenschaften spielen Gesetze eine Rolle. Darüber hinaus gibt es aber in Ethik, Recht und Religion noch Gesetze auf anderer Ebene, die durch den hier verhandelten Gesetzesbegriff erfasst werden. Oftmals wird im Diskurs mit einem recht weitgefassten und daher durchaus eher vage bleibenden Gesetzesbegriff operiert. Hinzu kommt, dass sich die Betrachtung entsprechender Zugangsweisen und Begriffe in der Geschichte durchaus wandelt.[10]

So heißt es etwa im *Bilder-Conversations-Lexikon für das deutsche Volk* von 1838 zum Stichwort „Gesetze“:

> „Gesetze sind allgemeine Bestimmungen, nach denen etwas geschehen muß oder geschehen soll. Wie man die Gesammtheit alles Dessen, was Dasein hat, in Natur (Körperwelt) und Geist (Geisterwelt) zu theilen pflegt, so spricht man auch von Naturgesetzen und Gesetzen des Geistes. Der Geist ist frei, die Natur nicht, und so kommt es, daß der Geist Gesetze hat, denen er gehorchen *soll*, die Natur aber solche, denen sie gehorchen *muß*.“[11]

Zur „Herkunft“ der Gesetze wird hier mitgeteilt:

---

9 *Brockhaus* 1989, S. 425. Siehe auch *Meyers Neues Lexikon* 1962, S. 622; *Philosophisches Wörterbuch* 1975, S. 490–496: „Gesetz – objektiver, notwendiger, allgemeiner und damit wesentlicher Zusammenhang zwischen Dingen, Sachverhalten, Prozessen usw. der Natur, der Gesellschaft oder des Denkens, der sich durch relative Beständigkeit auszeichnet und sich unter gleichen Bedingungen wiederholt.“ (Zitat, ebenda, S. 490.)

10 Hier wird von einem weitgefassten Gesetzesbegriff ausgegangen, der in Wissenschaft und Gesellschaft in pragmatischer Weise verwendet wird. Auf die spezifischen philosophischen Diskussionen, z. B. zur Existenz, zum Wirkungsbereich und zum Verständnis von Naturgesetzen usw. kann hier nicht eingegangen werden. Siehe dazu u. a. Mittelstaedt und Vollmer 2000a, b; Hartbecke und Schütte 2006, Hampe 2007, Carroll [2003] 2020, Jaag und Schrenk 2020 (und Literatur dort).

11 *Bilder-Conversations-Lexikon* 1838, S. 207. Hervorhebungen im Original.

„Es ist aber auch noch der Unterschied, daß die Gesetze des Geistes von dem Geiste ihm selbst gegeben, während die Gesetze der Natur ihm von einem Andern, nämlich vom Schöpfer der Natur, gegeben sind. Der Geist bestimmt sich in seinen Gesetzen selbst, d. h. ist in der Freiheit; die Natur wird von einem andern höhern bestimmt, d. h. ist in der Nothwendigkeit. Sofern der Mensch ein natürliches Wesen ist, ist auch er in der Nothwendigkeit, den Naturgesetzen unterworfen; sofern derselbe aber ein geistiges Wesen ist, ist er in der Freiheit und die Gesetze, die er sich gibt, sind selbst nur Zeugniß von seiner Freiheit."[12]

Die *Allgemeine Encyklopädie der Wissenschaften und Künste*, die auf die halleschen Gelehrten Johann Samuel Ersch (1766–1828) und Johann Gottfried Gruber (1774–1851) zurückgeht, fasst im von dem Philosophen und Juristen Karl Hermann Scheidler (1795–1866) verfassten ersten Teil des Artikels im entsprechenden Band aus dem Jahr 1857 „Gesetz" folgendermaßen:

„GESETZ (philosophisch) im objectiven weitesten Sinne des Wortes, ist die Bestimmung, die etwas nothwendig bedingt, die allgemeine Regel, wonach etwas ‚*gesetzt*,' gleichsam unbeweglich festgemacht wird, d. i. wonach etwas *nothwendig* sich richten muß, z. B. Gesetze der Bewegung, des Denkens, der Sprache; im subjectiven Sinne bezeichnet Gesetz einen Satz (Behauptung, Wahrheit, Regel, Maxime), der entweder die innere Natur einer Sache, sowie ihr Verhältniß zu andern (theoretisch) ausspricht, oder (praktisch) bestimmt."[13]

Die Ansicht wird dann erläutert:

„Richtiger wäre Gesetz als die als Ursache hinzugedachte Regel des Entstehens oder Bewirkens jener nöthigenden Richtung zu bezeichnen. – Als *theoretisches* Gesetz ist es der Ausdruck für das innigste, innerste Wesen der Sache; als *praktisches* oder in Beziehung auf das Handeln ist es die allgemeine und nothwendige Regel."[14]

Betrachtet man den Gesetzesbegriff im Kontext der Leopoldina als einstiger Naturforscherakademie, so stehen zunächst die sogenannten Naturgesetze im Fokus. So heißt es doch schon im *Bilder-Conversations-Lexikon für das deutsche Volk* von 1838:

„Die Naturgesetze durch emsige Naturbeobachtung und künstliche Untersuchungen zu entdecken und in ihrem Zusammenwirken kennen zu lernen, ist die Aufgabe der *Naturforscher*."[15]

Neben der Beschäftigung mit der Astronomie und der Mathematik hatte man schon von alters her die Formen der Natur beschrieben und in die drei Naturreiche, nämlich das Tierreich, das Pflanzenreich und das Mineralreich, eingeordnet und daher die „Naturgeschichte" als Zoologie oder Naturgeschichte der Tiere, als Botanik oder Naturgeschichte der Pflanzen und als Mineralogie oder Naturgeschichte der Mineralien betrieben. Dazu kam noch die allseitige Naturgeschichte des Menschen, die Anthropologie. Für die „Erforschung der Kräfte […], welche den Veränderungen der Naturdinge vorstehen und die Erkenntniß der Gesetze, daher *Naturgesetze*, welchen diese Veränderungen folgen oder nach denen die Körper aufeinander wirken", waren für die unorganische Natur die Physik (und Chemie) sowie für die organische Natur dann Biologie, Physiologie und Medizin zuständig.[16]

Für die Naturwissenschaften hielt der Philosoph Wilhelm Windelband (1848–1915) am Ende des 19. Jahrhunderts in seiner Rektoratsrede von 1894 fest, „dass die besonderen

12 Ebenda.

13 Scheidler 1857, S. 10. Die Aspekte des Gesetzes im juristischen Sinne behandelt Karl (Carl) Wilhelm Ernst Heimbach (1803–1865) in einem zweiten Teil. Hervorhebung im Original durch Sperrung.

14 Scheidler 1857, S. 10; Hervorhebung im Original durch Sperrung.

15 *Bilder-Conversations-Lexikon* 1838, S. 207.

16 *Bilder-Conversations-Lexikon* 1839, S. 247–248.

Methoden zur Feststellung der Tatsachen, die Art und Weise ihrer inductiven Verwertung und die Formel, auf welche die gefundenen Gesetze sich bringen lassen, sehr verschieden sind; und doch ist in dieser Hinsicht der Abstand der Psychologie z. B. von der Chemie kaum grösser, als etwa der der Mechanik von der Biologie". Weiter heißt es dann:

„[…] aber […] alle diese sachlichen Differenzen treten weit zurück hinter der logischen Gleichheit, welche alle diese Disciplinen hinsichtlich des formalen Charakters ihrer Erkenntnissziele besitzen: es sind immer Gesetze des Geschehens, welche sie suchen, mag dies Geschehen nun eine Bewegung von Körpern, eine Umwandlung von Stoffen, eine Entfaltung des organischen Lebens oder ein Process des Vorstellens, Fühlens und Wollens sein."[17]

(„Demgegenüber" sei „die Mehrzahl derjenigen empirischen Disciplinen, die man wohl sonst als Geisteswissenschaften bezeichnet entschieden darauf gerichtet, ein einzelnes, mehr oder minder ausgedehntes Geschehen von einmaliger, in der Zeit begrenzter Wirklichkeit zu voller und erschöpfender Darstellung zu bringen.")[18]

Nach unserem modernen Verständnis drücken in den Naturwissenschaften Gesetze Regelmäßigkeiten im Naturgeschehen aus. Dabei ist genaugenommen zunächst „zwischen den Regelmäßigkeiten in der Natur" und den Versuchen der Forscher, „diese Regelmäßigkeiten in Gesetzesaussagen wiederzugeben", zu unterscheiden.[19]

Man spricht in der Wissenschaft (außerhalb der Rechtswissenschaft) „von einem Gesetz [...], wenn aus einer Theorie oder Beobachtung orts-, zeit- und kulturunabhängige allgemeingültige Aussagen abgeleitet werden, die weltweit dauerhaft, aber nicht immer ausnahmslos, gelten. Naturgesetze sind in der Naturwissenschaft dagegen ausnahmslos geltende Regeln für den Ablauf des Naturgeschehens."[20]

Die Verknüpfung wissenschaftlicher Entwicklungen mit konkreten Namen historischer Personen ist nicht unproblematisch.[21] Sie kann zu hagiographischen Betrachtungsweisen verleiten und z. B. Vorläufer im entsprechenden Vorgehen übersehen bzw. Bewertungen einseitiger ausfallen lassen. Gleichwohl sind solche Zugänge durch mögliche Strukturierung und Verständlichkeit entsprechender Betrachtungen vielfach sinnvoll. Eine Regelmäßigkeit (eine Gesetzmäßigkeit) in der Natur muss von jemandem erkannt und „formuliert" werden, damit sie für unseren Kontext Relevanz besitzt.

Gesetze in der Physik

Seit Beginn der Neuzeit und dem Wirken von Francis Bacon (1561–1626), Galileo Galilei (1564–1641/1642) und Isaac Newton (1642/1643–1726/1727), die mit Empirismus und einer auf Beobachtung, Messung und Experiment aufbauenden Methodik zur Begründung der modernen Naturwissenschaften beitrugen, sind solche Gesetze von Allge-

17 Windelband 1894, S. [6].

18 Ebenda.

19 Naturgesetze in *Lexikon der Biologie*, https://www.spektrum.de/lexikon/biologie/naturgesetze/45456. Siehe auch *Philosophisches Wörterbuch* 1975, S. 490: „*Wissenschaftliche Gesetze* sind gedankliche Widerspiegelungen objektiv wirkender Gesetze im Bewußtsein des Menschen."

20 Naturgesetz – Wikipedia https://de.wikipedia.org/wiki/Naturgesetz (Zugriff 25. 7. 2024). Vgl. dazu *Philosophisches Wörterbuch* 1975. Zur philosophischen Diskussion des Gesetzesbegriffes siehe Hartbecke und Schütte 2006, Hampe 2007, Jaag und Schrenk 2020. Vgl. dazu im Kontrast den Bereich des Rechtes (Rechtswissenschaft) mit seinen formalen Gesetzen; Gesetz – Wikipedia https://de.wikipedia.org/wiki/Gesetz (Zugriff 25. 7. 2024). (Wenn nicht anders angegeben, erfolgte der Zugriff auf Internetseiten im gesamten Beitrag unter dem 25. 7. 2024.)

21 Es kann sich dabei um die „Entdecker" oder „Formulierer" (mit oder ohne Prioritätsansprüche; eventuell auch deren Vorläufer) bzw. Gelehrte, die eine Anerkennung entsprechend herausgearbeiteter Zusammenhänge durchgesetzt haben, handeln.

meinheit (allgemeiner Gültigkeit) und Vorhersagewert (prognostische Voraussagbarkeit) charakterisiert, die eine Überprüfbarkeit der Erfahrung garantieren.[22] Strenggenommen erwarten wir oft in Bezug auf unsere Vorstellungen von Naturgesetzen – zumindest bei physikalischen Zusammenhängen – auch eine mathematische Darstellbarkeit in Form von Gleichungen.[23] Als Beispiel können die Galileischen Fallgesetze (um 1604)[24] dienen:

Fallweg G1: $s(t) = ½ gt^2+v_0t+s_0$
Fallgeschwindigkeit G2: $v(t) = gt^2+v_0$
Fallbeschleunigung G3: $b(t) = g$ (= konst = 9,8 m/s^2)
s: Fallweg, v: Fallgeschwindigkeit, t: Zeit, g: Fallbeschleunigung

Weitere Gesetze der hier betrachteten Art[25] sind beispielsweise die auf den deutschen Astronomen und Physiker Johannes KEPLER (1571–1630) zurückgehenden Planetengesetze (1609, 1618/1619) und das Gesetz zur Totalreflexion (1611);[26] die auf NEWTON zurückgehenden Grundgesetze der Mechanik (1687; Trägheitsgesetz, Bewegungsgleichung, *actio = reactio*) sowie das Newtonsche Gravitationsgesetz (1666);[27] aber auch das Boyle-Mariotte-Gesetz für ideale Gase (1662, 1676/1679) nach dem irisch-englischen Physiker Robert BOYLE (1626/1627–1691/1692) und dem französischen Physiker Edme MARIOTTE (um 1620–1684);[28] das Brechungsgesetz (1621, 1637/1638) nach dem niederländischen Astronomen und Mathematiker Willebrord VAN ROIJEN SNELL (auch Willebrordus SNEL VAN ROYEN oder SNELLIUS, 1580–1626) und dem französischen Gelehrten René DESCARTES (1596–1650);[29] das Fermatsche Prinzip (1662) nach dem französischen Mathematiker Pierre DE FERMAT (1607–1665)[30] und das Hookesche Gesetz für die Dehnung eines Körpers (1676 bzw. 1678) nach dem englischen Universalgelehrten Robert HOOKE (1635–1702/1703).[31]

In das 18. und 19. Jahrhundert gehört die Feststellung weiterer solcher Gesetze. Dazu zählen etwa die Titius-Bodesche Regel (Titius-Bode-Reihe) für Planetenabstände (1766), nach dem Entdecker und Wittenberger Gelehrten Johann Daniel TITIUS (1729–1796) und dem Popularisator Johann Elert BODE (1747–1826), einem Berliner Astronomen, benannt;[32] das Coulombgesetz (1785) zur Kraft zwischen Ladungen (Elektrostatik) nach dem französischen Physiker Charles Augustin DE COULOMB (1736–1806);[33] das Gay-Lussacsche oder Charlessche Gesetz (1787, 1802) über das Verhalten des Volumens idealer Gase bei gleichbleibendem Druck (isobare Zustandsänderung) und gleichblei-

22 *Brockhaus* 1989, S. 426. Vgl. dazu auch *Philosophisches Wörterbuch* 1975, SWARTZ 1985, 2003, JAAG und SCHRENK 2020. Siehe auch SIMONYI 1990, S. 213–223.
23 *Brockhaus* 1989, S. 425.
24 VOLLMER 2000a, S. 194; SIMONYI 1990, S. 195–210; SCHREIER 1988, S. 148–151.
25 Siehe zu den Kandidaten für hier zu diskutierende Gesetze vor allem VOLLMER 2000a. Vgl. MITTELSTAEDT und VOLLMER 2000b zum entsprechenden Band von *Philosophia naturalis*. Weitere Gesetze aus dem Bereich der Physik siehe etwa SIMONYI 1990.
26 VOLLMER 2000a, S. 194 bzw. 197; SIMONYI 1990, S. 190–195.
27 VOLLMER 2000a, S. 195; SIMONYI 1990, S. 257–266.
28 VOLLMER 2000a, S. 196; SIMONYI 1990, S. 235–236, 363.
29 VOLLMER 2000a, S. 197; SIMONYI 1990, S. 226–230.
30 VOLLMER 2000a, S. 197; SIMONYI 1990, S. 230–232.
31 VOLLMER 2000a, S. 196; SIMONYI 1990, S. 279–280; https://de.wikipedia.org/wiki/Hookesches_Gesetz.
32 VOLLMER 2000a, S. 195; https://de.wikipedia.org/wiki/Titius-Bode-Reihe.
33 VOLLMER 2000a, S. 198; SIMONYI 1990, S. 331; https://de.wikipedia.org/wiki/Coulombsches_Gesetz.

bender Stoffmenge, auf den französischen Physiker Jacques Alexandre César CHARLES (1746–1823) und auf den französischen Chemiker und Physiker Joseph Louis GAY-LUSSAC (1778–1850) zurückgehend;[34] das Ohmsche Gesetz (1826/1827) nach dem deutschen Physiker Georg Simon OHM (1789–1854);[35] das Prinzip der kleinsten Wirkung (um 1830/1834) nach dem irischen Physiker und Mathematiker William Rowan HAMILTON (1805–1865);[36] die Kirchoffschen Gesetze (Knotenpunktgesetz, Maschengesetz; 1833, 1845) nach dem deutschen Mathematiker Carl Friedrich GAUSS (1777–1855, Entdecker) und dem deutschen Physiker Gustav Robert KIRCHHOFF (1824–1887, Formulierer);[37] der Doppler-Effekt (1842) nach dem österreichischen Mathematiker und Physiker Christian DOPPLER (1803–1853);[38] das van-der-Waals-Gesetz für reale Gase (1872/1873) nach dem niederländischen Physiker Johannes Diderik VAN DER WAALS (1837–1923, Nobelpreis für Physik 1910);[39] die Maxwellschen Gleichungen der Elektrodynamik (Elektromagnetismus, 1862, 1873) nach dem schottischen Physiker James Clerk MAXWELL (1831–1879);[40] die Lorentz-Kraft auf elektrische Ladungen nach dem niederländischen Physiker Hendrik Antoon LORENTZ (1853–1928, Nobelpreis für Physik 1902);[41] das Joulesche Gesetz (1840, Stromwärmegesetz, Erstes Joulesches Gesetz über die Erwärmung durch elektrischen Strom in elektrischen Leitern) nach dem englischen Physiker James Prescott JOULE (1818–1889) und dem deutsch-baltischen Physiker Heinrich Friedrich Emil LENZ (1804–1865);[42] der Joule-Thomson-Effekt (1852, das zweite Joulesche Gesetz über die Konstanz der Temperatur bei Ausdehnung eines idealen Gases) nach JOULE und dem britischen Physiker William THOMSON[43] (1. Lord KELVIN; 1824–1907, ML 1887);[44] das Wiedemann-Franzsche Gesetz für Leitfähigkeiten (1853) nach dem deutschen Physiker und Physikochemiker Gustav Heinrich WIEDEMANN (1826–1899, ML 1882) und dem deutschen Physiker Rudolph FRANZ (1826–1902);[45] der Energieerhaltungssatz (1. Haupt-

34 SIMONYI 1990, S. 362–363.
35 VOLLMER 2000a, S. 198; SIMONYI 1990, S. 334–335.
36 VOLLMER 2000a, S. 195; SIMONYI 1990, S. 309.
37 VOLLMER 2000a, S. 198; SIMONYI 1990, S. 335.
https://de.wikipedia.org/wiki/Kirchhoffsche_Regeln#cite_note-2.
38 VOLLMER 2000a, S. 196; SIMONYI 1990, S. 354.
39 VOLLMER 2000a, S. 196; SIMONYI 1990, S. 471.
40 VOLLMER 2000a, S. 198; SIMONYI 1990, S. 344–349.
41 VOLLMER 2000a, S. 198; SIMONYI 1990, S. 354f.
42 VOLLMER 2000a, S. 198; SIMONYI 1990, S. 368.
43 SIMONYI 1990, S. 368; https://de.wikipedia.org/wiki/Joule-Thomson-Effekt.
44 Es mag vielleicht zunächst verwundern, dass unter den Entdeckern der hier betrachteten (physikalischen) Gesetze sich nur wenige Leopoldina-Mitglieder finden. Es zeigt sich daran auch der Charakter der Naturforscher-Akademie als einer Gründung von Medizinern mit einem (zeitweisen) Schwerpunkt in der Botanik. Zudem kommen kritische Entwicklungsphasen, z. B. die Reformkrise um 1870 oder die Zeit nach dem Ersten Weltkrieg, hinzu, die Lücken in der Matrikel hinterließen. Obwohl sie durchaus im Fokus der Leopoldina standen, blieben beispielsweise Hermann HELMHOLTZ und Robert MAYER der Leopoldina fern (zu HELMHOLTZ siehe KAASCH und KAASCH 2002, S. 161, bzw. zu MAYER, dessen Würdigung später für die Akademie eine gewisse Bedeutung besaß, siehe KAASCH und KAASCH 2023, S. 78–81 bzw. S. 113–116). Für Jacobus Henricus VAN'T HOFF kam eine 1910 in Aussicht genommene Aufnahme schlicht etwas zu spät; Wilhelm OSTWALD und Max PLANCK waren bereits in jungen Jahren zur Wahl vorgeschlagen, lehnten aber – wohl wegen der finanziellen ‚Nebenwirkungen' einer Mitgliedschaft – eine Aufnahme zunächst ab (siehe dazu KAASCH und KAASCH 2002, S. 162).
45 VOLLMER 2000a, S. 198; https://de.wikipedia.org/wiki/Wiedemann-Franzsches_Gesetz.

satz der Thermodynamik), zurückzuführen auf den deutschen Arzt (Julius) Robert (VON) MAYER (1814–1878), JOULE und den deutschen Physiologen und Physiker Hermann (VON) HELMHOLTZ (1821–1894);[46] der Entropiesatz (2. Hauptsatz der Thermodynamik) nach dem deutschen Physiker Rudolf CLAUSIUS (1822–1888, ML 1880);[47] das Stefan-Boltzmann-Gesetz (1879, 1884) nach dem österreichischen Mathematiker und Physiker Josef STEFAN (1835–1893) und dem österreichischen Physiker und Philosophen Ludwig BOLTZMANN (1844–1906);[48] und die Formel für das Balmer-Spektrum (Serie, 1885) nach dem Schweizer Physiker Johann Jakob BALMER (1825–1898) in der Verallgemeinerung nach dem schwedischen Physiker Johannes (Janne) Robert RYDBERG (1854–1919).[49]

Den Übergang in das nachfolgende Jahrhundert markieren solche Erkenntnisse wie das Wiensche Strahlungsgesetz (1896) nach dem deutschen Physiker Wilhelm WIEN (1864–1928, Nobelpreis für Physik 1911) und das Plancksche Strahlungsgesetz (1900) nach dem deutschen Physiker Max PLANCK (1858–1947, ML 1926, EML 1941, Nobelpreis für Physik 1918);[50] das Raleygh-Jeans-Gesetz (1900) zur Abhängigkeit der spezifischen Ausstrahlung eines Schwarzen Körpers von der Lichtwellenlänge bei einer gegebenen Temperatur im Rahmen der klassischen Elektrodynamik und Statistischen Thermodynamik nach dem englischen Physiker John William STRUTT (3. Baron RAYLEIGH, 1842–1919, Nobelpreis für Physik 1904) und dem englischen Mathematiker, Physiker und Astronomen James JEANS (1877–1946),[51] sowie das Gesetz des radioaktiven Zerfalls (Vorarbeiten von Pierre CURIE [1859–1906, Nobelpreis für Physik 1903] und Marie CURIE [1867–1934, ML 1932, Nobelpreis für Physik 1903, Nobelpreis für Chemie 1911] sowie Antoine Henri BECQUEREL [1852–1908, Nobelpreis für Physik 1903]).[52]

Ganz in das 20. Jahrhundert gehört die Aufklärung weiterer Gesetzmäßigkeiten. Hier lässt sich verweisen auf das Wärmetheorem (3. Hauptsatz der Thermodynamik, 1905/1906) nach dem deutschen Physikochemiker Walther NERNST (1864–1941, ML 1911, Nobelpreis für Chemie 1920).[53]; die Einsteinsche Beziehung von Masse und Energie (1905) nach Albert EINSTEIN (1879–1955, ML 1932, Nobelpreis für Physik 1921 [1922]);[54] das de-Broglie-Gesetz (de-Broglie-Wellenlänge, 1923) nach dem französischen Physiker Louis Victor DE BROGLIE (1892–1987, ML 1934, Nobelpreis für Physik 1929);[55] die Schrödinger-Gleichung (1926) nach dem österreichischen Physiker und Wissenschaftstheoretiker Erwin SCHRÖDINGER (1887–1961, Nobelpreis für Physik 1933);[56] oder die Heisenbergsche Unschärferelation (1927) nach dem deutschen Physiker Werner HEISENBERG (1901–1976, ML 1933, EML 1967, Nobelpreis für Physik 1932 [1933]).[57]

46 VOLLMER 2000a, S. 199; SIMONYI 1990, S. 366–368.
47 VOLLMER 2000a, S. 199; SIMONYI 1990, S. 369–371.
48 VOLLMER 2000a, S. 201; SIMONYI 1990, S. 372, 427; https://de.wikipedia.org/wiki/Stefan-Boltzmann-Gesetz.
49 VOLLMER 2000a, S. 200; SIMONYI 1990, S. 387–388.
50 Zu WIEN und PLANCK VOLLMER 2000a, S. 201; siehe SIMONYI 1990, S. 428–429.
51 SIMONYI 1990, S. 430–431; https://de.wikipedia.org/wiki/Rayleigh-Jeans-Gesetz.
52 SIMONYI 1990, S. 479–483.
53 VOLLMER 2000a, S. 199; SIMONYI 1990, S. 370; ENGELS et al. 1989, S. 203–204.
54 VOLLMER 2000a, S. 201; https://de.wikipedia.org/wiki/Äquivalenz_von_Masse_und_Energie; zu EINSTEIN auch SIMONYI 1990, S. 404–407.
55 VOLLMER 2000a, S. 200; SIMONYI 1990, S. 444–445.
56 VOLLMER 2000a, S. 199; SIMONYI 1990, S. 445–450.
57 VOLLMER 2000a, S. 199; SIMONYI 1990, S. 450–459.

Aus dem Gebiet der Physik gehören in den betrachteten Kontext z. B. auch alle Erhaltungssätze (neben dem schon erwähnten für Energie, auch für Impuls, Drehimpuls und Schwerpunktbewegung) sowie die Zusammenhänge zwischen Erhaltungs- und Symmetrieeigenschaften.[58]

Max Planck, der in seinen *Acht Vorlesungen über Theoretische Physik*, gehalten an der *Columbia University* in New York (NY, USA) im Frühjahr 1909, eine große Anzahl der hier erwähnten Gesetzmäßigkeiten behandelte, stellte zur grundlegenden Orientierung der Theoretischen Physik in diesem Kontext fest, dass „die Signatur der ganzen bisherigen Entwicklung der theoretischen Physik […] eine gewisse Eliminierung der anthropomorphen Elemente, speziell der spezifischen Sinnesempfindungen, aus allen physikalischen Begriffen" sei.[59] Daraus folgt dann auch:

> „Das Ziel ist nichts anderes als die *Einheitlichkeit*, die Geschlossenheit des Systems der theoretischen Physik, und zwar die Einheit des Systems nicht nur in bezug auf alle Einzelheiten des Systems, sondern auch die Einheit des Systems in bezug auf die Physiker aller Orte, aller Zeiten, aller Völker, aller Kulturen. Ja, das System der theoretischen Physik beansprucht Gültigkeit nicht bloß für die Bewohner dieser Erde, sondern auch für die Bewohner anderer Himmelskörper. Ob die Marsbewohner, falls solche überhaupt existieren, Augen und Ohren haben, wie die unsrigen, das wissen wir nicht, – es ist wohl ziemlich unwahrscheinlich; – daß sie aber, wofern sie nur die nötige Intelligenz besitzen, das Gravitationsgesetz, daß sie das Energieprinzip kennen, das halten wohl die meisten Physiker für selbstverständlich."[60]

Trotz der vielen möglichen Beispiele aus der Physik sind in der Wissenschaftstheorie die hinreichenden und notwendigen Bedingungen dafür, dass ein bestimmter Sachverhalt tatsächlich als ein Naturgesetz anzusehen ist, immer diskutiert und nie vollends geklärt worden.[61] In der pragmatischen Ansicht der meisten Physiker hat „eine Aussage dann Gesetzescharakter […], wenn sie auch ohne Überprüfung aller Einzelfälle annehmbar ist, gleichzeitig ihre Annahme aber nicht von der Überprüfung nur bestimmter Einzelfälle abhängt".[62] Unter den so gefassten Naturgesetzen finden sich sowohl deterministische als auch statistische Gesetze. Auch eine Einteilung in mikro- und makroskopische Gesetze ist gängig.[63] Eine mögliche Bestimmung des Begriffs Naturgesetz lautet z. B.:

> „Naturgesetze sind synthetische Allaussagen, sie formulieren Zusammenhänge zwischen zwei oder mehr Größen, und sie haben die Form von Wenn-dann-Aussagen. Darüber hinaus fordern wir als semantisches Merkmal: Eine Gesetzesaussage muß – im Rahmen der angestrebten oder erreichbaren Genauigkeit – als wahr akzeptierbar sein. Wir fordern also nicht Beweisbarkeit (sie ist unerreichbar), Wahrheit (dann kennen wir, genau genommen, fast gar keine Naturgesetze) oder allgemeine Anerkennung (sie ist meinungs- und mehrheitsabhängig und nur schwer feststellbar)."[64]

---

58 Siehe Vollmer 2000a, S. 195.

59 Planck 1910, S. 6.

60 Ebenda. Hervorhebung im Original durch Sperrung.

61 Siehe dazu u. a. Mittelstaedt und Vollmer 2000a, Vollmer 2000b, Hartbecke und Schütte 2006, Hampe 2007, Jaag und Schrenk 2020, Caroll 2003 (2020). Etwa Vollmer 2000b, S. 219: „Nach all diesen Bemühungen müssen wir bedauernd feststellen: Was ein Naturgesetz ist, kann nicht als abschließend geklärt gelten."

62 Naturgesetze in *Lexikon der Physik*, https://www.spektrum.de/lexikon/physik/naturgesetze/10135.

63 Ebenda.

64 Naturgesetze in *Lexikon der Biologie*, https://www.spektrum.de/lexikon/biologie/naturgesetze/45456. Vgl. Vollmer 2000b, Jaag und Schrenk 2020. Vgl. Vollmer 2000b, S. 236: Ein Naturgesetz ist „eine universelle, bedingte, synthetische, relationale Aussage; es ist als wahr akzeptierbar und logisch allgemein; es kann irreale Konditionalsätze stützen und trägt Notwendigkeitscharakter. Die logischen Merkmale sind dabei unstrittig; die übrigen sind erhellend, aber eben nicht unproblematisch."

Gesetze in der Chemie

Neben dem weiten Bereich der Physik spielen solche Naturgesetze auch in der Chemie eine wesentliche Rolle. (Dabei ist es mitunter gar nicht leicht, Gesetze der Physik und Gesetze der Chemie gegeneinander abzugrenzen, da es hier mit der Physikalischen Chemie bzw. Physikochemie einen großen Überlappungsbereich gibt. Gleichzeitig ist es für die Abgrenzung der Fächer und deren Selbstverständnis von gewisser Bedeutung, dass spezifische Gesetze auszumachen sind, die nicht auf das andere Fachgebiet zurückzuführen sind.)[65]

Als einige Beispiele aus der Chemie seien hier nur genannt: das Gesetz von der Erhaltung der Masse (1748) nach dem russischen Gelehrten Michail Vasil'evič Lomonossov (1711–1765);[66] die Gesetze der stöchiometrischen Proportionen nach dem deutschen Chemiker und Ingenieur Jeremias Benjamin Richter (1762–1807; 1792) und dem englischen Arzt und Chemiker William Hyde Wollaston (1766–1828; 1807) bzw. dem französischen Chemiker Joseph Louis Proust (1754–1826; 1799) und dem englischen Naturforscher John Dalton (1766–1844; 1803),[67] das Avogadrosche Gesetz (1811) nach dem italienischen Physiker und Chemiker Amedeo Avogadro (1776–1856, ML 1840);[68] die Faradayschen Gesetze (1833/1834, Grundgesetze der Elektrochemie) über den Zusammenhang zwischen elektrischer Ladung und Stoffumsatz bei elektrochemischen Reaktionen, z. B. bei der Elektrolyse, nach dem englischen Naturforscher Michael Faraday (1791–1867, ML 1857);[69] das Bunsen-Roscoe-Gesetz (1863) nach dem deutschen Chemiker Robert Wilhelm Bunsen (1811–1899, ML 1851) und dem britischen Chemiker Henry Enfield Roscoe (1833–1915, ML 1887);[70] das Massenwirkungsgesetz (1864, 1867) nach dem norwegischen Mathematiker und Chemiker Cato Maximilian Guldberg (1836–1902) und dem norwegischen Chemiker Peter Waage (1833–1900), das lange Zeit eher übersehen worden war, dann erst mit den Arbeiten des niederländischen Chemikers Jacobus Henricus van 't Hoff (1852–1911, Nobelpreis für Chemie 1901) um 1877 bekannter wurde;[71] das Gesetz der Periodizität der Elemente (Periodensystem 1869/1870) nach dem russischen Forscher Dimitrij Ivanovič Mendeleev (Mendelejew) (1834–1907) und dem deutschen Chemiker Julius Lothar Meyer (1830–1895);[72] das „Prinzip von Le Chatelier" (1888, Prinzip vom kleinsten Zwang) nach dem französischen Chemiker, Metallurgen und Physiker Henry Louis Le Chatelier (1850–1936) und dem deutschen Physiker Karl Ferdinand Braun (1850–1918, Nobelpreis für Physik 1909);[73] die Arrhenius-Gleichung (1889) für Aktivierungsenergie nach dem schwedischen Chemiker Svante Arrhenius (1859–1927, Nobelpreis für Chemie 1903);[74] das Ostwaldsche

65 Vgl. Engels et al. 1989, S. 185f.; Müller 2000.

66 Engels et al. 1989, S. 186, 259.

67 Engels et al. 1989, S. 186.

68 Zum Beispiel: Engels et al. 1989, S. 77, 186; https://de.wikipedia.org/wiki/Avogadrosches_Gesetz.

69 Engels et al. 1989, S. 164; https://de.wikipedia.org/wiki/Faradaysche_Gesetze.

70 https://de.wikipedia.org/wiki/Bunsen-Roscoe-Gesetz.

71 Zur Geschichte der Überlegungen von Chemikern zum chemischen Gleichgewicht siehe etwa Engels et al. 1989, S. 190; Vollmer 2000a, S. 202.

72 Zur Vorgeschichte siehe Engels et al. 1989, S. 301.

73 Siehe dazu Engels et al. 1989, S. 252f.

74 Vollmer 2000a, S. 203; https://de.wikipedia.org/wiki/Arrhenius-Gleichung.

Verdünnungsgesetz für die molare Leitfähigkeit (1888) nach dem deutschen Physikochemiker Wilhelm Ostwald (1853–1932, ML=EML 1932, Nobelpreis für Chemie 1909);[75] oder das Debye-Hückel-Grenzgesetz nach dem niederländisch-deutschen Physiker und Chemiker Peter Debye (1884–1966, ML 1932, Nobelpreis für Chemie 1936) und dem deutschen Chemiker und Physiker Erich Hückel (1896–1980, ML 1966).[76]

Für die Diskussion über Gesetze in der Wissenschaft spielt die Eingebundenheit in bestimmte Theorien eine besondere Rolle. Sie sorgt – trotz aller geforderten weiten Gültigkeit – für gewisse Voraussetzungen (Bedingungen) und Einschränkungen der Aussagekraft und mitunter im Kontext der Veränderungen bzw. Abfolge verschiedener Theorien auch für eine mögliche Zeitbedingtheit von Gesetzesvorstellungen.

Gesetze in der Biologie

Sind schon die Abgrenzungen von Gesetzen aus Physik und Chemie gegeneinander schwierig, so ist die Frage nach Gesetzen der Biologie noch komplizierter. Klar ist, dass die Gesetze aus der Physik und Chemie auch im Gegenstandsbereich der Biologie gelten. Gibt es aber in der Biologie spezifische Gesetze, die nicht auf Gesetze aus Physik und Chemie zurückführbar sind? Diese Frage hat Biologen, ursprünglich bei historischer Betrachtung eher als Zoologen und Botaniker in einem der Naturreiche verortet, sehr lange und grundlegend in den Kontexten von Mechanismus, Vitalismus, Holismus usw. beschäftigt. Diese Bestrebungen führten im 20. Jahrhundert zu verstärkten Bemühungen um eine – der Theoretischen Physik vergleichbare – Theoretische Biologie, die solche Gesetze aufdecken und ausweisen sollte und u. a. mit den Namen von Julius Schaxel (1887–1943), der eine Schriftenreihe *Abhandlungen zur theoretischen Biologie* initiierte, und Ludwig von Bertalanffy (1901–1972, ML 1968), der eine zweibändige *Theoretische Biologie* (1932, 1942) veröffentlichte, verbunden ist. Das Verfolgen dieser Ansätze, für die Biologie eigene Gesetze zu formulieren, hatte neben konsequenten Befürwortern immer auch entschiedene Gegner.[77] So hielt der Evolutionsbiologie Ernst Mayr (1904–2005, ML 1972) in seinem grundlegenden Werk *Die Entwicklung der biologischen Gedankenwelt* (1984) dazu fest:

> „In der exakten Wissenschaft spielen Gesetze eine wichtige erklärende Rolle. […] In den letzten Jahren ist die Frage aufgeworfen worden, ob Gesetze in der Biologie ebenso wichtig sind, wie sie es in der Physik zu sein scheinen. Einige Philosophen […] sind so weit gegangen, zu leugnen, daß es in der Biologie überhaupt universelle Gesetze gibt, wie sie für die Physik charakteristisch sind. Andere Philosophen […] haben die Existenz biologischer Gesetze mit Nachdruck verteidigt. Die Biologen haben dieser Diskussion allerdings praktisch keinerlei Aufmerksamkeit geschenkt, was darauf schließen läßt, daß diese Frage für den praktizierenden Biologen von geringer Bedeutung ist."[78]

Für Mayr bedeutete das zwar *nicht*, „daß es in der Biologie keine Regelmäßigkeiten" gäbe, jedoch seien diese „entweder zu offenkundig […], um erwähnt zu werden, oder aber zu trivial".[79] Da biologische Regelmäßigkeiten gelegentlich oder häufig Ausnahmen

75 Engels et al. 1989, S. 295f.; https://de.wikipedia.org/wiki/Ostwaldsches_Verdünnungsgesetz.

76 https://de.wikipedia.org/wiki/Debye-Hückel-Theorie.

77 Vgl. Schweitzer 2000 mit den verschiedenen Standpunkten.

78 Mayr 1984, S. 31.

79 Ebenda.

aufweisen, seien das keine „Gesetze", sondern lediglich „Regeln". Zusammenfassend konkretisiert MAYR seinen Standpunkt:

„Verallgemeinerungen in der Biologie sind fast ausschließlich probabilistischer Natur. Mit den Worten eines Witzbolds ausgedrückt, gibt es in der Biologie überhaupt nur ein einziges allgemeines Gesetz, nämlich: ‚Kein biologisches Gesetz ohne Ausnahme!' Diese probabilistische Auffassung steht in krassem Gegensatz zu der während der Anfänge der wissenschaftlichen Revolution geltenden Ansicht, derzufolge die Kausalität in der Natur von Gesetzen geregelt wird, die sich in mathematischer Form ausdrücken lassen."[80]

In der Biologie wird daher häufig der Begriff Regel statt Gesetz verwandt (also: Mendelsche Regeln statt Mendelsche Gesetze). Gleichwohl gibt es einige solche „Gesetze". Hierher gehören u. a. die Allensche Proportionsregel nach dem US-amerikanischen Zoologen und vor allem als Mammologe und Ornithologe ausgewiesenen Joel Asaph ALLEN (1838–1921) (Körperanhänge bei Tieren in kälterem Klima sind kürzer);[81] die Bergmannsche Regel nach dem deutschen Anatomen und Physiologen Carl BERGMANN (1814–1865, ML 1864) (1847, Tiere in kälterem Klima sind größer);[82] das Dollosche Gesetz nach dem französisch-belgischen Paläontologen Louis Antoine Marie Joseph DOLLO (1857–1931) (1893, zur Irreversibilität der Evolution);[83] die Glogersche Regel nach dem deutschen Zoologen und Ornithologen Constantin Wilhelm Lambert GLOGER (1803–1863, ML 1830) (1833 in der Schrift *Das Abändern der Vögel durch Einfluß des Klima's*: Homoiotherme Arten, die in Gebieten mit höherer Luftfeuchtigkeit leben, besitzen eine dunklere Pigmentierung; Artverwandte in trockeneren Klimaten sind heller gefärbt.);[84] und die auf den deutschen Zoologen Richard HESSE (1868–1944, ML 1933) zurückgehende Herzgewichtsregel (Endotherme Tiere [Vögel, Säuger] in kälteren Klimaten [höhere geographische Breiten, Gebirge] haben ein größeres und schwereres Herz als Artgenossen oder nahe verwandte Arten in wärmeren Regionen.).[85]

Von besonderer Wichtigkeit sind die auf den Brünner Augustinermönch Gregor MENDEL (1822–1884) zurückgehenden Mendelschen Gesetze[86] (Mendelsche Regeln, Uniformitätsgesetz, Spaltungsgesetz und Rekombinationsgesetz, 1865).[87] Sie zeigen, wie sich erst in einem längeren historischen Prozess die Hintergründe für das wirkliche Verständnis der als Gesetz gefassten Zusammenhänge aufklärt.[88] MENDEL selbst mochte sein die

80 Ebenda.

81 VOLLMER 2000a, S. 203; JAHN 2002, S. 763; https://de.wikipedia.org/wiki/Ökogeographische_Regel#Bergmann.

82 VOLLMER 2000a, S. 203; JAHN 2002, S. 776–777; https://de.wikipedia.org/wiki/Ökogeographische_Regel#Bergmann.

83 VOLLMER 2000a, S. 203; JAHN 2002, S. 810; https://de.wikipedia.org/wiki/Dollosches_Gesetz.

84 VOLLMER 2000a, S. 203; JAHN 2002, S. 832; https://de.wikipedia.org/wiki/Ökogeographische_Regel#Bergmann.

85 VOLLMER 2000a, S. 203; JAHN 2002, S. 854; https://de.wikipedia.org/wiki/Ökogeographische_Regel#Bergmann.

86 VOLLMER 2000a, S. 203; JAHN 2002, S. 900.

87 1865 berichtete MENDEL in zwei Vorträgen im Naturforschenden Verein in Brünn über seine Versuche mit Erbsen; Publikation MENDEL 1866. Siehe zu den Mendelschen Gesetzen und der Pflege des Mendel-Erbes in der Leopoldina u. a. KŘÍŽENECKÝ 1965, BREM 2017 und jüngst KAASCH 2023.

88 MENDELS Erkenntnisse mussten erst um 1900 wiederentdeckt werden. Fortschritte in der Aufklärung der Zusammenhänge lieferte die Chromosomentheorie. Die genaue Erklärung für die Grundlagen gab später erst die Molekularbiologie (DNA als Erbträger, Genstruktur, Replikationsmechanismus). Siehe u. a. Beiträge in BREM 2017.

moderne Genetik begründendes Vorgehen sogar teilweise als gescheitert ansehen, da ihm eine Reproduktion seiner an Erbsen erzielten Resultate mit Pflanzen des Habichtskrauts (Gattung *Hieracium*) nicht glückte und die Erklärung dafür sich erst Jahre später ergab.[89]

Zu den „Gesetzen" der Biologie, die sich „nur" als statistische Gesetze erweisen (wie auch das 2. und das 3. Mendelsche Gesetz), gehört das Hardy-Weinberg-Gesetz (zur Allelverteilung in idealen Populationen) nach dem britischen Mathematiker Godfrey Harold Hardy (1877–1947, ML 1925) und dem deutschen Arzt und Vererbungsforscher Wilhelm Robert Weinberg (1862–1937), das die Bestimmung der Häufigkeiten dominant-rezessiv vererbter Genotypen beim diploiden Chromosomensatz ermöglicht.[90]

Wie schon Mayr in seinem Buch *Die Entwicklung der biologischen Gedankenwelt* einräumt, bezogen sich viele biologische Autoren im 18. und 19. Jahrhundert, wie der französische Botaniker, Zoologe und Entwicklungsbiologe Jean-Baptiste de Lamarck (1744–1829), der schweizerisch-amerikanische Naturforscher Louis Agassiz (1807–1873, ML 1838), der britische Naturforscher Charles Darwin (1809–1882, ML 1857) und der deutsche Zoologe und Philosoph Ernst Haeckel (1834–1919, ML 1863), häufig auf vermeintliche Gesetze.[91] Einige davon erscheinen uns heute in diesem Zusammenhang kaum noch verständlich.

Für den XIII. Präsidenten der Leopoldina Carl Gustav Carus (1789–1869, ML 1818, Amtszeit 1862–1869),[92] den „Naturforscher und Arzt – Philosoph und Künstler", so die auf den Biologiehistoriker Rudolph Zaunick (1893–1967, ML 1932) zurückgehende, heute noch gültige „Signatur" seines Wirkens,[93] der neben aller Vielseitigkeit durchaus der empirischen Forschung verpflichtet war, reichte es nicht etwa aus, empirische Befunde zu beschreiben und die darin liegenden Regelmäßigkeiten zu suchen, sondern er wollte – darin unbedingter Romantiker – darüber hinausgehende, gewissermaßen philosophische, Gesetze erschließen. Nach den allgemeinen Gesetzen, „nach welchen [...] die Natur überall in der Bildung ihrer Erzeugnisse verfährt", könne man ersehen, dass „allemal derjenige Zustand, wo zwischen den Elementen eines organischen Ganzen möglichste Gleichheit gesetzt ist, niemals der hohe und vollkommne, sondern immer nur ein frühester und unvollkommenster" sein werde.[94] So formulierte er für alle organischen Bildungen auf der Erde „ein allgemeines bedeutungsvolles Gesetz": Es besagt, „*dass möglichst grosse Mannichfaltigkeit, d. h.* Ungleichheit *der Theile, bei möglichst vollkommner Einheit des Ganzen, überall als Beleg und als Maassstab höherer Vollkommenheit eines jeglichen Organismus erscheine*".[95]

Auf Ernst Haeckel wiederum geht das „Biogenetisches Grundgesetz"[96] zurück. Es besagt, dass die Entwicklung der Individuen (Ontogenese) die evolutionäre Geschichte

89 Mendel [1869] 1870. Zytologische Gründe wurden erst 1907 geklärt: Apogamie bzw. parthogenetische Samen. Siehe dazu Janko und Matálová 2001, S. 399.

90 Vollmer 2000a, S. 204; Jahn 2002, S. 843 und 988–989.

91 Mayr 1984, S. 31.

92 Zu Carus existiert eine unübersehbare Literatur; hier für eine erste Übersicht siehe vor allem Genschorek 1988, aber auch Kleine-Natrop 1970, Grosche 2001 und Heidel 2019.

93 Zaunick 1930, S. 3; vgl. Kleine-Natrop 1970, S. 199; Heidel 2019, S. 39.

94 Carus 1849, S. 2.

95 Ebenda, S. 4.

96 Vollmer 2000a, S. 204; Jahn 2002, S. 374; 423–424, 441; 840–841.

der jeweiligen Arten (Phylogenese) widerspiegelt. Nicht nur die von HAECKEL zur Propagierung seiner Vorstellung verwendeten Darstellungen waren und sind heute noch teilweise umstritten,[97] sondern es gilt mittlerweile auch inhaltlich – trotz seiner noch immer zu würdigenden heuristischen Funktion – nur eingeschränkt, da die Umsetzung der postulierten Rekapitulation z. B. durch vielfältige Anpassungen von Larven und anderen Entwicklungsstadien an die jeweilige Umwelt sowie an die Anforderungen der Zell- und Organdifferenzierung sehr wohl Abweichungen aufweist.

Damit zeigt sich, dass sich der Zugang zu „Gesetzen" durchaus in der Historie wandeln kann.

Einschränkungen in der Gültigkeit bzw. der Nicht-Universalität von „Gesetzen" in der Biologie ergeben sich oft aus der Komplexität und Individualität der Organismen sowie einer schwierig zu charakterisierenden konstitutiven Rolle des Zufalls.[98] Zudem sind solche Ableitungen der Molekularbiologen, wie das auf Francis CRICK (1916–2004, ML 1969) zurückgehende „Zentrale Dogma der Molekularbiologie", dass Proteine keine Information zurück in Nukleinsäure übersetzen, für die meisten Biologen – so MAYR – „in ihren Augen eine Tatsache und kein Gesetz".[99]

Eröffnungsvortrag

Den Eröffnungsvortrag auf der Festsitzung hielt Lorraine DASTON ML (Berlin),[100] emeritierte Direktorin am Max-Planck-Institut für Wissenschaftsgeschichte Berlin, Gastprofessorin an der *University of Chicago* (IL, USA) und *Permanent Fellow* am Wissenschaftskolleg zu Berlin. Sie forscht insbesondere zu Fragen von Rationalität, Objektivität und Beobachtung in der Geschichte der Wissenschaften in der frühen Neuzeit. Ihr Vortrag beschäftigte sich im weitesten Sinne mit der Frage: „Wie können Gesetze natürlich sein?"

Ihre Ausführungen setzten an den zwei Zugangsweisen zum Problem der Autorität der Natur an in Bezug auf die zwei unterschiedlichen Arten von Gesetzen, nämlich den Naturgesetzen, die überall und immer in der Natur gelten, und jenen Naturgesetzen, die als Naturrecht alle menschlichen Gesellschaften beherrschen, im Gegensatz zu den positiven Gesetzen, die bestimmte Gesellschaften regieren. Im 17. Jahrhundert wurden Naturgesetze und Naturrecht zu wesentlichen Denkweisen über Natur und Gesellschaft. Grundlegend wurde die Annahme, dass aus der Natur des Menschen sich auch die grundlegenden Normen des Zusammenlebens menschlicher Gesellschaften ableiten lassen.

Am Beginn von Neuzeit und Aufklärung trug eine von GALILEI und DESCARTES ausgehende, dem Rationalismus verpflichtete und sich mathematischer Methoden bedienende Denkweise dazu bei, dass auch philosophische und theologische Ansätze einen gesellschaftlichen Wandel forcierten, der die Forderung nach allgemeiner Gleichheit der Menschen in den Mittelpunkt rückte und Ansätze zur Bekämpfung feudaler Grundstrukturen lieferte. Lassen sich schon bei Wilhelm VON OCKHAM (um 1288–1347) erste „iura na-

97 Siehe etwa WATTS 2023 und Literatur dort.

98 Naturgesetze in *Lexikon der Biologie*, https://www.spektrum.de/lexikon/biologie/naturgesetze/45456.

99 MAYR 1984, S. 31.

100 Der Bericht über die Vorträge erfolgt unter Berücksichtigung der im Programmheft abgedruckten Zusammenfassungen der Vortragenden (HAUG 2023).

turalia“ (Naturrechte auf Leben, Freiheit und Eigentum) finden, wenngleich der Grund für solcherart „Gerechtigkeit“ ausschließlich im Willen Gottes gesehen wurde, so entwickelte sich im Anschluss an die Spätscholastik dann bereits die Idee des Naturrechts; und die Rechtsphilosophie in der frühen Aufklärung unternahm es jetzt, die natürlichen Rechte als vernunftnotwendig abzuleiten. Vordenker für einen „liberal“ bestimmten Naturrechtsgedanken wurden dann der Mathematiker und Staatstheoretiker Thomas HOBBES (1588–1679) und der Rechtsgelehrte und Theologe Hugo GROTIUS (1583–1645). Neben HOBBES und GROTIUS behandelte DASTON auch den Arzt und Philosophen John LOCKE (1632–1704), bekannt als Vater des Liberalismus, und den Philosophen und Staatsrechtslehrer Samuel (VON) PUFENDORF (1632–1694), den Begründer der Vernunftrechtslehre. Die Autoren am Beginn der Aufklärung versuchten auf vielfältige Weise, Naturgesetze als Instinkt der Selbsterhaltung (in einem – als Krieg aller gegen alle gedachten – Naturzustand oder in einer ebenso primitiven angeborenen Geselligkeit) festzumachen. Dabei konnte das Naturgesetz sehr verschiedene Rechtfertigungen liefern, die z. B. von einem Verbot jeder Form von nicht der Fortpflanzung dienendem Sex bis hin zum Erfordernis patriarchaler Familienstrukturen reichten, aber auch für universelle Menschenrechte sprachen. Die Referentin verfolgte entsprechende Ansätze zur Naturrechts- und Gesetzesproblematik auch bei Robert BOYLE, Gottfried Wilhelm LEIBNIZ (1646–1716) und bis hin zu Charles Sanders PEIRCE (1839–1914).

Mitgliederversammlung und Abendvortrag

Der Eröffnungssitzung folgte die satzungsgemäße Mitgliederversammlung (mit anschließendem Buffet).

Danach stand unter Moderation von Präsident HAUG ein Abendvortrag des Musikwissenschaftlers Hans-Joachim HINRICHSEN (Zürich, Schweiz) auf dem Programm. HINRICHSEN war von 1999 bis zur Emeritierung 2018 Professor für Musikwissenschaft an der Universität Zürich. Er ist Mitglied der *Academia Europaea* und der Österreichischen Akademie der Wissenschaften. Seine Forschungsschwerpunkte liegen in der Musikgeschichte des 18. bis 20. Jahrhunderts, u. a. zum Werk und Wirken von Ludwig VAN BEETHOVEN (1770–1827), Franz SCHUBERT (1797–1828), Anton BRUCKNER (1824–1896) und Gustav MAHLER (1860–1911). Zu BEETHOVEN hat HINRICHSEN u. a. *Beethoven. Die Klaviersonaten* (2013, ²2020) und *Ludwig van Beethoven. Musik für eine neue Zeit* (2016, 2019) veröffentlicht. Außerdem beschäftigte er sich mit der Geschichte der Musikästhetik sowie Rezeptions- und Interpretationsgeschichte.

Für seinen Abendvortrag hatte HINRICHSEN das Thema „Die Ausnahme als Regel. Beethoven und die Gesetzlichkeit der musikalischen Freiheit“ angekündigt, das den Spannungsbogen zwischen Gesetz(-mäßigkeiten) und Freiheit anhand der Fugen in BEETHOVENS Spätwerk in den Blick nehmen sollte. Seine Ausführungen hatte HINRICHSEN dann aber auf leichter zugängliche Werke (Sonaten) konzentriert und tatsächlich mit „Beethoven und die Gesetzlichkeit der ästhetischen Freiheit“ überschrieben. Im Zentrum stand mit Ludwig VAN BEETHOVEN einer der bedeutendsten Innovatoren in der Musikgeschichte, der mit beachtlicher Konsequenz neue künstlerische Formen und Ausdrucksmöglichkeiten erschloss. HINRICHSEN verwies gleichwohl darauf, dass BEETHOVEN sich zunächst durchaus in den *Regeln* des Komponierens im Unterricht bei Joseph Haydn (1732–1809) und vor allem bei Johann Georg Albrechtsberger (1736–1809) (im Kontrapunkt) ausbilden ließ. Hinrichsen betonte, dass Musik ohne Regeln und Gesetze nicht funktionieren könne. Musik ist als komponiertes Werk zudem eine Form der Kunst, die an notierte Texte (hier in Form von Noten) gebunden ist. Daher zeigte der Referent im zweiten Teil seines Vortrags eine Reihe von Notenbeispielen. Die von ihm in den Fokus gerückte Freiheit in der Kunst ließ der Autor mit einer Zäsur in der Kunstgeschichte, dem Auftauchen einer Autonomieästhetik, einsetzen. Die Musik Beethovens gilt bis heute als der weithin bewunderte ungehinderte Ausdruck der künstlerischen Selbstaussprache, der Loslösung von Tradition und Konvention. Damit wurde Beethoven als Zeitgenosse von Kant und Friedrich Schiller (1759–1805) zu einer überaus wichtigen Identifikationsfigur des bürgerlichen Zeitalters in Verbindung mit der seinerzeitigen Revolution in der Denkungsart. Hinrichsen demonstrierte jedoch an zahlreichen Beispielen, dass Beethovens Schaffen dennoch weitgehenden Gesetzmäßigkeiten, die erst die Kohärenz seiner Kunst garantieren, unterliegt. Beispiele bildeten u. a. die *Waldstein-Sonate* (Klaviersonate Nr. 21 C-Dur op. 53) und die *Appassionata* (Klaviersonate Nr. 23 f-Moll op. 57).

Zweiter Versammlungstag – Fachsitzungen

Sitzung I

Die erste Fachsitzung war Gesetzmäßigkeiten in der Entwicklung von Gesellschaften gewidmet. Unter der Moderation von Christine Windbichler ML (Berlin) startete die Sektion mit dem Vortrag der Ethnologin Ursula Rao (Halle/Saale). Sie ist Direktorin der Abteilung „Ethnologie, Politik und Governance" am Max-Planck-Institut für ethnologische Forschung. Hier forscht sie zu Machtstrukturen und politischen Dynamiken in Indien sowie zu urbanen Entwicklungen in indischen Megastädten. In ihrem Vortrag „Den Alltag regeln: Gesetz, Gesetzmäßigkeit, Gewohnheit" ging es weder um Naturgesetze noch kodifiziertes Recht, sondern um Handlungsimperative. Aus Regeln für die Wirklichkeit werden Regeln der Wirklichkeit. Alltagsregeln, die uns im Umgang begegnen, organisieren die Wirklichkeit und sind somit unverzichtbar für das Zusammenleben. An Beispielen aus Indien demonstrierte Rao, wie so aufgefasste Regeln zu Bindegliedern von Sozietät werden und das Ineinandergreifen von Handlungen und das Zusammenwirken in Gesellschaften ermöglichen. Sie stabilisieren gesellschaftliche Prozesse, können aber als konservierende Elemente auch einen erforderlichen oder stattfindenden Wandel hemmen. Hier ging Rao z. B. auf die Bedeutung von Kasten und deren Regeln in der hinduistischen Alltagswelt in Indien ein.

Im zweiten Vortrag der Sitzung sprach Christoph Möllers (Berlin) über das Thema „Der soziale Raum des Normativen". Möllers ist Professor für Öffentliches Recht und Rechtsphilosophie an der Humboldt-Universität zu Berlin und *Permanent Fellow* am Wissenschaftskolleg zu Berlin. Schwerpunkte seiner Forschungen sind das deutsche und europäische Verfassungsrecht sowie Fragen der politischen Theorie und der Theorie sozialer Normen. In seinen Ausführungen ging er von (Fehl-)Vorstellungen über soziale Normen aus. In einer solchen Definition sind Normen maßgebliche Instrumente zur

Abb. 3 Die Moderatorin Christine Windbichler (*links*) sowie die Vortragenden Ursula Rao (*Mitte*) und Christoph Möllers (*rechts*) aus der 1. Fachsitzung.

Steuerung bzw. Beeinflussung von Verhalten, die sich empirisch untersuchen lassen und in verschiedenen Formen vorliegen können, etwa als schriftlich fixierte Regel, als erteilter Befehl oder als gemeinhin akzeptierte Gewohnheit. Der Referent versuchte, sowohl eine forschungsstrategische als auch institutionelle Perspektive auf den Problemkreis zu entwickeln. Der Redner argumentierte, dass es schwierig sei, allein durch Normen soziale Ereignisse zu erklären. Normen entziehen sich kausalen Erklärungsmodellen und lassen sich nicht an dem Verhalten, das sie befolgt, empirisch beobachten. Ein einfacher Schluss von Verhalten auf Normen ist nicht möglich. Dem Referenten ging es um die Darstellbarkeit von Normen und deren Handlungsbezug. Normative Ordnungen – so der Vortragende – erfüllen ihre Funktion bereits, wenn sie *weitgehend* durchgesetzt werden. Rechtsstaatlichkeit hat die Durchsetzung von Normen als internes Prinzip des Rechts. Mangel an Durchsetzung stellt die Geltung nicht Frage, bewirkt aber Probleme.

Sitzung II

Die zweite Sitzung unter der Moderation von Andreas Kablitz führte in einen Bereich, der in der Nationalakademie Leopoldina durch die „Kulturwissenschaften" abgedeckt wird.[101] Es geht hier also um eine weitere Dimension des Gesetzesbegriffs. Der *Brockhaus* von 1989 schreibt zum Kontext Gesetz und Religion u. a.:

101 Hierher gehören Vertreter der Geisteswissenschaften im weiteren Sinne, u. a. der historischen Wissenschaften, und der Sozialwissenschaften usw. Am Ende des 19. Jahrhunderts hielt Windelband zu den zwei Bereichen der „Erfahrungswissenschaften" fest: „So dürfen wir sagen: die Erfahrungswissenschaften suchen in der Erkenntniss des Wirklichen entweder das Allgemeine in der Form des Naturgesetzes oder das Einzelne in der geschichtlich bestimmten Gestalt; sie betrachten zu einem Teil die immer sich gleichbleibende Form, zum anderen Teil den einmaligen, in sich bestimmten Inhalt des wirklichen Geschehens.

„In den Religionen sind Gesetze die aus Sitte, Tabubestimmungen und Verordnungen der Religionsstifter entstandenen Vorschriften für Handeln, Wollen und Denken der Gläubigen. Gesetzlichkeit findet sich in allen Religionen, manche Religionen sind jedoch von ihr nahezu ausschließlich bestimmt und werden daher **Gesetzesreligionen** genannt.“[102]

Zu diesen Gesetzesreligionen werden hier insbesondere die jüdische und die islamische Religion gerechnet. Im Alten Testament umfasst der Gesetzesbegriff sowohl zivil-, straf-, prozess- und kultrechtliche Bestimmungen. Im Neuen Testament löst *Jesus* das Gesetz ab, indem er es erfüllt. Die Vielfalt der Gesetzesvorschriften fasst das eine Doppelgebot der Gottes- und der Nächstenliebe. Der Reformator Martin LUTHER (1483–1546) forderte, das reine Evangelium gegen die Vergesetzlichung des Glaubens zu setzen.[103]

Im ersten Beitrag der Sektion sprach Magnus STRIET ML (Freiburg/Breisgau) zum Thema „Welcher Gott will welches Gesetz?“. STRIET erforscht als Professor für Fundamentaltheologie und Philosophische Anthropologie an der Katholisch-Theologischen Fakultät der Albert-Ludwigs-Universität Freiburg Fragen der katholischen Anthropologie und Gotteslehre sowie Transformationsprozesse in der katholischen Religion und Kirche und pflegt den Dialog mit der Philosophie von Neuzeit und Moderne. Der Referent versuchte in seinen Ausführungen, nach dem strukturellen Gefüge von Gottesbegriff und Gesetz zu fragen.

Im zweiten Vortrag der Sitzung referierte Oliver PRIMAVESI ML (München) über „Vergeltung und Naturgesetz im frühgriechischen Denken“. PRIMAVESI hat an der Ludwig-Maximilians-Universität München den Lehrstuhl für Griechische Philologie I inne und beschäftigt sich mit der Herausgabe und Erklärung von Werken griechischer Autoren der Antike, insbesondere mit dem sizilianischen Dichterphilosophen EMPEDOKLES von Agrigent (um 484/495 v. Chr. – um 424/435 v. Chr.) und dem griechischen Universalgelehrten ARISTOTELES (384 v. Chr. – 322 v. Chr.).

Für die Antike wird das Verhältnis zur Gesetzmäßigkeit in der Natur verschiedentlich diskutiert, wurde doch etwa bei dem frühgriechischen Denker ANAXIMANDROS von Milet (1. Hälfte des 6. Jh. v. Chr.) der Kreislauf von Werden und Vergehen als ein gesetzmäßiger Zusammenhang von Schuld und Sühne aufgefasst. Das Wort ‚Gesetz‘ verweist auf Gesetze, die menschliches Verhalten in einer bestimmten Gesellschaft regulieren. „Der griechische Begriff für Gesetz (altgriechisch νόμος *Nomos*) wurde spezifisch für willentlich gesetzte Normen und Regeln verwendet, er konnte auch ‚Gewohnheit‘ bedeuten.“[104]

Die einen sind Gesetzeswissenschaften, die anderen Ereigniswissenschaften; jene lehren, was immer ist, diese, was einmal war. Das wissenschaftliche Denken ist – wenn man neue Kunstausdrücke bilden darf – in dem einen Falle nomothetisch, in dem andern idiographisch.“ (WINDELBAND 1894, S. [7]). Die Bereiche waren wohl nie apodiktisch zu trennen, wenngleich sie zeitweise deutlich auseinanderdrifteten (erinnert sei etwa an C. P. SNOWS [Charles Percy SNOW] (1905–1980) *Two Cultures* 1959); die Verbindungen werden jedoch zunehmend enger. Einerseits umfassen z. B. die Naturwissenschaften Biologie und Geologie vielfältige Fragestellungen, die einer historischen Analyse bedürfen, andererseits gibt es in zu den Geistes- bzw. Sozialwissenschaften gerechneten Fächern durchaus Gebiete, die gesetzmäßige Zusammenhänge in einem weitgefassten Sinne erschließen wollen (z. B. empirische Sozialwissenschaften). Auch die einstige Naturforscherakademie Leopoldina hatte daher angesichts der Komplexität der anstehenden wissenschaftlichen Probleme bereits in den 1990er Jahren die Notwendigkeit des Auf- bzw. Ausbaus entsprechender Expertise für erforderlich erachtet.

102 *Brockhaus* 1989, S. 427.

103 Zu diesen Zusammenhängen siehe ebenda.

104 Abschnitt „Antike“ in Wikipedia-Eintrag Naturgesetz; https://de.wikipedia.org/wiki/Naturgesetz.

PRIMAVESI verweist nun darauf, dass ‚Gesetz' auch metaphorisch in der Bedeutung von physikalischer Regelmäßigkeit gesehen werden kann: Wie das Gesetz auf die Gesellschaft so bezieht sich die physikalische Konstante auf die Natur. Den Gelehrten der Antike blieb aber der Begriff des Naturgesetzes eher fremd und wurde faktisch so nicht verwendet. Die Hebelgesetze des ARCHIMEDES von Syrakus (um 287 v. Chr. – 212 v. Chr.)[105] oder die bekannten ganzzahligen Verhältnisse in der musikalischen Harmonik wurden mehr als mathematische Proportionen gefasst, da man das Wesen der Natur eher in ihren Theoremen und Axiomen suchte.[106] Waren bei ANAXIMANDROS – so PRIMAVESI – Strafgesetz und Naturgesetz noch in dem Sinne ungeschieden, dass ein Naturgesetz als Strafgesetz formuliert wurde, so treten diese Seiten bei EMPEDOKLES erstmals auseinander, obgleich sie noch aufeinander bezogen bleiben. Das mythische Strafgesetz und das kosmische Naturgesetz werden in ein Analogieverhältnis gebracht.

Sitzung III

Die dritte Fachsitzung leitete Thomas LENGAUER ML (Saarbrücken). Sie wurde mit einem Vortrag der Mathematikerin Hélène ESNAULT ML (Berlin) unter der Überschrift „‚Richtig' oder ‚Falsch': es sind die Alternativen in der Mathematik" eröffnet. ESNAULT war von 2012 bis 2019 Einstein-Professorin am Lehrstuhl für Zahlentheorie der Freien Universität (FU) Berlin, seitdem forschte sie u. a. in Princeton (NJ, USA), New York City (NY, USA), Kopenhagen (Dänemark) und Cambridge (MA, USA). Ihre Forschungsschwerpunkte liegen in der Zahlentheorie, in algebraischer und arithmetischer Geometrie sowie Topologie.

Der *Brockhaus* von 1989 hält zum Gesetzesbegriff in der Mathematik fest:

> „In der *Mathematik* werden als Gesetze strukturelle Eigenschaften bezeichnet, die innerhalb eines Gegenstandsbereiches (etwa dem der ganzen Zahlen) beweisbar sind (z. B. die Kommutativität der Addition) oder aber abstrakt als definierende Eigenschaften gefordert werden (z. B. bei der Definition des Begriffs ‚abelsche Gruppe'). In der *Logik* werden oft gebrauchte logischwahre Aussageformen als Gesetze bezeichnet (z. B. Gesetz der Kontraposition, De-Morgan-Gesetz). Die Auffassung, daß es sich hierbei um allgemeine Denk-Gesetze handele (‚Psychologismus'), gilt heute weitgehend als überholt."[107]

Mathematik setzt eindeutige Definitionen voraus und arbeitet – so ESNAULT – mit den Begriffen „richtig" und „falsch". Die „Wirklichkeit" der Mathematik ist die Wirklichkeit ihrer Regeln, die sich aus der historischen Entwicklung der Mathematik ergeben.

Der zweite Beitrag dieser Sektion wurde von dem Physiker Dieter VOLLHARDT (Augsburg) gehalten. Er beschäftigte sich mit der Thematik „Naturgesetze und naturwissenschaftliche Theorien". VOLLHARDT war von 1987 bis 1996 Direktor am Institut für Theoretische Physik der Rheinisch-Westfälischen Technischen Hochschule Aachen und danach bis zur Entpflichtung 2018 Professor für Theoretische Physik (Elektronische

105 VOLLMER 2000a, S. 194; SIMONYI 1989, S. 88–97.

106 Abschnitt „Antike" in Wikipedia-Eintrag Naturgesetz; https://de.wikipedia.org/wiki/Naturgesetz.

107 *Brockhaus* 1989, S. 426. Eine abelsche Gruppe ist eine Gruppe, d. h. eine bestimmte Menge von Elementen zusammen mit einer Verknüpfung, für die zusätzlich das Kommutativgesetz gilt (https://de.wikipedia.org/wiki/Abelsche_Gruppe). Die Benennung erfolgte nach dem norwegischen Mathematiker Niels Henrik ABEL (1802–1829). Die De-Morgan-Gesetze sind grundlegende Gesetze der Aussagenlogik, die nach dem englischen Mathematiker Augustus DE MORGAN (1806–1871) benannt wurden.

Abb. 4 Der Moderator Thomas LENGAUER (*links*) sowie die Vortragenden Hélène ESNAULT (*Mitte*) und Dieter VOLLHARDT (*rechts*) in der 3. Fachsitzung.

Korrelationen und Magnetismus) an der Mathematisch-Naturwissenschaftlichen Fakultät der Universität Augsburg. Die Schwerpunkte seiner Forschungen liegen auf dem Gebiet der Quanten-Vielteilchensysteme und der Theorie der kondensierten Materie.

Naturwissenschaftliche Theorien sind systematische, möglichst allgemeine und logisch konsistente Systeme von Annahmen, die auf experimentell gesicherten Tatsachen beruhen. Sie stellen nicht nur Gesetzmäßigkeiten zusammen, sondern fügen diese in einen größeren Rahmen ein und verallgemeinern sie. Solche Theorien können auf Naturgesetzen aufsetzen oder diese einbeziehen. Sie erlauben es dann, Aussagen abzuleiten, die über bereits Bekanntes hinausgehen. Oftmals sind Theorien (im Besonderen physikalische Theorien) in der Sprache der Mathematik formulierbar. Sie erlauben dann auch, quantitative Vorhersagen zu treffen. Diese lassen sich in Experimenten überprüfen. Als Beispiel führte VOLLHARDT aus: Aus der Beobachtung von Regelmäßigkeiten in der Natur (Planetenbewegungen) ließen sich Zusammenhänge in den Beobachtungsgrößen (Naturgesetz, Newtonsches Gravitationsgesetz) erschließen. Dieses Naturgesetz wurde mit EINSTEINS allgemeiner Relativitätstheorie wieder in einen größeren theoretischen Rahmen eingebettet, aus dem Vorhersagen gewonnen werden können, z. B. die Voraussage der Existenz der „Schwarzen Löcher“.

Sitzung IV

Die vierte Fachsitzung wurde von Andreas VOSSKUHLE moderiert und nicht von Dieter LANGEWIESCHE ML (Tübingen), wie ursprünglich laut Programm vorgesehen war. Die Sektion umfasste nur einen Vortrag, da der zweite angekündigte Beitrag von Thomas VESTING (Frankfurt/Main) zum Thema „Das allgemeine Gesetz: ‚Recht als Wissenschaft‘ und ‚Recht als Institution‘“ wegen Erkrankung des Referenten abgesagt werden musste.

Anna Katharina MANGOLD (Flensburg) sprach über „Natur und Gesetz. Beobachtungen zur rechtlichen Geschlechterordnung“, und damit ein Thema, über das – so VOSSKUH-

LE in seiner Einführung – zurzeit besonders viel diskutiert, aber nicht genug nachgedacht werde. MANGOLD ist Professorin für Europarecht an der Europa-Universität Flensburg. Außer zum Europarecht arbeitet sie auf dem Gebiet des deutschen Verwaltungs- und Verfassungsrechts. Schwerpunkte sind hier Antidiskriminierungsrecht und feministische Rechtswissenschaft.

MANGOLD fokussierte ihre Betrachtungen auf jüngste sehr intensiv geführte Auseinandersetzungen über den Entwurf eines Selbstbestimmungsgesetzes, die nach Ansicht der Referentin zeigen, dass Konzeptionen von Geschlecht bzw. Geschlechtern aktuell hoch umstritten sind. Dabei werden auf verschiedenen Ebenen tiefgehende Fragen des Verhältnisses von naturwissenschaftlichen Erkenntnissen über Geschlecht bzw. Geschlechter und der rechtlichen Regulierung von Körper und Sexualität verhandelt. Der Vortragenden ging es um verschiedene Perspektiven der Wissenskonstruktion von Geschlecht (und Geschlechtern) in Naturwissenschaft und Recht und die Frage, in welcher Weise Rechtsetzungsprozesse an naturwissenschaftliche Erkenntnisse aus Biologie (Genetik) und Medizin (Psychiatrie, Psychologie) anschließen müssen bzw. anschließen sollten. Dabei spiegelte sich in den Ausführungen die Umstrittenheit der in der Gesellschaft verhandelten Thesen wider. Das schließt auch weitgehende Missverständnisse durchaus ein.

Im Recht wird unter Gesetz „die von einem Organ des Gemeinwesens gesetzte Regel verstanden, die rechtsverbindlich und zukunftsgerichtet das Zusammenleben ordnet".[108] Dabei wird zwischen Gesetzen im formellen Sinn, d. h. jede vom Parlament im Gesetzgebungsverfahren in Form von Gesetzen getroffene Entscheidung, und Gesetzen im materiellen Sinn als „jede Rechtsnorm, die Rechtsbeziehungen zwischen den Bürgern, zwischen Bürgern und Hoheitsträgern oder zwischen Hoheitsträgern regelt",[109] unterschieden.

Der entfallene Vortrag von VESTING sollte sich mit der im öffentlichen Recht des 19. Jahrhunderts unaufgelösten Spannung zwischen „Recht als Wissenschaft" und „Recht als Institution" am Bespiel des Polizei- und Technikrechts im Wilhelminischen Deutschland beschäftigen und Ansätze aufzeigen, um aus dem als Muster einer „Normativität der Normalität" erkennbaren Zugang ein adäquates Rechts- und Gesetzverständnis für krisengeschüttelte Gegenwart zu entwickeln.

Durch den Wegfall des zweiten Beitrags blieb so leider ein wesentlicher Teil der Gesetzesproblematik im für die Veranstaltung weitgespannten Fokus etwas unterbelichtet.

In einer ausführlichen Diskussion wurden Fragen zu Geschlechterverhältnissen in der Wissenschaft diskutiert, die in ihrer Komplexität zeigten, dass die Überwindung von historisch erklärbaren Missverhältnissen durch erneute Ungerechtigkeiten und Fehlentscheidungen mit veränderten Vorzeichen für heutige Generationen in der Gegenwart nicht zum Nutzen für die Gesellschaft, sondern lediglich zum Schaden für die Wissenschaft ausschlagen wird. Die Leitlinien des gewärtigen Diskurses lassen die erforderliche Rationalität, Angemessenheit und Sensibilität oft vermissen. (Wieder wird man an GOETHE erinnert: „Es ist besser, daß Ungerechtigkeiten geschehn, als daß sie auf ungerechte Weise gehoben werden."[110])

108 *Brockhaus* 1989, S. 426.

109 Ebenda.

110 Aus dem Nachlaß (Über Literatur und Leben), Nr. 833, GOETHE 1907, S. 183.

Es zeigt sich, dass Wissenschaft nicht nur durch die im Statement des Akademiepräsidenten zur Wissenschaftsfreiheit genannten Faktoren bedroht ist, sondern auch durch Fehlentwicklungen in ihren eigenen Strukturen, die zu Benachteiligungen, Überregulierung und Demotivierung führen, die neben allgemeinere Probleme treten, wie Missbrauch von Weisungsbefugnissen im Forschungsbereich, Mobbing von Mitarbeitern, Plagiate, Datenfabrikation usw., für die so hochkompetitive und im Fortkommen von persönlichen Urteilen und Förderungen abhängige Gebiete wie die Forschung anfällig sind.

Podiumsdiskussion und Schlusswort

Den Abschluss des wissenschaftlichen Programms bildete eine Podiumsdiskussion unter der Moderation von Andreas VOSSKUHLE. Daran nahmen teil die Bioethikerin Bettina SCHÖNE-SEIFERT ML (Münster, Seniorprofessorin für Medizinethik an der Universität Münster) mit einem Forschungsschwerpunkt zu Problemen der biomedizinischen Ethik und den zugrundeliegenden Wert- und Normierungsfragen, die Rechtswissenschaftlerin Ann-Katrin KAUFHOLD (München, Leiterin der internationalen Forschungsgruppe „The Institutional Architecture for a 1,5 °C World“ am *Center for Advanced Studies* der Ludwig-Maximilians-Universität München) mit dem Arbeitsgebiet öffentliches Finanzmarktrecht („Sustainable Finance“-Regulierung), der Philosoph Otfried HÖFFE ML (Tübingen, emeritierter Professor für Philosophie) mit dem Tätigkeitsgebiet Praktische Philosophie (Ethik, Rechtsphilosophie, Staatsphilosophie, politische Philosophie und Grundlagen der Ökonomie) und die Biophysikerin Petra SCHWILLE ML (München) mit dem Forschungsfokus auf die Synthetische Biologie, und zwar die einfachste mögliche Repräsentation lebender Systeme durch im Labor hergestellte Protozellen. Die Teilnehmer legten ihre vom jeweiligen Ausbildungsgang geprägten Zugänge zur Gesetzes-Thematik dar. Besonders

Abb. 5 Mitorganisator VOSSKUHLE bei seinem Schlusswort. *Rechts* die Teilnehmer an der von VOSSKUHLE moderierten Podiumsdiskussion Petra SCHWILLE, Bettina SCHÖNE-SEIFERT, Ann-Katrin KAUFHOLD und Otfried HÖFFE (*von links nach rechts*).

beeindruckten die Ausführungen von SCHWILLE, dass das Studium der Naturwissenschaften im Umgang mit den Gesetzen in der Natur in Experimenten vor allem zur Demut vor dem Faktischen und Unabweisbaren sowie weg von Wunschdenken führe.

Abweichend von der Tradition, dass ein Mitglied des Präsidiums der Akademie, meist ein Vizepräsident, mit Dankesworten an Organisatoren und Gäste die Versammlung schließt, hielt diesmal Veranstalter Andreas VOSSKUHLE das Schlusswort.

Das Programm der Jahresversammlung wurde noch durch ein Abschluss-Dinner (für Mitglieder der Akademie und geladene Gäste) im Steintorvarieté Halle ergänzt.

Wie schon bei zurückliegenden Versammlungen ermöglichte dankenswerterweise die Wilhelm und Else Heraeus-Stiftung die Teilnahme von ausgewählten Schülerinnen und Schülern aus ganz Deutschland an der Tagung.[111] Außerdem gewährte die Leopoldina jungen Wissenschaftlerinnen und Wissenschaftlern Reisestipendien für die Teilnahme an der Jahresversammlung, die ebenso dankenswerterweise vom Leopoldina Akademie Freundeskreis e. V. sowie der Alfried Krupp von Bohlen und Halbach-Stiftung zur Verfügung gestellt worden waren.

Schließen wir den Bericht, wie wir ihn begonnen hatten, wiederum mit GOETHE: „Es ist besser, es geschehe dir Unrecht, als die Welt sei ohne Gesetz. Deshalb füge sich jeder dem Gesetze.“[112]

Literatur

BERTALANFFY, L. VON: Theoretische Biologie. Bd. *I*: Allgemeine Theorie, Physikochemie, Aufbau und Entwicklung des Organismus. Berlin: Bornträger 1932

BERTALANFFY, L. VON: Theoretische Biologie. Bd. *II*: Stoffwechsel, Wachstum. Berlin: Bornträger 1942

Bilder-Conversations-Lexikon: Gesetze. In: Bilder-Conversations-Lexikon für das deutsche Volk. Ein Handbuch zur Verbreitung gemeinnütziger Kenntnisse und zur Unterhaltung. In vier Bänden. Zweiter Band F – L. S. 207–208. Leipzig: F. A. Brockhaus 1838

Bilder-Conversations-Lexikon: Naturwissenschaften. In: Bilder-Conversations-Lexikon für das deutsche Volk. Ein Handbuch zur Verbreitung gemeinnütziger Kenntnisse und zur Unterhaltung. In vier Bänden. Dritter Band M – R. S. 247–248. Leipzig: F. A. Brockhaus 1839

BREM, G. (Hrsg.): 150 Jahre Mendelsche Regeln: Vom Erbsenzählen zum Gen-Editieren. Nova Acta Leopoldina NF Nr. *413* (2017)

Brockhaus: Gesetz. In: Brockhaus Enzyklopädie in vierundzwanzig Bänden. 19., völlig neu bearbeitete Auflage. Achter Band FRU – GOS. S. 425–427. Mannheim: F. A. Brockhaus GmbH 1989

CARROLL, J. W.: Laws of Nature. In: Stanford Encyclopedia of Philosophy. (Internetfassung, 2003, revidiert 2020). 2020

CARUS, C. G.: Denkschrift zum hundertjährigen Geburtsfeste Goethe's. Ueber ungleiche Befähigung der verschiedenen Menschheitstämme für höhere geistige Entwickelung. Leipzig: F. A. Brockhaus 1849

ENGELS, S., STOLZ, R., GÖBEL, W., NAWROCKI, F., und NOWAK, A. (Hrsg.): ABC Geschichte der Chemie. Leipzig: VEB Deutscher Verlag für Grundstoffindustrie 1989

GENSCHOREK, W.: Carl Gustav Carus. Arzt, Künstler, Naturforscher. Leipzig: S. Hirzel Verlag/BSB B. G. Teubner Verlagsgesellschaft 1988

GLOGER, C. W. L.: Das Abändern der Vögel durch Einfluß des Klima's. Nach zoologischen, zunächst von den europäischen Landvögeln entnommenen Beobachtungen dargestellt, mit den entsprechenden Erfahrungen bei den europäischen Säugthieren verglichen, und durch Thatsachen aus dem Gebiete der Physiologie, der Physik und der physischen Geographie erläutert von Dr. Constantin Lambert Gloger zu Breslau, Mitgliede

111 Ein Bericht über das Schülerprogramm findet sich in diesem Jahrbuch auf S. 81–83.

112 Aus dem Nachlaß (Über Literatur und Leben), Nr. 832, GOETHE 1907, S. 183.

der kaiserl. Leopoldinisch-Carolinischen Akademie der Naturforscher [...]. Breslau: August Schulz & Co. Berlin: Druckerei der Königlichen Akademie der Wissenschaften (G. Vogt) 1833

GOETHE, J. W. VON: Maximen und Reflexionen. Nach den Handschriften des Goethe- und Schiller-Archivs hrsg. von M. HECKER. (Schriften der Goethe-Gesellschaft Bd. *21*). Weimar: Verlag der Goethe-Gesellschaft 1907

GROSCHE, S.: „Zarten Seelen ist gar viel gegönnt". Naturwissenschaft und Kunst im Briefwechsel zwischen C. G. Carus und Goethe. Göttingen: Wallstein 2001

HAMPE, M.: Eine kleine Geschichte des Naturgesetzbegriffs. Frankfurt (Main): Suhrkamp 2007

HARTBECKE, K., und SCHÜTTE, C. (Hrsg.): Naturgesetze. Historisch-systematische Analysen eines wissenschaftlichen Grundbegriffs. Paderborn: Mentis 2006

[HAUG, G. (Hrsg.)]: Gesetz(e): Regeln der Wirklichkeit – Regeln für die Wirklichkeit. Jahresversammlung 2023. Programm und Kurzfassungen der Vorträge. Halle (Saale): Deutsche Akademie der Naturforscher Leopoldina – Nationale Akademie der Wissenschaften 2023

HEIDEL, C.-P.: Werk und Wirken von Carl Gustav Carus und deren Rezeption. In: ZWIPP, H., und HEIDEL, C.-P. (Hrsg.): 25 Jahre Medizinische Fakultät Dresden. Festschrift zum 150. Todestag von Carl Gustav Carus. S. 27–46. Dresden: Fabian Hille 2019

HINRICHSEN, H.-J.: Beethoven – die Klaviersonaten. Kassel, Basel, London, New York, Praha: Bärenreiter 2013, [2]2020

HINRICHSEN, H.-J.: Ludwig van Beethoven. Musik für eine neue Zeit. Kassel: Bärenreiter 2016, 2019

JAAG, S., und SCHRENK, M.: Naturgesetze. Berlin: de Gruyter 2020

JAHN, I. (Hrsg.): Geschichte der Biologie. Theorien, Methoden, Institutionen, Kurzbiographien. Berlin, Heidelberg: Spektrum Akademischer Verlag 2002

JANKO, J., und MATÁLOVÁ, A.: Johann Gregor Mendel (1822–1884). In: JAHN, I., und SCHMITT, M. (Hrsg.): Darwin & Co. Eine Geschichte der Biologie in Portraits. Bd. *I*, S. 390–410 und 533–534. München: C. H. Beck 2001

KAASCH, M.: Gregor Mendel – Ein Wegbereiter der modernen Genetik. Zum 200. Geburtstag. Bericht über das Festsymposium am 20. Juli 2022 in Halle (Saale) und Anmerkungen zur Mendel-Ehrung in der Leopoldina. Jahrbuch 2022. Leopoldina (R. 3) *68*, 155–205 (2023)

KAASCH, M., und KAASCH, J.: Von der Akademiereform über Konsolidierung und Kontinuität in die Krise – Die Leopoldina unter den Präsidenten Behn, Knoblauch, Freiherr von Fritsch und Wangerin von 1870 bis 1921. In: PARTHIER, B., und ENGELHARDT, D. VON (Hrsg.): 350 Jahre Leopoldina – Anspruch und Wirklichkeit. Festschrift der Deutschen Akademie der Naturforscher Leopoldina 1652 – 2002. S. 151–186. Halle (Saale): Deutsche Akademie der Naturforscher Leopoldina / Druck-Zuck 2002

KAASCH, M., und KAASCH, J.: Verlorene Spuren: Paracelsus, Robert Mayer und die Naturwissenschaftler-Auskunftei. Umstrittene Projekte der Deutschen Akademie der Naturforscher Leopoldina aus den Jahren des Zweiten Weltkriegs. In: GEUS, A., und HÖXTERMANN, E. (Hrsg.): Fünfundzwanzig Jahre Biohistoricum 1998–2023. Eine Jubiläumsgabe. S. 75–150. Rangsdorf: Verlag Natur + Text 2023

KLEINE-NATROP, H.-E.: Der XIII. Präsident (1862–1869). Carl Gustav Carus (1789–1869). Ausgewählte Aspekte seines Lebens hundert Jahre nach seinem Tod. In: REICHENBACH, E., und USCHMANN, G. (Hrsg.): Nunquam otiosus. Beiträge zur Geschichte der Präsidenten der Deutschen Akademie der Naturforscher Leopoldina. Festgabe zum 70. Geburtstag des XXII. Präsidenten Kurt Mothes. Nova Acta Leopoldina N. F. Bd. *36*, Nr. 198, S. 199–247 (1970)

KŘÍŽENECKÝ, J. (Hrsg.): Gregor Johann Mendel 1822–1884. Texte und Quellen zu seinem Wirken und Leben. Lebensdarstellungen deutscher Naturforscher Nr. *11* (Festgabe der Deutschen Akademie der Naturforscher Leopoldina zum Mendel Memorial Symposium 1865–1965. August 1965 in Brünn). Leipzig: Johann Ambrosius Barth 1965

MAYR, E.: Die Entwicklung der biologischen Gedankenwelt. Vielfalt, Evolution und Vererbung. Übersetzt von K. DE SOUSA FERREIRA. Berlin, Heidelberg, New York, Tokyo: Springer 1984

MENDEL, G.: Versuche über Pflanzen-Hybriden. Verhandlungen des Naturforschenden Vereines zu Brünn *4* [1865], Abh., 3–47 (1866)

MENDEL, G.: Ueber einige aus künstlicher Befruchtung gewonnenen Hieracium-Bastarde. Verhandlungen des Naturforschenden Vereines zu Brünn *8* [1869], Abh., 26–31 (1870)

Meyers Neues Lexikon: Gesetz. In: Meyers Neues Lexikon in acht Bänden. Dritter Band Epibiose – Handel. S. 622. Leipzig: VEB Bibliographisches Institut 1962

MITTELSTAEDT, P., und VOLLMER, G. (Hrsg.): Was sind und warum gelten Naturgesetze? Philosophia naturalis (Archiv für Naturphilosophie und die philosophischen Grenzgebiete der exakten Wissenschaften und Wissenschaftsgeschichte) *37*/2 (2000a)

Mittelstaedt, P., und Vollmer, G.: Vorwort der Gastherausgeber. Philosophia naturalis (Archiv für Naturphilosophie und die philosophischen Grenzgebiete der exakten Wissenschaften und Wissenschaftsgeschichte) *37*/2, 189–191 (2000b)

Müller, A.: Naturgesetzlichkeiten – Chemie lediglich ein Bereich zwischen Physik und biologischem Geschehen? Philosophia naturalis (Archiv für Naturphilosophie und die philosophischen Grenzgebiete der exakten Wissenschaften und Wissenschaftsgeschichte) *37*/2, 351–365 (2000)

Philosophisches Wörterbuch: Gesetz. In: Klaus, G., und Buhr, M. (Hrsg.): Philosophisches Wörterbuch. Bd. *1*, A bis Kybernetik. 11. Aufl. S. 490–496. Leipzig: VEB Bibliographisches Institut 1975

Planck, M.: Acht Vorlesungen über Theoretische Physik. Gehalten an der Columbia University in the City of New York im Frühjahr 1909. Leipzig: S. Hirzel 1910

Schaxel, J. (Hrsg.): Abhandlungen zur theoretischen Biologie. Berlin: Bornträger 1919–1930

Scheidler, K. H., und Heimbach, C. W. E.: Gesetz. In: Ersch, J. S., und Gruber, J. G. (Hrsg.): Allgemeine Encyklopädie der Wissenschaften und Künste in alphabetischer Folge von genannten Schriftstellern bearbeitet. Erste Section A – G. Hrsg. von H. Brockhaus. Vierundsechzigster Theil. GESENIUS – GETRÄNK. S. 10–87. Leipzig: F. A. Brockhaus 1857

Schreier, W. (Hrsg.): Geschichte der Physik. Ein Abriß. Berlin: VEB Deutscher Verlag der Wissenschaften 1988

Schweitzer, B.: Naturgesetze in der Biologie? Philosophia naturalis (Archiv für Naturphilosophie und die philosophischen Grenzgebiete der exakten Wissenschaften und Wissenschaftsgeschichte) *37*/2, 367–374 (2000)

Simonyi, K.: Kulturgeschichte der Physik. Leipzig, Jena, Berlin: Urania-Verlag 1990

Snow, C. P.: The Two Cultures and the Scientific Revolution. Cambridge [u. a.]: Cambridge University Press 1959

Struktur und Mitglieder ... 2024: Struktur und Mitglieder. Structure and Members. Stand | updated 30.06.2024. Halle (Saale): Deutsche Akademie der Naturforscher Leopoldina – Nationale Akademie der Wissenschaften 2024

Swartz, N.: The Concept of Physical Law. Cambridge [u. a.]: Cambridge University Press [1]1985, [2]2003

Vollmer, G.: Kandidaten für Naturgesetze. Philosophia naturalis (Archiv für Naturphilosophie und die philosophischen Grenzgebiete der exakten Wissenschaften und Wissenschaftsgeschichte) *37*/2, 193–204 (2000a)

Vollmer, G.: Was sind und warum gelten Naturgesetze? Philosophia naturalis (Archiv für Naturphilosophie und die philosophischen Grenzgebiete der exakten Wissenschaften und Wissenschaftsgeschichte) *37*/2, 205–239 (2000b)

Watts, E. M.: Lessons Learned beyond the Controversy: How an Examination of Ernst Haeckel's Work Can Be Applied to Modern Science Education and Communication Practice. In: Bach, T., Brandt, C., Fangerau, H., und Köchy, K. (Hrsg.): Haeckels ambivalentes Vermächtnis. NAL-historica Nr. *84*, 149–164 (2023)

Windelband, W.: Geschichte und Naturwissenschaft. Rede zum Antritt des Rektorats der Kaiser-Wilhelms-Universität Straßburg gehalten am 1. Mai 1894. In: Bibliotheca Augustana. https://www.hs-augsburg.de/~harsch/germanica/Chronologie/19Jh/Windelband/win_red0.html (Zugriff 11. 9. 2024)

Zaunick, R.: Carl Gustav Carus und sein Kreis. Historischer Ehrenraum. In: Carl Gustav Carus. Eine historisch-kritische Literaturschau mit zwei Bibliographien. Als wissenschaftshistorischer Führer durch die Gruppe Carl Gustav Carus und sein Kreis auf der Internationalen Hygiene-Ausstellung Dresden 1930 verfaßt und aus dem Sonderkatalog „Ausstellung Freistaat Sachsen Dresden 1930 Internationale Hygiene-Ausstellung". S. 3–12. Privatdruck. Dresden: Buchdruckerei der Wilhelm und Bertha v. Baensch Stiftung 1930

Dr. Michael Kaasch
Dr. Joachim Kaasch
Wissenschaftliche Redaktion
Deutsche Akademie der Naturforscher Leopoldina –
Nationale Akademie der Wissenschaften
Jägerberg 1
06108 Halle (Saale)
Bundesrepublik Deutschland
Tel.: +49 345 47239134
Fax: +49 345 47239139
E-Mail: kaasch@leopoldina.org

Markus Scholz | Leopoldina

Markus Scholz | Leopoldina

Begrüßung und Ansprache des Präsidenten

Gerald Haug ML (Halle/Saale, Berlin, Mainz)

1. Begrüßung und Danksagungen

Sehr geehrter Herr Ministerpräsident, [Reiner Haseloff, Sachsen-Anhalt]
sehr geehrte Frau Staatssekretärin, [Sabine Döring, BMBF]
sehr geehrte Vertreterinnen und Vertreter des Bundes, der Länder und der Kommunen,
sehr geehrte Repräsentantinnen und Repräsentanten von Akademien,
Wissenschaftseinrichtungen und Stiftungen,
sehr geehrte Mitglieder des Präsidiums,
sehr geehrte Senatorinnen und Senatoren der Leopoldina,
sehr geehrte Mitglieder der Leopoldina,
sehr geehrte Mitglieder des Freundeskreises der Leopoldina,
meine Damen und Herren!

Zur Jahresversammlung der Nationalen Akademie der Wissenschaften Leopoldina begrüße ich Sie sehr herzlich! Heute und morgen werden wir uns dem Thema „Gesetz(e): Regeln der Wirklichkeit – Regeln für die Wirklichkeit“ widmen. Von gesetzmäßigen Zusammenhängen zwischen Naturphänomenen über sich historisch wandelnde Rechtsordnungen bis zu Formprinzipien der Musik – auf unserer Jahresversammlung werden Wissenschaftlerinnen und Wissenschaftler miteinander ins Gespräch kommen, die diese unterschiedlichen Arten von Regeln erforschen.

Zu den Regeln der Gastfreundschaft gehört es, dass der Gastgeber sich bei seinen Gästen für ihr Kommen und für ihre Gaben bedankt. Daher möchte ich zuerst den Musikerinnen und Musikern der Band „Three“ herzlich Dank dafür sagen, dass sie unsere Jahresversammlung mit ihrer frischen Interpretation zweier Jazzstandards eröffnet haben.

Dem Komponisten Gustav Mahler wird – wohl fälschlicherweise – der Aphorismus zugeschrieben: „Tradition ist Weitergabe des Feuers und nicht Anbetung der Asche.“ In diesem Sinne danke ich der Wilhelm und Else Heraeus-Stiftung für die Fortführung der Tradition, ausgewählten Gymnasiastinnen und Gymnasiasten aus ganz Deutschland die Teilnahme an unserer Jahresversammlung finanziell zu ermöglichen. Liebe Schülerinnen und Schüler, ich würde mich sehr freuen, wenn der eine oder andere Vortrag Ihre Neugier auf die wissenschaftliche Auseinandersetzung mit den Regeln der Wirklichkeit und für die Wirklichkeit entfachen würde!

In meinen Dank schließe ich die Alfried Krupp von Bohlen-Halbach-Stiftung und den Freundeskreis der Leopoldina ein. Sie haben in diesem Jahr erstmals Promovierenden, Postdoktorandinnen und Postdoktoranden Reisestipendien für die Teilnahme an der Jahresversammlung gewährt. Herzlichen Dank, liebe Frau Gather, liebe Frau Schnitzer-Ungefug!

Meine Damen und Herren,

wenn sich ein Philologe, ein Physiker und ein Verfassungsrechtler zusammentun, um eine Tagung zu organisieren, gibt es eigentlich nur zwei Möglichkeiten. Entweder sie bleiben in ihren eigenen Wissenschaftskulturen gefangen, reden aneinander vorbei und brechen das Vorhaben entnervt ab. Oder sie entwickeln ein gemeinsames Verständnis für ihre unterschiedlichen Perspektiven, einigen sich auf ein vielfältiges Tagungsprogramm und überzeugen Kolleginnen und Kollegen vom interdisziplinären Nutzen ihres Vorhabens.

Sehr geehrter Herr KABLITZ, sehr geehrter Herr SAMWER, sehr geehrter Herr VOSSKUHLE,

Ihnen ist es gelungen, mit dieser Jahresversammlung eine der wesentlichen Intentionen unserer Akademie zu verwirklichen: quer zu den Grenzen zwischen den Fachdisziplinen einen fruchtbaren Dialog über zentrale Fragen der Wirklichkeitserkenntnis und -veränderung zu ermöglichen. Hierfür danke ich Ihnen sehr herzlich! Meinen Dank erweitere ich gerne auf alle Vortragenden, die sich von der Idee zu dieser Jahresversammlung haben überzeugen lassen und zu uns nach Halle gekommen sind.

Es gehört zu den ungeschriebenen Regeln unserer Akademie, dass die Organisatoren, Vortragenden und Gäste der Jahresversammlungen von der Geschäftsstelle auf das Freundlichste empfangen und unterstützt werden. Hierfür danke ich der Geschäftsstelle, dem Generalsekretariat und dem Veranstaltungsmanagement ganz herzlich.

2. Totengedenken

Meine Damen und Herren,

die Leopoldina ist eine die Generationen übergreifende Gelehrtengesellschaft, die sich ihrer verstorbenen Mitglieder verpflichtet fühlt. Seit der letzten Jahresversammlung sind 28 Gelehrte von uns gegangen. Leider kann ich an dieser Stelle nur an wenige dieser Persönlichkeiten namentlich erinnern, nämlich an:

- Albert ESCHENMOSER aus der Sektion „Chemie", der 1991 die Cothenius-Medaille erhielt;
- Harald ZUR HAUSEN aus der Sektion „Humangenetik und Molekulare Medizin", dem 2008 der Nobelpreis für Medizin oder Physiologie verliehen worden ist und der sich von 1998 bis 2009 erst als Senator, dann als Vizepräsident für die Leopoldina engagierte;
- Dieter OESTERHELT aus der Sektion „Biochemie und Biophysik", der 1993 die Mendel-Medaille erhielt; und
- Sir Ian WILMUT aus der Sektion „Veterinärmedizin", dessen Forschungsgruppe es 1996 gelang, erstmals durch Zellkerntransfer Säugetiere zu klonen – das Schaf „Dolly" wurde weltberühmt.

Wir wollen in Dankbarkeit und stillem Gedenken von allen verstorbenen Akademiemitgliedern Abschied nehmen. Ich darf Sie bitten, sich von Ihren Plätzen zu erheben.

[Schweigeminute]

Ich danke Ihnen, dass Sie sich zur Ehrung der Verstorbenen erhoben haben.

3. Regeln der Wissenschaft – Regeln für die Wissenschaft

Meine Damen und Herren,

in Deutschland sind wir als Wissenschaftlerinnen und Wissenschaftler in der glücklichen Lage, dass das grundlegende Regelwerk für unser Zusammenleben in einer freiheitlich-demokratischen Rechtsordnung die Wissenschaftsfreiheit ausdrücklich schützt. „Kunst und Wissenschaft, Forschung und Lehre sind frei", heißt es in Artikel 5, Absatz 3 des Grundgesetzes.

Was aber wird im Grundgesetz unter „Wissenschaft" verstanden? In einem Urteil aus dem Jahre 1973 hat das Bundesverfassungsgericht die folgende Definition vorgelegt: Der Schutz der Wissenschaftsfreiheit „erstreckt sich [...] auf jede wissenschaftliche Tätigkeit, d.h. auf alles, was nach Inhalt und Form als ernsthafter planmäßiger Versuch zur Ermittlung der Wahrheit anzusehen ist. Dies folgt unmittelbar aus der prinzipiellen Unabgeschlossenheit jeglicher wissenschaftlichen Erkenntnis."

Ernsthaftigkeit und Planmäßigkeit: Das sind für das Bundesverfassungsgericht zentrale Merkmale der wissenschaftlichen Wahrheitssuche, und sie lassen sich mit Hinweis auf zwei grundlegende Regelwerke der Wissenschaft näher bestimmen. Ernsthaft nach neuen Erkenntnissen zu suchen, heißt, ethisch fundierten Standards für Forschung und Lehre zu folgen, wie sie etwa im DFG-Kodex für gute wissenschaftliche Praxis niedergelegt wurden. Planmäßig die Wahrheit zu ermitteln, heißt, theoretisch gut begründete Methoden der Erkenntnisgewinnung anzuwenden, deren Weitergabe eine Kernaufgabe der Lehre bildet.

Meine Damen und Herren,

selbstverständlich ist die Wissenschaft mehr als das Befolgen feststehender Regeln. Sie zielt ab auf das, was sich unserer Erkenntnis noch entzieht. Um dieses Unbekannte zu entdecken und zu erklären, ist die Wissenschaft in ständiger Entwicklung begriffen. Das Bundesverfassungsgericht hat daher in seiner Definition von Wissenschaft hervorgehoben, dass sie „prinzipiell unabgeschlossen ist". Das macht die Wissenschaft unvorhersehbar.

Forscherinnen und Forscher brauchen einen großen Freiheitsspielraum, um vielversprechende neue Ideen zu verfolgen und Experimente mit ungewissen Erfolgsaussichten durchzuführen. Damit sie dies tun können, sind sie auf angemessene Regeln für die Wissenschaft angewiesen, also auf politisch legitimierte rechtliche Rahmenbedingungen. Damit steht die Wissenschaftspolitik vor einem Paradox: Wie lässt sich das eigentlich Unvorhersehbare regulieren?

Dieses Paradox hat sich in den letzten Jahrzehnten verschärft: Je erfolgreicher, relevanter und sichtbarer die Wissenschaft wird, desto umfassender wird sie Gegenstand von Regulierungen. Drohende stärkere Restriktionen bei der Laufzeit von Arbeitsverträgen für den wissenschaftlichen Nachwuchs, steigende Bürokratisierung von Genehmigungs- und Evaluierungsverfahren, überbordende Dokumentationspflichten, zunehmende zeitliche Belastung des wissenschaftlichen Personals durch Ernennung von immer neuen Beauftragten, steuerrechtliche Erschwerung der Zusammenarbeit wissenschaftlicher

Partner, mehr und mehr Behinderungen beim Einsatz bestimmter Forschungsmethoden bis hin zu faktischen Verboten – viele unter Ihnen hier im Saal könnten diese Liste leicht verlängern und mit zahlreichen Beispielen illustrieren.

Oft spielen sich die Konflikte, die aus den gerade genannten Tendenzen resultieren, unterhalb der Wahrnehmungsgrenze der politisch interessierten Öffentlichkeit ab. Einige Themen schaffen es aber, ein größeres Publikum zu interessieren. Denken Sie an die aktuelle Diskussion auf Ebene der Europäischen Union über eine noch schärfere Regulierung von Tierversuchen. Sie gibt akuten Anlass zur Sorge, dass eine BioNTech-Erfolgsgeschichte in Deutschland bald nicht mehr stattfinden und die entsprechende Forschung dorthin abwandern könnte, wo die Regeln für den Schutz des Tierwohls deutlich laxer sind als gegenwärtig bei uns.

Spätestens dann, wenn eine gut gemeinte Regel *für die* Wissenschaft dazu führt, dass sie es nicht nur den Wissenschaftlerinnen und Wissenschaftlern erschwert, den Regeln *der* Wissenschaft zu folgen, sondern auch negative Auswirkungen auf Dritte hat – spätestes dann liegt ein Fall von Überregulierung vor. Umso erfreulicher ist es, dass in den unterschiedlichsten Bereichen die Diskussion über den notwendigen Abbau von Bürokratie an Fahrt gewinnt, beispielsweise im Zusammenhang mit dem geplanten Bürokratieentlastungsgesetz, zu dem bereits Eckpunkte vorliegen.

Deshalb ist es an der Zeit, dass sich auch die Wissenschaftsorganisationen umfassender als bisher einer Bestandsaufnahme und Analyse der schädlichsten Überregulierungstendenzen widmen. Der Leopoldina könnte als neutrale Sachwalterin der Interessen des deutschen Wissenschaftssystems dabei eine besondere Rolle zukommen. Wir haben die Absicht, uns in den kommenden Monaten intensiver mit der Regulierungsdynamik in der Wissenschaft auseinanderzusetzen und uns an drei Leitfragen zu orientieren:

1. Welche Regulierungen, die auf Wachstum, Ausdifferenzierung und Relevanzzunahme des Wissenschaftssystems reagieren, schränken dessen Leistungsfähigkeit zu stark ein und gefährden somit den Forschungs- und Innovationsstandort Deutschland?
2. Trägt das Wissenschaftssystem selbst zu dieser Überregulierung bei, indem es seine Potentiale für flexible Selbstverwaltung nicht ausreichend nutzt?
3. Welche Strategien sind erfolgversprechend, um die Überregulierung innerhalb des Wissenschaftssystems einzudämmen und abzubauen?

Ich bin sehr gespannt darauf, welche Ergebnisse ich Ihnen zur Eröffnung der nächsten Leopoldina-Jahresversammlung präsentieren kann.

4. Überleitung zu den folgenden Programmpunkten

Meine Damen und Herren,

mit meinen Anmerkungen zur Überregulierung bewege ich mich auf einem Terrain, auf dem sich unsere beiden Ehrengäste aus der Politik bestens auskennen.

Sehr geehrter Herr Ministerpräsident, lieber Herr Haseloff,

Ihre Besuche auf dem Jägerberg anlässlich der Leopoldina-Jahresversammlungen und zu anderen Veranstaltungen führen uns das vertrauensvolle Wohlwollen und die umfassende Unterstützung vor Augen, welche die Akademie von ihrem Sitzland Sachsen-Anhalt erhält. Hierfür bedanke ich mich im Namen der Akademie bei Ihnen und der Landesregierung herzlich. Ihre Besuche sind darüber hinaus Ausdruck Ihres ureigenen Interesses als Physiker an den Regeln der Wirklichkeit, deren Erforschung sich unsere Mitglieder widmen. Dass die Leopoldina für Sie ein Ort ist, zu dem Sie Amt *und* Neigung führen, freut mich sehr.

Ebenso sehr freue ich mich, verehrte Frau Staatssekretärin, liebe Frau Döring, Sie heute zum ersten Mal bei uns begrüßen zu dürfen. Mit dem Thema „Gesetz(e)" bewegen wir uns nicht nur auf Ihrem politischen Wirkungsfeld, sondern auch in Ihrem Forschungsbereich als Lehrstuhlinhaberin für Praktische Philosophie. Ich danke Ihnen herzlich für die große und verlässliche Unterstützung, welche die Leopoldina durch das Bundesministerium für Bildung und Forschung erfährt.

Meine Damen und Herren,

ich danke Ihnen für Ihre Aufmerksamkeit und möchte nun zuerst den Herrn Ministerpräsidenten, danach die Frau Staatssekretärin an das Rednerpult bitten!

Markus Scholz | Leopoldina

Grußwort

Reiner Haseloff (Magdeburg)
Ministerpräsident des Landes Sachsen-Anhalt

Sehr geehrter Herr Präsident Prof. Haug,
sehr geehrte Damen und Herren,

Ihrer Einladung zu folgen ist mir gleichermaßen Freude und Ehre. Seit 2011 war ich siebenmal hier und habe den Austausch mit Ihnen stets genossen.

Wenn man als Politiker gebeten wird, einen Redebeitrag zu halten, muss man eingestehen, dass man nicht zu jedem dieser Themen ein Experte ist. Aber es wird zu Recht erwartet, dass man eine Meinung dazu hat. Aber bereits das braucht die ernsthafte Beschäftigung mit dem Gegenstand. Meinungsbildung ist Arbeit. Sie ist eine Mühe, der man sich unterziehen muss. Das versuche ich nach bestem Wissen und Gewissen.

In diesem Jahr widmen Sie sich dem Thema: „Gesetz(e): Regeln der Wirklichkeit – Regeln für die Wirklichkeit“.

Für einen Ministerpräsidenten und zugleich studierten Physiker ein ohne Zweifel interessantes Thema. Als Physiker schaue ich mir an, was ich ergründen will, erkenne Zusammenhänge und bestimmte Gesetzmäßigkeiten. Durch die Gesetze der Natur wird die Wirklichkeit beschrieben und abgebildet – nicht aber verändert. Da gibt es keine „alternativen Fakten“.

Politiker dagegen interpretieren die Wirklichkeit mehr oder weniger nach dem jeweiligen Grundsatzprogramm ihrer Parteien, ihren eigenen Vorstellungen, wie die Gesellschaft aussehen soll, und wie ihre Stellung im parlamentarischen System ist, ob sie also in Regierungsverantwortung sind oder in der Opposition. Bei diesen Interpretationen wiederum gibt es weiten Spielraum.

Wer in der Regierung ist, hat die Aufgabe, Gesetze vorzubereiten und dafür eine Mehrheit zu finden, um eine Antwort auf drängende Fragen und Problemlagen zu finden. Gesetze im rechtlich-politischen Raum sollen mithin die Wirklichkeit regulieren und gestalten. Sie schaffen zusammen mit anderen Rechtsvorschriften eine Ordnung, die das Zusammenleben der Menschen regelt und Konflikte löst. Im besten Fall wird durch das gegebene Recht eine akzeptable Form von Gerechtigkeit verwirklicht.

Im besten Fall schützen Gesetze die Menschen vor Willkür und Machtmissbrauch – zumindest in rechtsstaatlichen Gesellschaften. Gesetze sollen den Menschen Sicherheit und Orientierung bieten. Das ist nach meiner Auffassung auch sehr wichtig für die Akzeptanz von Recht. Wir erleben ja in den letzten Monaten, dass Politik diese Orientierung nicht mehr vollständig zu geben vermag. Die Menschen haben immer öfter das Gefühl, dass es Politik nicht schafft zu erläutern, was das große Ziel ihres Wirkens ist, auf welchem Weg man dorthin gelangen will, warum dieses Ziel und diese Wege für die Gesamtheit richtig und wichtig sind und wie die Zumutungen, die das alles mit sich bringen kann und wird, erträglich gehalten werden.

In der Politik haben wir es immer wieder mit wechselnden Situationen zu tun, wo real oder vermeintlich schnell reagiert werden muss. Rechtfertigen die bestehenden Herausforderungen es, einen Gesetzentwurf innerhalb von nur einer Woche durch Bundestag und Bundesrat peitschen zu wollen, der in seinen Konsequenzen für die Bürger im Land, für die Energiesysteme, für die Hersteller und Handwerker so massive Auswirkungen haben wird? Richtig, ich meine die Novelle des Gebäudeenergiegesetzes. Und meine Antwort ist ein klares Nein! Das hat auch das Bundesverfassungsgericht so gesehen und die Hochgeschwindigkeitsberatung gestoppt. Ich hoffe sehr, dass die Bundesregierung die Entscheidung des Verfassungsgerichts als Mahnung ansieht, künftigen Gesetzesvorhaben generell ein geordnetes Verfahren in beiden Kammern unseres Parlaments zu gönnen, insbesondere wenn eine Eilbedürftigkeit nicht nachvollziehbar begründet werden kann.

Es kommt hinzu, dass Gesetze in unserer schnelllebigen Zeit oft gar nicht in der Lage sind, mit der Komplexität der Wirklichkeit Schritt zu halten. Sie sind oft zu starr und unflexibel, um alle Aspekte adäquat und vor allem verständlich zu regeln, die mit einem Sachverhalt verbunden sind.

Auch hechelt Gesetzgebung oft neuen Entwicklungen hinterher. Daher schafft es die Politik zum Beispiel nur mühsam, die Aktivitäten von Internetkonzernen, insbesondere beim Datenschutz und dem Kampf gegen Hassrede und Verbreitung von Falschinformationen, einzuhegen oder Influencer dazu zu bringen, Beiträge mit werbenden Inhalten auch entsprechend zu kennzeichnen. Beim Regelungsrahmen für KI deutet sich ähnliches an.

Die Komplexität der Wirklichkeit bildet sich letztlich auch in der Komplexität vieler Gesetze ab. Der Versuch, verschiedene Aspekte von zu regelnden Sachverhalten so weit wie möglich zu berücksichtigen, ist zwar richtig. Aber das Ergebnis ist in den meisten Fällen ein Text, der in puncto Lesevergnügen alles andere als ersprießlich ist. Wer sich nicht durch ein Jurastudium gemüht hat, steht da schnell auf verlorenem Posten.

Zudem stellt sich an vielen Stellen die Frage: Brauchen wir wirklich diese oder jene Berichts- oder Nachweispflicht, brauchen wir wirklich dieses oder jenes Formular? Sind die Vorgaben, die die Politik an die Wirtschaft, an die Wissenschaft, an die Menschen richtet, notwendig und angemessen? Hat die Politik überhaupt noch den Überblick, was sie da alles einfordert?

Der neue Präsident der Fraunhofer-Gesellschaft, Professor Hanselka, hat Ende August in einem Interview gefordert, die Überregulierung und überbordende Bürokratie müssten dringend abgebaut werden, damit Deutschland Innovationsland bleibt. Er bezeichnete den für die Gesellschaft so wichtigen Transfer von Forschungsergebnissen in die Wirtschaft als an vielen Stellen durch den Rechtsrahmen behindert – etwa im Beihilferecht, Zuwendungsrecht, Gemeinnützigkeitsrecht und Datenschutzrecht.

Wie wäre es stattdessen, wieder mehr Zuversicht und Vertrauen in die Menschen zu haben und ihnen mehr Freiraum zu geben? Können wir bestimmte Gesetze nicht mit einem Verfallsdatum versehen, sie also automatisch außer Kraft treten lassen, wenn sie nicht aktiv verlängert werden?

Das sind spannende Fragen, auf die ich selbst keine endgültige Antwort habe. Denn immer gibt es Interessenkollisionen zwischen jenen, zumeist Betroffenen, die Sachverhalte geregelt haben wollen, und jenen, die darauf setzen, dass man auch mal ohne ein Gesetz, eine Verordnung oder eine Ausführungsbestimmung auskommt. Zu allem Überfluss hat jede Seite dann auch noch meist ein Gutachten und nachvollziehbare Argumente für ihre Ansichten zur Hand.

In solchen Gemengelagen muss Politik Entscheidungen treffen, Entscheidungen, die nicht allen Seiten gerecht werden können und bei denen immer die Hoffnung mitschwingt, dass man die richtigen Rezepte für die erkannte Problemlage ausgewählt hat. Deshalb braucht Politik auch weiterhin die Beratung durch die Wissenschaft. Und Politiker in Regierungsverantwortung tun gut daran, auf die Wissenschaft zu hören und dabei ausdrücklich auch abweichende Meinungen aufzunehmen und zu bewerten, um zu einer fachlich fundierten Beurteilung zu kommen und die passenden Schlussfolgerungen zu ziehen.

Hier leistet die Leopoldina, unsere Nationale Akademie der Wissenschaften, herausragende Beiträge, sowohl im nationalen als auch im internationalen Rahmen. Ich danke Ihnen für diesen Input und wünsche für die Jahresversammlung 2023 interessante Vorträge und einen anregenden fachlichen Austausch.

Markus Scholz | Leopoldi

Grußwort

Sabine Döring (Berlin)
Staatssekretärin bei der Bundesministerin für Bildung und Forschung

Sehr geehrter Herr Präsident Professor HAUG,
sehr geehrter Herr Ministerpräsident Dr. HASELOFF,
sehr geehrte Mitglieder der Leopoldina,
meine sehr verehrten Damen und Herren,

es ist mir eine Freude und Ehre, Sie – auch im Namen der Bundesministerin Bettina STARK-WATZINGER – heute auf der Jahresversammlung der Leopoldina hier in Halle begrüßen zu dürfen. Dies ist mein erster Besuch bei der Leopoldina; und ich bin begeistert von dem Thema, dem Sie sich auf Ihrer heute beginnenden Jahresversammlung widmen wollen.

Sie wissen, ich komme aus der Wissenschaft und genauer aus der Philosophie. Betrachten wir Ihr Thema „Gesetz(e): Regeln der Wirklichkeit – Regeln für die Wirklichkeit" einmal aus dieser Perspektive.

Sind wir hier mit einer „Antinomie" konfrontiert? Eine Antinomie – griechisch *anti* „gegen", *nomoi* „Gesetze" – ist ein Widerspruch zweier Sätze, die gleichermaßen gut begründet sind, auf eine Frage der Vernunft.

Bereits in der Vorrede der ersten Auflage der *Kritik der reinen Vernunft* hält Immanuel KANT fest: „Die menschliche Vernunft hat das besondere Schicksal in einer Gattung ihrer Erkenntnisse: daß sie durch Fragen belästigt wird, die sie nicht abweisen kann; denn sie sind ihr durch die Natur der Vernunft selbst aufgegeben, die sie aber auch nicht beantworten kann, denn sie übersteigen alles Vermögen der menschlichen Vernunft."

KANT hält die folgenden beiden Sätze für eine Antinomie:

1) „Es ist keine Freiheit, sondern alles in der Welt geschieht lediglich nach Gesetzen der Natur."
2) „Die Kausalität nach Gesetzen der Natur ist nicht die einzige, aus welcher die Erscheinungen der Welt insgesamt abgeleitet werden können. Es ist noch eine Kausalität durch Freiheit zur Erklärung derselben anzunehmen notwendig."

Den einzig denkbaren Ausweg aus dieser dritten Antinomie, also dem für die Frage der Willensfreiheit zentralen Widerspruch zwischen Determinismus- und Freiheitsthese, sieht KANT darin, dass es sich nicht beide Male um dieselbe Welt handeln könne. Das Kausalprinzip gilt in der sinnlichen (oder phänomenalen) Welt der Erfahrungen, während die spontanen „Ursachen aus Freiheit" ihren Ort und Ursprung in der „intelligiblen " (oder noumenalen) Welt an sich haben. Der Mensch wird damit zum Bewohner zweier Welten; selbst unser Ich gehört beiden Welten an.

Wir können transzendental frei sein, insofern wir auch Noumena sind, und wir sind tatsächlich transzendental frei, insofern wir nicht nur über theoretische, sondern auch über praktische Vernunft verfügen, die uns nicht sagt, was richtig und was falsch ist (deskriptiv), sondern, was wir tun und was wir lassen *sollen* (normativ).

„Regeln der Wirklichkeit" versus „Regeln für die Wirklichkeit".

Da Sollen Können voraussetzt, müssen wir die Fähigkeit haben zu tun, was wir tun sollen. Und genau aus diesem Umstand folgt nach KANT unsere transzendentale Freiheit. Wir können nur dann tun, was wir tun sollen, wenn wir im transzendentalen Sinne frei sind.

Und genau deshalb sind wir tatsächlich im transzendentalen Sinne frei. Auch heute noch ein wertvoller Beitrag zur Frage der Willensfreiheit, oder?

KANTS Dualismus zwischen einer sinnlichen und einer intelligiblen Welt ist eine metaphysische Theorie, und ich wäre gespannt zu hören, welche metaphysischen Positionierungen zum Gesetzesbegriff Sie im Verlauf Ihrer Jahresversammlung noch zu hören bekommen werden.

Heute Abend geht es los mit einem Vortrag über BEETHOVEN und die Gesetzlichkeit der musikalischen Freiheit, bei dem ich zu meinem Bedauern nicht mehr dabei sein kann.

Lassen Sie mich die Gelegenheit nutzen, auf unser Wissenschaftsjahr 2024 hinzuweisen, das wir unter das Leitthema „Freiheit" stellen.

Zugleich feiern wir 2024 den 300. Geburtstag KANTS, für den Freiheit grundlegend für moralisches und politisches Handeln ist. Freiheit hier verstanden als Selbstbestimmung (Autonomie) durch die Gesetze der praktischen Vernunft.

Selbstbestimmung in diesem Sinne setzt KANT in der *Grundlegung zur Metaphysik der Sitten* sogar mit dem Willen gleich: „Ein jedes Ding der Natur wirkt nach Gesetzen. Nur ein vernünftiges Wesen hat das Vermögen, *nach der Vorstellung* der Gesetze, d.i. nach Principien, zu handeln, oder einen *Willen*. Da zur Ableitung der Handlungen von Gesetzen *Vernunft* erfordert wird, so ist der Wille nichts anders als praktische Vernunft."

Sie sehen, unser Freiheitsjahr wird theoretisch weit über das in der öffentlichen Debatte manchmal zu hörende Verständnis von Freiheit eines „Ich kann tun und lassen, was ich will" hinausgehen. Über einen Freiheitspopulismus, den kein liberaler Denker je vertreten hat. Schon für John LOCKE gilt: „Liberty is not licence", Freiheit ist kein Freibrief.

Wir freuen uns über Ihre spannenden Beiträge und Veranstaltungen aus der Wissenschaft. Fühlen Sie sich also herzlich eingeladen, sich aktiv ins kommende Wissenschaftsjahr einzubringen!

Wie ich munkeln gehört habe, haben Sie bereits konkrete Pläne für Veranstaltungen. Sprechen Sie mich als Vorsitzende des Kuratoriums des Wissenschaftsjahres gerne an, wenn Sie Fragen, Ideen oder bereits konkrete Pläne haben.

Ein Spezialfall von Freiheit, der Sie besonders interessieren dürfte, ist die Wissenschaftsfreiheit. Aus gutem Grund gestaltet die Verfassung die *Meinungsfreiheit* (Art. 5 Abs. 1 Satz 1 GG) und die *Wissenschaftsfreiheit* (Art. 5 Abs. 3 Satz 1 GG) als unterschiedliche Grundrechte aus, die verschiedenen Grenzen unterliegen.

Zwar soll sowohl in demokratisch-politischen wie in wissenschaftlichen Diskursen die Möglichkeit offener Auseinandersetzung über divergierende Meinungen garantiert werden. Aber im Gegensatz zur Wissenschaftsfreiheit garantiert Meinungsfreiheit nicht *epistemische Güte*. Alle Meinungen, die nicht vorsätzlich unwahr sind, genießen den Schutz der Meinungsfreiheit – selbst wenn es sich dabei um Verschwörungstheorien, extremistische Positionen oder krude Verirrungen handelt (mit der einzigen Ausnahme bestimmter Äußerungen, die das Dritte Reich betreffen)!

Wissenschaftliche Meinungen werden genau deshalb hiervon unterschieden, und Wissenschaftsfreiheit von Meinungsfreiheit abgesetzt, weil ein beliebiger demokratisch-politischer Meinungskampf in freier Rede und Gegenrede nicht zu rationalen Erkenntnissen führen muss, sondern der individuellen Persönlichkeitsentfaltung dient.

Im Gegensatz zum Recht auf Meinungsfreiheit bezieht sich das Recht auf Wissenschaftsfreiheit gemäß Art. 5 Abs. 3 Satz 1 GG allein auf jene Tätigkeit, die „nach Inhalt und Form als ernsthafter und planmäßiger Versuch zur Ermittlung von Wahrheit anzusehen ist".

Wissenschaftliche Aussagen sollen also kein unbegründetes Werten und Dafürhalten sein. Schließlich ist die Universität weder der Marktplatz noch die Bühne noch die Wahlkampfarena noch der Stammtisch oder was dergleichen mehr ist.

Wissenschaftliche Aussagen sollen sich vielmehr auf qualifizierte Gründe stützen, was sie an einen bestimmten Kenntnisstand und die methodischen Standards eines Faches bindet. Ziel sind wahre und gerechtfertigte Meinungen oder Meinungsäußerungen, also das, was spätestens seit PLATONS Dialog *Menon* als (zumindest vorläufige) Standarddefinition von Wissen oder Erkenntnis gilt (griechisch: *episteme*).

Der Prozess des Erkenntnisgewinns wird dabei als prinzipiell unabgeschlossen gedacht, so dass der Wahrheitsanspruch wissenschaftlicher Aussagen stets ein vorläufiger ist.

Als BMBF setzen wir auf Sie, dass Sie die Wissenschaftsfreiheit in diesem qualifizierten Sinne in politischen Debatten wie etwa der jüngst geführten um Gentechnik gegen bloße Ideologie verteidigen. Speisen Sie bitte auch weiterhin fundiertes, reflektiertes Wissen in Debatten ein und tragen zur Versachlichung bei.

Denn, wie Marie EBNER-ESCHENBACH zutreffend schreibt: „Ein Urteil lässt sich widerlegen, aber niemals ein Vorurteil."

Sie haben im zurückliegenden Jahr auf nationaler und internationaler Bühne mit zahlreichen Stellungnahmen und Berichten zur Politikberatung beigetragen – zum Beispiel im Rahmen des G7-Gipfels im Mai in Japan und ebenso im Rahmen des G20-Gipfels in Indien.

Gemeinsam mit den Nationalakademien der weiteren Gipfelteilnehmer haben Sie sich in Indien mit dem Klimawandel und der Energiewende, mit Gesundheitsthemen und mit der Frage beschäftigt, wie eine engere Verbindung zwischen Wissenschaft, Gesellschaft und Kultur gelingen kann.

Ich danke Ihnen sehr für die substantiellen Beiträge und den engen, vertrauensvollen Austausch, den Sie mit unserem Haus pflegen und den wir sehr schätzen.

Der G20-Gipfel und sämtliche Fachthemen waren leider in erheblichem Maße überlagert vom russischen Angriffskrieg gegen die Ukraine und den weltweiten Konsequenzen. Wir spüren diese Veränderungen in Deutschland deutlich und erleben das, was Bundeskanzler Olaf SCHOLZ eine „Zeitenwende" genannt hat.

Ich danke der Leopoldina in diesem Kontext herzlich, dass sie über ein *ad hoc* eingerichtetes Förderprogramm für geflüchtete ukrainische Wissenschaftlerinnen und Wissenschaftler zur unmittelbaren Folgenbewältigung der Kriegshandlungen in der Ukraine beiträgt. Ich meine, das verdient unseren Applaus!

Lassen Sie mich abschließend kurz über die Sie betreffende, vom BMBF mitverantwortete Gesetzgebung berichten, Ihnen also gleichsam einen Blick in die „Montagehalle" gewähren.

Das Bundeskabinett hat im Juli dem von Ministerin Stark-Watzinger eingebrachten Entwurf eines Freiheitsgesetzes für die Bundesagentur für Sprunginnovationen – kurz SPRIND – zugestimmt.

Dies ist ein wichtiger Meilenstein auf dem Weg, die SPRIND von gesetzlichen und administrativen Hürden zu befreien. Die SPRIND identifiziert Ideen mit Potential für bahnbrechende Innovationen und entwickelt sie weiter, um neue Märkte zu erschließen.

Durch das SPRIND-Freiheitsgesetz sollen die Rahmenbedingungen der SPRIND zielgenau verbessert und weiterentwickelt werden, so dass Innovationsförderung künftig noch besser gelingen kann.

Das Gesetz soll noch in diesem Jahr in Kraft treten und der SPRIND ein freieres Agieren und insbesondere Investieren in vielversprechende Ideen ermöglichen. Wir erfüllen damit eine Vereinbarung aus dem Koalitionsvertrag und tragen zur Innovationssteigerung bei.

Des Weiteren sind wir nach wie vor mit der Novellierung des Wissenschaftszeitvertragsgesetzes befasst.

Auch dieses Ziel haben wir uns im Koalitionsvertrag gesetzt. Denn exzellente Wissenschaft braucht faire Arbeitsbedingungen.

Die Herausforderung beim WissZeitVG besteht darin, die richtige Balance zwischen der Leistungsfähigkeit sowie internationalen Wettbewerbsfähigkeit unserer Wissenschaft und den berechtigten Interessen der darin tätigen Menschen an guten Arbeitsbedingungen zu finden.

Die Positionen dazu reichen, abhängig nicht nur vom arbeitsrechtlichen Status und der jeweiligen Fachkultur der Diskutanten, sondern auch von der Selbsteinschätzung betreffend Exzellenz, von einer deutlichen Ausweitung der bisherigen Befristungsregelungen bis hin zur gänzlichen Abschaffung des Gesetzes, sind also komplett konträr.

Wir haben Anfang Juni einen Referentenentwurf vorgelegt, der das eigentlich Aussichtslose versucht, nämlich zwischen diesen Positionen konstruktiv zu vermitteln.

Wir stoßen hier an die Grenzen dessen, was Gesetzgebung bewirken kann und was nicht. Das WissZeitVG zaubert keine neue Arbeitskultur herbei. Das WissZeitVG schafft keine Stellen.

Sie werden sich ja heute und morgen im Rahmen Ihrer Jahresversammlung noch intensiv mit diesen Fragen befassen.

Rund um das WissZeitVG haben wir als Bundesregierung in den letzten Jahren gemeinsam mit den Ländern den Weg zu mehr Planbarkeit und Verbindlichkeit vorgezeichnet. Mit dem Tenure-Track-Programm, dem Zukunftsvertrag „Studium und Lehre stärken“ und dem Pakt für Forschung und Innovation haben wir Strukturveränderungen eingeleitet, in die sich die Reform des WissZeitVG kohärent einfügen soll.

Dabei werden wir vom Wissenschaftsrat unterstützt. Ich bin zuversichtlich, dass auch auf Ihrer Jahresversammlung viele konstruktive Ideen hierzu das Licht der Welt erblicken werden.

In diesem Sinne wünsche ich Ihnen für Ihre nun beginnende Jahresversammlung viel Erfolg und einen guten und interessanten Austausch.

Vielen Dank für Ihre Aufmerksamkeit!

Ernennung von Herrn Prof. Dr. Dr. Andreas Barner zum Ehrensenator

Laudatio von Gerald Haug ML (Halle/Saale, Berlin, Mainz)
Präsident der Leopoldina

1. Überleitung zu Auszeichnungen

Meine Damen und Herren,

das Spektrum an Ehrungen, Preisen und Medaillen, welche die Leopoldina vergibt, umfasst Auszeichnungen für das wissenschaftliche Lebenswerk und für herausragende Beiträge zu bestimmten Forschungsgebieten, für vielversprechende Qualifikationsleistungen und für besondere Verdienste um die Wissenschaft im Allgemeinen oder die Akademie im Besonderen. Angesichts der Vielzahl der Auszeichnungen, die im Rahmen unserer Jahresversammlungen bisher vergeben worden sind, sprachen uns immer wieder Mitglieder an, die es bedauerten, dass die einzelne Preisträgerin oder der einzelne Preisträger nicht die Aufmerksamkeit bekäme, die ihr oder ihm eigentlich gebührte. Daher hat das Präsidium der Leopoldina beschlossen, einige Auszeichnungen der Akademie auch außerhalb der Jahresversammlung zu vergeben.

So haben wir im November letzten Jahres erstmals den Greve-Preis für besonders herausragende Forschungsleistungen in den Bereichen „Naturwissenschaften/Medizin" und „Technikwissenschaften" im Hamburger Rathaus verliehen, und zwar an die Physikerin Kerstin Volz (Marburg) und den Physikochemiker Jürgen Janek (Gießen) für ihre exzellente Zusammenarbeit in der Batterieforschung. Der Carl Friedrich von Weizsäcker-Preis, den die Leopoldina gemeinsam mit dem Stifterverband für die Deutsche Wissenschaft vergibt, um herausragende Leistungen bei der wissenschaftlichen Bearbeitung gesellschaftlich wichtiger Problembereiche auszuzeichnen, wurde im Rahmen der Weihnachtsvorlesung 2022 an Antje Boetius (Bremerhaven) verliehen. Die Schleiden-Medaille für hervorragende Leistungen in der Zellbiologie erhielt der Biochemiker F. Ulrich Hartl (Martinsried) auf dem Symposium der Klasse II im Mai dieses Jahres.

Im Rahmen dieser feierlichen Eröffnung möchten wir dieses Jahr zwei Persönlichkeiten auszeichnen, und ich freue mich, nun zur Verleihung der Ehrensenatorenwürde an Herrn Prof. Dr. Dr. Andreas Barner zu kommen.

2. Würdigung Andreas Barner

Meine Damen und Herren,

unter den Auszeichnungen der Leopoldina ist der Titel des Ehrensenators solchen Persönlichkeiten vorbehalten, die dank eines langjährigen verantwortungsvollen Wirkens für das Gemeinwohl die Wissenschaft im Allgemeinen und die Leopoldina im Besonderen auf eine herausragende Weise gefördert haben. Bisher erscheinen in der Liste der Ehrensenatoren zwei Namen: Hans-Dietrich GENSCHER und Berthold BEITZ, zwei herausragende Förderer der Leopoldina zur Zeit der deutschen Teilung, während der Wiedervereinigung und im wiedervereinigten Deutschland. Ohne das Wirken dieser beiden Ehrensenatoren wäre die Leopoldina kaum in der Lage gewesen, die Voraussetzungen für die Ernennung zur Nationalakademie zu schaffen. Mit großer Dankbarkeit halten wir das Andenken Hans-Dietrich GENSCHERS und Berthold BEITZ' in Ehren.

Die Etablierung der Leopoldina als Nationale Akademie der Wissenschaften Deutschlands begleitete und unterstützte maßgeblich eine Persönlichkeit, die wissenschaftliche Expertise, unternehmerische Perspektive und ehrenamtliches Engagement auf eine einzigartige Weise miteinander verbindet. Der Senat der Leopoldina hat daher beschlossen, Herrn Prof. Dr. Dr. Andreas BARNER in Würdigung seiner vielfältigen und weitblickenden Förderung unserer Akademie insbesondere bei der Weiterentwicklung des Dialoges zwischen Wissenschaft, Wirtschaft und Politik zum Ehrensenator zu ernennen.

Sehr geehrter, lieber Herr BARNER,

gerne möchte ich uns einige der wichtigsten Stationen Ihres Wirkens in Erinnerung rufen. Sie studierten Medizin an der Universität Freiburg und Mathematik an der Eidgenössischen Technischen Hochschule Zürich. Beide Studiengänge schlossen Sie mit der Promotion ab.

Nach einer Assistentenzeit an der ETH Zürich wechselten Sie zur Ciba-Geigy AG in Basel, wo Sie zuletzt das Entwicklungsgebiet „Entzündung/Knochen- und Allergiekrankheiten“ leiteten. Seit 1992 sind Sie für die Boehringer Ingelheim GmbH tätig, seit 1999 als Mitglied der Unternehmensleitung. Von 2012 bis 2016 waren Sie Vorsitzender der Unternehmensleitung und dort verantwortlich für den Unternehmensbereich „Personal und Pharma-Forschung, Entwicklung und Medizin“. Seit Juli 2016 sind Sie Mitglied des Gesellschafterausschusses von Boehringer Ingelheim. Als Beispiel für Ihre anderen unternehmensbezogenen Tätigkeiten erwähne ich, dass Sie seit 2019 den Aufsichtsrat der *Frankfurter Allgemeinen Zeitung* leiten.

Die Stationen Ihres Lebenswegs, die ich bisher genannt habe, geben aber nur einen Aspekt Ihres Wirkens wieder. Zugleich haben Sie sich unermüdlich dafür eingesetzt, Wirtschaft und Wissenschaft in einen engeren Austausch miteinander zu bringen, ohne die Eigengesetzlichkeiten dieser beiden Bereiche zu verkennen. Sichtbarster Ausdruck dieses Engagements war Ihr Amt als Präsident des Stifterverbandes für die Deutsche Wissenschaft von 2013 bis 2022. Daneben wirkten und wirken Sie in zahlreichen anderen Institutionen und Gremien der Wissenschaft und der Wirtschaft mit – teilweise als deren Vorsitzender. Ich nenne hier nur den Wissenschaftsrat, die Senate der Helmholtz-Gemeinschaft und der Max-Planck-Gesellschaft, das Präsidium der Deutschen Forschungsgemeinschaft, den Vorstand des Bundesverbandes der Deutschen Industrie, das Hightech-Forum der Bundesregierung und den Innovationsdialog der damaligen Bundeskanzlerin Angela MERKEL. Über Wissenschaft und Wirtschaft hinausgehend, aber gewiss nicht ohne Verbindung dazu, engagieren Sie sich in der Evangelischen Kirche Deutschlands, gegenwärtig im Rat der EKD.

Für Ihr herausragendes Engagement wurden Sie 2020 mit dem Bundesverdienstkreuz Erster Klasse ausgezeichnet. Dass Ihr Wirken nicht nur in Deutschland große Beachtung gefunden hat, zeigt sich nicht zuletzt daran, dass Ihnen im Juni 2008 der Titel des Professors durch den Bundespräsidenten der Republik Österreich verliehen worden ist.

Lieber Herr BARNER,

es ist kaum zu glauben, dass Sie neben all den von mir nur ausschnittsweise genannten Tätigkeiten noch die Zeit gefunden haben, die Leopoldina zu begleiten, zu fördern und zu beraten. Für die Kontinuität und Intensität, mit der Sie uns unterstützt haben, ist Ihre Mitgliedschaft in unserem Senat als Senator *ad personam* zwischen 2008 und 2016 nur ein erster Hinweis.

Sehr geehrter Herr Altpräsident, lieber Jörg HACKER,

aus Gesprächen mit Dir und Volker TER MEULEN weiß ich, wie wichtig und willkommen der umsichtige und weitblickende Rat Andreas BARNERS war, als es darum ging, die Leopoldina als Nationale Akademie der Wissenschaften zu etablieren.

Von Ihrer Klugheit, lieber Herr BARNER, Ihrem Realitätssinn und Ihrem Gespür für den entscheidenden Impuls zur passenden Zeit am richtigen Ort durfte die Leopoldina auch nach Ihrer Amtszeit als *Ad personam*-Senator vielfach profitieren. Ich erwähne hier wieder nur ein Beispiel: den Forschungsgipfel, den der Stifterverband, der Expertenrat Forschung und Innovation, die VolkswagenStiftung und die Leopoldina seit 2014 alljährlich veranstalten und der ein führendes Diskussionsforum für Wissenschaft, Wirtschaft und Politik geworden ist.

Auf unseren gemeinsamen Veranstaltungen und in unseren Begegnungen unter vier Augen durfte ich den exakten Beobachter der gesellschaftlichen Entwicklung, den für das Gemeinwohl engagierten Mitbürger und den empathischen Zeitgenossen Andreas BARNER kennen- und schätzen lernen. Wie kein anderer verstehen Sie es, Ihren Gesprächspartnern präzise Analysen, enzyklopädisches Wissen und wohlabgewogene Empfehlungen mit ausgesuchter Höflichkeit und großer sprachlicher Eleganz nahezubringen. Hierfür danke ich Ihnen, lieber Herr BARNER, auch ganz persönlich!

3. Schluss

Sehr geehrter Herr Barner,

für Ihre Ernennung zum Ehrensenator der Nationalen Akademie der Wissenschaften Leopoldina darf ich Sie nun auf die Bühne bitten!

Markus Scholz | Leopoldina

Zur Verleihung der Cothenius-Medaille bitte ich jetzt den Vorsitzenden der Leopoldina-Preiskommission, Vizepräsidenten Thomas Krieg, auf die Bühne. Vielen Dank für Ihre Aufmerksamkeit!

Markus Scholz | Leopoldina

Die Schülerinnen und Schüler des Stipendienprogramms vor dem Tagungsort, dem Leopoldina-Hauptgebäude; verantwortlich für die Betreuung Claudia SCHMIDT, Viktoria WALTHER, Damian ARNOLD (*erste Reihe von rechts*).

Schülerprogramm zur Jahresversammlung 2023

Bericht: Gunnar Berg ML (Halle/Saale)

Durch die großzügige finanzielle Unterstützung der „Wilhelm und Else Heraeus-Stiftung“ Hanau konnten 50 Schülerinnen und Schüler 11. und 12. Klassen aus ganz Deutschland nach Halle zur Jahrestagung eingeladen werden – außer aus Bremen hatten Schulen aus allen Bundesländern insgesamt 78 Kandidaten für die Teilnahme gemeldet. Angesichts der zur Verfügung stehenden Kapazität wurde gelost, wobei je 25 Plätze für Mädchen und für Jungen vorgehalten wurden.

Wie bereits in vergangenen Jahren wurde auch dieses Mal vor Beginn der Tagung ein „Experimentiertag“ organisiert, da die Erfahrung gezeigt hat, dass dieser sehr gut angenommen wird und von den Teilnehmern als durchaus gleichwertiger Höhepunkt neben dem Tagungsbesuch angesehen wird, lernen sie auf diese Weise doch Möglichkeiten des Experimentierens und Beobachtens kennen, die die Schule in der Regel nicht bieten kann.

Für das Experimentieren im engeren Sinn musste die Gruppe aus Platzgründen geteilt werden, so dass entweder das Schülerlabor der „Heinz-Bethge-Stiftung für angewandte Elektronenmikroskopie“ oder das Schülerlabor des Instituts für Physik der hallischen Universität besucht wurden. In Erstgenanntem wurde an Licht- und Elektronenmikroskopen gearbeitet, Vor- und Nachteile beider auseinandergesetzt, in Letztgenanntem wurden einige Grundfragen der Quantenphysik an einem Interferometer erörtert und Experimente mit flüssigem Stickstoff durchgeführt. Dass wegen der beschränkten Zeit jeweils nur in einem der beiden Labore experimentiert werden konnte, wurde von vielen Schülern bedauert, hätten sie doch gern auch das alternative Angebot selbst ausprobiert.

Das Beobachten stand dann beim Besuch des in diesem Jahr gerade neu eröffneten und mit modernster Technik ausgerüsteten hallischen Planetariums im Mittelpunkt – einem ehemaligen Gasometer, in dem die Kuppel des Planetariums in den zylindrischen Körper eingesetzt und auf dessen Dach eine Sternwarte montiert worden war. Den Schülern wurde zum einen die Leistungsfähigkeit des Planetariums demonstriert, zum anderen konnten sie selbst in der Sternwarte unter fachkundiger Leitung beobachten, in diesem Fall dank der Witterung direkt die Sonne.

Selbstverständlich sollten die Teilnehmer, die zum allergrößten Teil das erste Mal Halle besuchten, auch die Stadt kennenlernen, was im Verlaufe einer „Stadtrallye“ auf unterhaltsame Weise gelang. Anlässlich des Besuchs des Archivs der Leopoldina machte dessen Leiter, Dr. Danny Weber, die Gruppe mit der Geschichte und der heutigen Bedeutung der Leopoldina als Nationale Akademie, insbesondere mit ihren Aufgaben bei der Politik- und Gesellschaftsberatung sowie ihrer Kooperation mit den Wissenschaftsakademien anderer Länder im internationalen Kontext, vertraut, u. a. bei der Vorbereitung der G7- und G20-Treffen.

Mit der Eröffnungssitzung am Nachmittag des zweiten Tages begann die Jahresversammlung. Selbstverständlich wurden die Vorträge besucht, von besonderem Wert waren aber die Kontakte, die die Schüler zum einen untereinander herstellten, die aber beson-

Dr. Danny Weber, Leiter von Archiv und Bibliothek, erläutert die Geschichte der Leopoldina.

ders durch intensive Gespräche mit Tagungsteilnehmern zustande kamen. Es war erfrischend zu sehen, wie die jungen Leute aktiv das Gespräch suchten – und wie diese Bemühungen von den Tagungsteilnehmern auch freudig erwidert wurden. Dazu beispielhaft eine Reaktion:

> „Erst möchte ich sagen, dass ich das wunderbar fand, dass junge Leute dabei waren, all die, mit denen ich gesprochen habe, waren hoch interessiert und motiviert, es hat mich richtig gefreut." (Hélène Esnault ML).

Zwar hatten sich einige der Schüler auch schon bei den Diskussionen im Plenum beteiligt, doch naturgemäß ist das nur eine kleine Anzahl. Es war deswegen zu einem der Vorträge (Oliver Primavesi ML) ein zusätzliches Zusammentreffen der Schüler mit dem Vortragenden angesetzt worden, bei dem, nun unter großer Beteiligung der Schüler, viele Fragen gestellt und sehr intensiv diskutiert wurden.

Den guten Erfahrungen vorangegangener Schülerprogramme folgend wurde auch wieder ein Treffen „Triff den Prof" mit fünf Kolleginnen und Kollegen[1] aus verschiedensten Wissenschaftsbereichen, besonders die MINT-Fächer (Mathematik, Informatik, Naturwissenschaft und Technik) betreffend, organisiert. Es ging hauptsächlich um Fragen des Studiums sowie der Berufsaussichten – offenkundig bestehen in dieser Hinsicht sehr große Unsicherheiten und entsprechender Beratungsbedarf, so dass die dafür angesetzten knapp 90 Minuten angesichts der Vielzahl der Fragen nicht ausreichten und die Veranstaltung mit Rücksicht auf das Tagungsprogramm abgebrochen werden musste, aber wie zu

1 Beteiligt waren Gunnar Berg ML (Halle/Saale), Stefanie Dehnen ML (Karlsruhe), Ursula Ravens ML (Dresden), Karl Werdan ML (Halle/Saale), Sigmar Wittig ML (Karlsruhe).

beobachten war, haben viele die Möglichkeit genutzt, in Einzelgesprächen noch die eine oder andere Frage zu klären. Dazu zwei Reaktionen:

„Ein sehr langes Nachgespräch mit einigen begeisterten Schülerinnen und Schülern hat mir wieder einmal bewiesen, wie wichtig der persönliche Kontakt in der Entscheidungsphase der beruflichen Orientierung ist." (Sigmar WITTIG ML) und:

„Das Interesse der Schülerinnen und Schüler ist ja über die Jahre ungebrochen, ... Der ‚Sprung' ins Studium ist halt für sie doch mit vielen schwer zu beantwortenden Fragen verbunden." (Karl WERDAN ML).

Beim festlichen Abschluss-Dinner nutzten die Schüler und Schülerinnen – an die verschiedenen Tische verteilt – nochmals die Gelegenheit zu intensiven Gesprächen mit den Referenten sowie allen Tagungsteilnehmern.

Von den Schülerinnen und Schülern gab es erfreulich viele Rückmeldungen, wobei zwei Punkte besonders angemerkt wurden. Zum einen wurde der „Experimentiertag" und dort wieder das Experimentieren an den Mikroskopen besonders häufig genannt – man hätte gern noch mehr Zeit an den einzelnen Stationen verbracht, da hier experimentelle Möglichkeiten geboten wurden, die die Schule nicht ermöglichen kann –, zum anderen wurde wiederholt betont, wie gern die Gespräche mit den Teilnehmern geführt worden seien, wobei hervorgehoben wurde, dass die außerordentlich große Gesprächsbereitschaft der Wissenschaftler erstaunt und erfreut habe. Insbesondere auch die Gesprächsrunde „Triff den Prof" wäre sehr wichtig gewesen und habe, wie oft geäußert wurde, dazu beigetragen, sich jetzt klarer bzw. sicherer bezüglich zukünftiger Pläne zu sein.

Der Schüler Jannik WEBER, Carl-Zeiss-Gymnasium Jena, hat einen Bericht für die Schülerzeitung des Gymnasiums angefertigt. Sein Lehrer Tom FLEISCHHAUER hat uns freundlicherweise einen Link[2] zukommen lassen und dabei zum Ausdruck gebracht:

„Gern [...] immer wieder Teil Ihrer Initiativen" sein zu wollen. Der Schüler spricht in seinem Bericht von „einem einzigartigen *Stipendienprogramm*" und endet mit: „*Die Veranstaltung war eine inspirierende Erfahrung*, die nicht nur Wissen vermittelte, sondern auch die Begeisterung für Wissenschaft und Forschung bei den Schülerinnen und Schülern weckte. Sie bot Einblicke in die Geschichte und die Zukunft der Wissenschaft und ermöglichte den Teilnehmern, sich mit herausragenden Wissenschaftlern aus verschiedenen Fachgebieten auszutauschen. Insgesamt war die Jahresversammlung der Leopoldina und das begleitende Stipendienprogramm ein voller Erfolg."

Drei Tage lang war ein zwar anstrengendes, aber sehr begeisterndes Programm geboten und von den Schülerinnen und Schülern sehr gut angenommen worden. Den Organisatoren und Unterstützern, besonders der Heraeus-Stiftung, sei im Namen aller Teilnehmer und Teilnehmerinnen für ihr Engagement gedankt.

2 https://cz-gymnasium.jena.de/2023/10/25/zeiss-schueler-bei-der-jahresversammlung-der-leopoldina/.

Markus Scholz | Leopoldina

Klassensitzungen

Markus Scholz | Leopoldina

Der Nobelpreisträger für Chemie der Jahres 2016 Ben L. Feringa ML (*Stratingh Institute for Chemistry, University of Groningen, Groningen*, Niederlande) hielt am 15. Februar 2023 die Leopoldina-Vorlesung „The Art of Building Small“.

Klasse I – Mathematik, Natur- und Technikwissenschaften
Symposium Energiespeicher: der Schlüssel zur Energiewende?

am 16. Februar 2023 in Halle (Saale)

Bericht: Christian Anton (Halle/Saale)

Das Energiesystem in Deutschland wandelt sich rasant. So hat der Anteil der erneuerbaren Energien am Bruttostromverbrauch im Jahr 2022 mit 47 % einen neuen Rekordwert erreicht. Die Stromerträge aus Wind- und Photovoltaikanlagen schwanken jedoch im Laufe des Jahres und auch innerhalb eines Tages erheblich. Bioenergie ist zwar speicherbar und damit grundlastfähig, durch eine mäßige Klimabilanz und die Konkurrenz mit Lebensmitteln jedoch limitiert.

Mit dem Symposium „Energiespeicher: der Schlüssel zur Energiewende?“ lud die Akademie am 16. Februar 2023 Entscheidungsträger, Fachleute und Wissenschaftlerinnen und Wissenschaftler dazu ein, sich in kompakter Form über den Stand der Energiespeicherung zu informieren und die aktuellen Herausforderungen zu diskutieren.

Die anregende Diskussion des Vortrags von Walter Leitner (*links*, Max-Planck-Institut für Chemische Energiekonversion) über „Chemische Energiespeicherung“ wurde von Dierk Raabe ML moderiert.

Walter LEITNER (Max-Planck-Institut für Chemische Energiekonversion in Mülheim) informierte zum allgemeinen Stand chemischer Energiespeicherung. Über die Bedeutung von Energiespeichern in nachhaltigen Energiesystemen referierte Helmut BRADKE vom Fraunhofer Institut für System- und Innovationsforschung in Karlsruhe.

Worin die technologische Herausforderung und die Sicherheitsaspekte bei der Nutzung von Wasserstoff liegen, stand im Mittelpunkt des Beitrags von Thomas JORDAN vom Karlsruher Institut für Technologie. Dierk RAABE ML (Max-Planck-Institut für Eisenforschung, Düsseldorf) skizzierte Materialaspekte bei Wasserstoff-basierten Anwendungen und bei Batterien. Über Materialaspekte, jedoch aus der Sichtweise eines Computer-Modellierers, referierte Richard CATLOW ML (*University College London*, London, Großbritannien). Carnot-Batterien bzw. dem Potenzial reaktiver Metalle widmeten sich Stefano PASSERINI ML (Helmholtz-Institut Ulm) und Andre THESS (Deutsches Zentrum für Luft- und Raumfahrt, Köln). Jörg JASPER von EnBW Energie Baden-Württemberg brachte die Sichtweise eines Energieunternehmens in das Symposium ein, indem er die Anforderungen an zukünftige Energiespeicher erläuterte.

Klasse II – Lebenswissenschaften
Abendvortrag und Symposium
Der lange Weg zur mRNA als therapeutischem Werkzeug

am 19. und 20. April 2023 in Halle (Saale)

Bericht: Henning Steinicke (Halle/Saale)

1961 wurde die Messenger-RNA (mRNA) entdeckt. Während ihrer gesamten Forscherlaufbahn widmete sich Katalin Karikó ML der Erforschung von RNA und RNA-vermittelten Mechanismen. Ihre Arbeit ermöglichte die Entwicklung von mRNA-basierten Impfstoffen gegen SARS-Cov-2 im Jahr 2020, nur wenige Monate nach dem Auftreten des Virus, aber es bedurfte 60 Jahre Forschung von hunderten Wissenschaftlerinnen und

Anlässlich ihrer Leopoldina-Vorlesung „Developing mRNA for Therapy“ erhielt Katalin Karikó, die im Jahr 2022 in die Akademie gewählt worden ist, die Ernennungsurkunde von Leopoldina-Präsident Gerald Haug überreicht.

Wissenschaftlern, bis die erste mRNA in Form des COVID-19-Impfstoffs von der *Food and Drug Administration* (FDA) der USA zugelassen wurde.

Karikó skizzierte in ihrem Vortrag die Zeit bis zu dieser Entwicklung und die Meilensteine, die hierfür notwendig waren. So beispielsweise als die erste isolierte mRNA in Säugetierzellen eingebracht wurde und das kodierte Protein produzierte.

Die 1984 eingeführte *In-vitro*-Transkription ermöglichte es, mRNA mit Hilfe von Phagen-RNA-Polymerasen aus dem kodierenden Plasmid zu erzeugen. In den 1990er Jahren wurde mRNA in Tierversuchen zur Therapie und als Impfstoff eingesetzt. Der RNA-Bestandteil Uridin machte die mRNA jedoch entzündlich, und es wurde zu wenig Protein aus der mRNA hergestellt. Durch den Ersatz von Uridin durch die modifizierte Version Pseudouridin wurde die mRNA entzündungsfrei, stabiler und in hohem Maße übersetzbar. Karikó stellte in ihrem Vortrag dar, wie mRNA die Bereitstellung wirksamer und sicherer Impfstoffe und Therapeutika revolutioniert und welche Potenziale mRNA als therapeutisches Werkzeug bietet.

Am Folgetag berichteten die neuen Mitglieder über ihre aktuellen Forschungsergebnisse im Leopoldina Life Science Symposium 2023. Prof. Dr. Wulf Amelung ML von der Universität Bonn sprach über die Herausforderungen in der Regenration degradierter Böden, Prof. Dr. Sonja Verena Albers ML von der Universität Freiburg (i. Br.) über die Molekularbiologie von Archaeen, und Prof. Dr. Charlotte Förster ML von der Universität Würzburg berichtete von ihrer Forschung an inneren Uhren. Mit pflanzlicher Immunität befassten sich die Vorträge von Prof. Dr. Ivo Feusser ML von der Universität Göttingen, der die Rolle des Metabolismus für die Immunität von Pflanzen zeigte, und Prof. Dr. Tina Romeis ML vom Leibniz-Institut für Pflanzenbiochemie in Halle, die beschrieb, wie Pflanzen geimpft werden könnten. Die Hormonsignalübertragung stand im Fokus des Vortrages von Prof. Dr. Robert Grosse ML von der Universität Freiburg, und Prof. Dr. Hans-Georg Rammensee ML von der Universität Tübingen rückte die Rolle der Peptide für die Immunologie ins Zentrum seines Vortrages. Einen immunologischen Blick auf die Krebstherapie warf Prof. Dr. Patrick Baeuerle ML von der Ludwig-Maximilians-Universität München. Am Nachmittag berichteten Prof. Dr. Michael Boutros ML vom Deutschen Krebsforschungszentrum in Heidelberg von der Regulierung von Signalwegen bei der Entwicklung von Krankheiten, Prof. Dr. Claudia Höbartner ML von der Universität Würzburg von Ribozymen und RNA-Modifikationen, Prof. Dr. Andreas Peschel ML von der Universität Tübingen von antibiotikaresistenten Bakterien und dem Mikrobiom, Prof. Dr. Alexandra Z. Worden ML vom GEOMAR in Kiel und dem Max-Planck-Institut für Evolutionsbiologie in Plön von der CO_2-Aufnahme durch Meeresalgen. Den Abschluss des Symposiums bildete der Beitrag von Prof. Dr. Kai-Uwe Eckardt ML von der Charité in Berlin, der zur Translation von Erkenntnissen der Physiologie in die Klinik vortrug.

Klasse III – Medizin
Abendvortrag und Symposium Über die verschiedenen Aspekte von Long/Post-Covid

am 12. und 13. Juli 2024 in Halle (Saale)

Bericht: Stefanie Bohley (Halle/Saale)

Die Coronavirus-Pandemie hat weltweit zu postinfektiösen Folgeerkrankungen geführt, die unter den Begriffen „Long COVID“ oder „Post-COVID“ zusammengefasst werden. Etwa 5 % der Menschen, die eine milde COVID-19-Infektion durchgemacht haben, leiden auch noch nach 12 Monaten an Symptomen. Für die meisten Betroffenen gibt es bisher keine wirksame Behandlung, und das Risiko, chronisch zu erkranken, bleibt hoch. Die Long/Post-COVID-Zustände sind heterogen und variieren stark in ihrer Ausprägung und Schwere. Dies gilt auch für die myalgische Enzephalomyelitis / das chronische Fatigue-Syndrom (ME/CFS), eine der häufigsten Folgeerkrankungen, die schätzungsweise bereits vor der Pandemie weltweit 17 Millionen Menschen betraf.

Die Ursachen und Mechanismen der meisten postinfektiösen Syndrome sind bisher unklar. Studien deuten jedoch auf verschiedene potenzielle Krankheitsmechanismen hin, darunter Entzündungen, Autoantikörper, Durchblutungsstörungen und virale Persistenz.

In der Leopoldina-Vorlesung am 12. Juli 2023 in Halle (Saale) sprach Prof. Dr. Carmen Scheibenbogen über neueste Erkenntnisse zu den Phänomenen Post-COVID und ME/CFS.

Abb. 1 Carmen Scheibenbogen führte mit ihrer Leopoldina-Vorlesung am Vorabend des Leopoldina-Symposiums über Long/Post-COVID in das brisante Tagungsthema ein und steckte den thematischen Rahmen für die Veranstaltung ab.

Abb. 2 Leopoldina-Präsident Gerald HAUG (*Mitte*) mit den im Jahr 2022 neu in die Klasse III – Medizin der Leopoldina Aufgenommenen und zur Veranstaltung anwesenden Mitgliedern (*von links nach rechts*): Hans-Ulrich KAUCZOR, Angela HÜBNER, Knut BROCKMANN, Katerina HARVATI-PAPATHEODOROU, Marius UEFFING, Gerd KEMPERMANN, Denise MANAHAN-VAUGHAN, Arndt HARTMANN, Jörg C. KALFF und Peter A. FASCHING.

Carmen SCHEIBENBOGEN ist Medizinerin und Mitbegründerin des Charité Fatigue Centrums sowie des Post-COVID-Netzwerks der Charité Universitätsmedizin Berlin. Als Fachärztin für Innere Medizin und Hämatoonkologie sowie Professorin für Immunologie ist sie kommissarische Direktorin des Instituts für Medizinische Immunologie an der Charité, Berlin. Sie hat das europäische Netzwerk für ME/CFS (EUROMENE) mitgegründet und leitet verschiedene Forschungsprojekte, darunter IMMME (Immunmechanismen von ME/CFS), die Versorgungsstudie CFS_CARE sowie die Nationale Klinische Studiengruppe zur Medikamentenentwicklung für ME/CFS und Post-COVID. Für ihre Projekte zu ME/CFS wurde sie 2022 mit dem Bundesverdienstkreuz ausgezeichnet.

Am Folgetag, 13. Juli 2023, wurde im Leopoldina-Symposium der Klasse III – Medizin[1] das Post-COVID-Syndrom aus verschiedenen medizinischen Blickwinkeln betrachtet. Das Themenspektrum der Wissenschaftlerinnen und Wissenschaftler aus dem In- und Ausland reichte von möglichen Ursachen bis zu Versorgungs- und Global Health-Aspekten.

Nach der Begrüßung durch die Sprecherin der Klasse III Frau Prof. Dr. Barbara WOLLENBERG ML berichtete Frau Dr. med. Christa SCHEIDT-NAVE vom Robert Koch-Institut Berlin über die Epidemiologie von Long/Post-Covid in Deutschland. Prof. Amitava BANERJEE aus dem *Institute of Health Informatics*, *University College London* (London, Großbritannien) sprach über „Long Covid: from known knowns to unknown unknowns". Prof. Dr. Lisa CHAKRABARTI aus der Abteilung *Virus and Immunity* des Instituts Pasteur in

1 Die Vorträge wurden in englischer Sprache gehalten und simultan übersetzt.

Paris (Frankreich) beschrieb die verschiedenen Immunreaktionen bei Long Covid, Prof. Dr. Resia Pretorius von der Stellenbosch-Universität aus Südafrika sprach über „Kleine Blutgerinnsel und die endothele Dysfunktion". Das „traurige Herz" als Post-Covid-Symptom stand im Fokus des Vortrages von Prof. Dr. Georg Ertl ML vom Zentrum für Herzinsuffizienz des Universitätsklinikums Würzburg.

Am Nachmittag übernahm Prof. Dr. Jutta Gärtner ML (Sekretarin der Klasse III) die Moderation der zweiten Session des Symposiums. Marco Prinz ML vom Institut für Neuropathologie des Universitätsklinikums Freiburg (i. Br.) betrachtete in seinem Vortrag den Zusammenhang zwischen Long Covid und dem zentralen Nervensystem. Über Lungenveränderungen nach COVID 19 berichtete Prof. Dr. Tobias Welte von der Medizinischen Hochschule Hannover. Den Abschluss bildete der Beitrag von Prof. Dr. Uta Behrends zu Long/Post-Covid und ME/CFS bei Kindern und Jugendlichen.

Traditionell erhalten die neu in die Klasse III der Akademie Zugewählten vor der Leopoldina-Vorlesung am Vorabend des Symposiums ihre Ernennungsurkunden. So konnte Leopoldina-Präsident Gerald Haug ML am 12. Juli 2023 zehn Mitgliedsdiplome überreichen.

Markus Scholz | Leopo

Klasse IV
Geistes-, Sozial- und Verhaltenswissenschaften
Symposium
Die Autorität der Wissenschaften auf dem Prüfstand

vom 22. bis 24. November 2023 in Halle (Saale)

Bericht: Constanze Breuer (Halle/Saale)

Vom 22. bis 24. November 2023 fand das Symposium „Die Autorität der Wissenschaften auf dem Prüfstand" der Klasse IV – Geistes-, Sozial- und Verhaltenswissenschaften statt. Ziel des Symposiums war es, die Herausforderungen der Wissenschaften in modernen Gesellschaften zu beleuchten, insbesondere in Bezug auf die Akzeptanz und das Vertrauen der Öffentlichkeit. Die Veranstaltung brachte renommierte Wissenschaftler und Experten zusammen, die in verschiedenen Sessions ihre Erkenntnisse und Perspektiven teilten.

Den Auftakt des Symposiums bildete die feierliche Urkundenübergabe an die neuen Mitglieder der Klasse IV. Im Anschluss wurde die Carus-Medaille 2023 an Prof. Dr. Nicola Fuchs-Schündeln ML von der Goethe-Universität Frankfurt (Main) verliehen.

Die Laudatio hielt Prof. (ETHZ) Dr. Gerald Haug ML, Präsident der Leopoldina. Prof. Dr. Fuchs-Schündeln stellte in einem Kurzvortrag „Arbeitsstunden im internationalen Vergleich" ihr Forschungsgebiet vor.

Markus Scholz | Leopoldina

Abb. 1 Nicola Fuchs-Schündeln (*Mitte*) wurde am 22. November 2024 mit der Verleihung der Carus-Medaille geehrt. Leopoldina-Vizepräsidentin Regina Riphahn ML (*links*) und Laudator Leopoldina-Präsident Gerald Haug überreichten der Makroökonomin die Auszeichnung.

Den Abschluss des Festakts bildete die Leopoldina-Vorlesung von Prof. Dr. Martin CARRIER ML, Abteilung Philosophie, Universität Bielefeld. In seinem Vortrag „Die Wissenschaft unter Beschuss: Zum Umgang mit Fälschung und Leugnung“ thematisierte er die Herausforderungen der Wissenschaft durch gezielte Desinformation und die Ablehnung wissenschaftlicher Methoden durch Populisten. Er betonte die Notwendigkeit, Desinformation zu identifizieren und Kommunikationsstrategien zu entwickeln, um Wissenschaftsleugnung entgegenzutreten.

Der zweite Tag des Symposiums begann mit der Begrüßung und Moderation durch Prof. Dr. Ulrich GÄHDE ML, Philosophisches Seminar, Universität Hamburg. Die erste Session des Tages stand unter dem Titel „Autorität und Einheit der Wissenschaften“. Der erste Vortrag dieser Session „Die prekäre Autorität der Wissenschaften und ihre Bearbeitung auf Twitter“ wurde von Dr. Thorsten MERL, Universität Siegen, und Dr. Sebastian HELLMEIER, Wissenschaftszentrum Berlin für Sozialforschung, Berlin, gehalten. Sie betrachteten die prekäre Autorität der Wissenschaft im Kontext öffentlicher Forderungen nach evidenzbasierter Politik und warfen die Frage auf, wie diese Autorität theoretisch und empirisch, insbesondere auf Plattformen wie Twitter, begründet wird. Anschließend sprach Prof. Dr. Rudolf STICHWEH ML vom Forum Internationale Wissenschaft, Universität Bonn, über „Autorität und Einheit der Wissenschaft“. Er beleuchtete die spannungsreiche Beziehung zwischen der gesellschaftlichen Autorität der Wissenschaft und der Einheit des Wissenschaftssystems. Wissenschaft operiert als Funktionssystem innerhalb einer differenzierten modernen Gesellschaft und ist durch spezifische Normen sowie ein globales Kommunikationsnetzwerk geprägt. Reputation spielt eine zentrale Rolle als Form der Autorität in der wissenschaftlichen Gemeinschaft, die trotz internen Zweifeln nach außen hin behauptet werden muss, um effektiv auf kritische Themen wie den Klimawandel zu reagieren.

Die nächste Session, moderiert von Prof. Dr. Carsten REINHARDT ML, Abteilung Geschichte, Universität Bielefeld, fokussierte sich auf das Vertrauen in die Wissenschaft. Prof. Dr. Andreas DIEKMANN ML, Departement Geistes-, Sozial- und Staatswissenschaften, Eidgenössische Technische Hochschule Zürich (ETHZ, Zürich, Schweiz), eröffnete die Session mit seinem Vortrag „Wissenschaftliche Integrität und Fehlverhalten. Wie stärken wir das Vertrauen in die Wissenschaft?“. DIEKMANN betonte die zentrale Rolle von Transparenz in der Wissenschaft, um das Vertrauen der Öffentlichkeit zu fördern, und forderte eine offene Auseinandersetzung mit Fehlern und Fehlverhalten. Er diskutierte Methoden zur Erkennung wissenschaftlichen Fehlverhaltens, wie das Benford-Gesetz, und plädierte für *Open Science*-Initiativen sowie Replikationsstudien zur Validierung von Forschungsergebnissen. Daraufhin präsentierte Prof. Dr. Fritz STRACK ML, Lehrstuhl für Psychologie II – Sozialpsychologie, Julius-Maximilians-Universität Würzburg, seinen Vortrag „Die Macht des Lächelns. Wege und Umwege zur Wahrheit“. STRACK thematisierte die Replikationskrise in der Psychologie, insbesondere vor dem Hintergrund nachgewiesener Datenmanipulationen. Die Fragen zur Zuverlässigkeit psychologischer Forschung führen zur verstärkten Überprüfung der Forschungsmethoden.

Den Abschluss dieser Session bildete der Vortrag „Science and the Public. Trustworthiness, Trust and Contrarian Political Operations“ von Prof. Dr. Stephan LEWANDOWSKY, *School of Psychological Science and Cabot Institute, University of Bristol* (Bristol, Großbritannien). LEWANDOWSKY thematisierte die Auswirkungen der COVID-19-Pande-

Abb. 2 Martin Carrier hielt nicht nur die Leopoldina-Vorlesung „Die Wissenschaft unter Beschuss: Zum Umgang mit Fälschung und Leugnung“ am 22. November 2023, sondern moderierte auch am zweiten Tag des Leopoldina-Symposiums die Vorträge und gab zum Abschluss eine kurze Zusammenfassung der Veranstaltung.

mie, die neben einer Gesundheitskrise auch eine Infodemie mit einer Flut von Fehlinformationen in sozialen Medien hervorrief, wobei das Vertrauen in Wissenschaftlerinnen und Wissenschaftler in Deutschland dennoch stieg.

Am letzten Tag des Symposiums moderierte Prof. Dr. Martin Carrier ML, Abteilung Philosophie, Universität Bielefeld. Die abschließende Session widmete sich der wissenschaftlichen Autorität und Wissenschaftskommunikation. Prof. Dr. Heinz Schott ML, Medizinhistorisches Institut, Universität Bonn, begann mit dem Vortrag „Evidenz-basierte Medizin versus Placebo-Effekt: Zum Problem der wissenschaftlichen Autorität im Gesundheitssystem“. Evidenzbasierte Medizin (EBM) ist eine standardisierte Methodik zum Nachweis der Wirksamkeit eines Medikaments. Schott thematisierte die zentrale Rolle des Placebo-Effekts für Patientenergebnisse und wies auf die oft vernachlässigte Bedeutung des Nocebo-Effekts hin. Zudem verdeutlichte er die Spannung zwischen empirischen Beweisen und subjektiven Patientenerfahrungen.

Dr. Suzan Fiack, Bundesinstitut für Risikobewertung (BfR), Berlin, folgte mit ihrem Vortrag „Kommunikation von Risiken im Spannungsfeld von Wissenschaft, Politik und Öffentlichkeit“. Fiack beschrieb die Risikokommunikation des Bundesinstituts für Risikobewertung als einen interaktiven und kontinuierlichen Prozess, der sowohl die Information der Öffentlichkeit als auch den Dialog und die kritische Reflexion der Kommunikationsstrategien umfasse. Die Herausforderungen in der Medienkommunikation lägen im Spannungsfeld zwischen Sensationalismus und der Vermittlung komplexer Informationen. Dies zeige einen Bedarf an klaren und einfachen Botschaften.

Den Schlusspunkt setzte Prof. Dr. Ortwin Renn ML, Institut für Transformative Nachhaltigkeitsforschung Potsdam (IASS), mit seinem Vortrag „Drei zentrale Herausforderungen wissenschaftlicher Autorität. Kann ein transdisziplinärer Ansatz Abhilfe schaffen?". Renn skizzierte drei zentrale Herausforderungen, die die wissenschaftliche Autorität bedrohten: Komplexität, Stochastik und linguistische Ambiguität, und betonte deren Auswirkungen innerhalb und außerhalb der wissenschaftlichen Gemeinschaft. Das Zusammenspiel dieser Herausforderungen führe oft dazu, dass die Öffentlichkeit Wissenschaft als unsicher oder willkürlich wahrnehme, wodurch die Autorität und Zuverlässigkeit wissenschaftlichen Wissens in Entscheidungsprozessen untergraben werde. Der transdisziplinäre Ansatz begegne diesen Herausforderungen, indem eine problembezogene und lösungsorientierte Perspektive eingenommen werde, die auch nicht-wissenschaftliche Akteure integriere.

Tagungen und Kolloquien

Markus Scholz | Leopoldina

Anna Kolata | Leopoldina

Symposium
Physiology and Pathophysiology 2023

am 7. und 8. März 2023 in Halle (Saale)

Bericht: Ole H. Petersen ML, FRS (Cardiff, Wales, Großbritannien)

Organisation

Das Symposium fand in der Leopoldina – Nationale Akademie der Wissenschaften in Halle (Saale) statt. Die Konferenz wurde von der *American Physiological Society*, der Leopoldina und der *Academia Europaea* unterstützt.

Der Titel des Symposiums war bewusst weit gefasst, da Physiologen daran arbeiten, die mechanistischen Grundlagen aller lebenden Systeme in Gesundheit und Krankheit zu definieren. Trotz der großen jüngsten Fortschritte wird es jedoch als ernstes Problem angesehen, dass die biomedizinischen Wissenschaften derzeit in Datenmassen „ertrinken", die keine neuen Ideen oder Modelle hervorbringen. Wir laufen in Gefahr, das „große Ganze" („the big picture") zu übersehen.

Ziel der Konferenz war es daher, die Teilnehmer und das Publikum durch die wichtigsten Körperunterstützungssysteme bis hin zu den Hauptfunktionen des Körpers, nämlich Spüren, Bewegen, Sprechen und Denken, zu führen. Unser Zugang war es, Vorträge zu präsentieren, die eine breite Perspektive bieten, ohne sich in kleinen Details zu verlieren. Die Sprache des Symposiums war Englisch.

Eröffnet wurde das Symposium von Armin Kurtz ML (Universität Regensburg), Mitglied des Senats der Leopoldina und Obmann der Sektion Physiologie und Pharmakologie/Toxikologie. Er gab den zahlreichen ausländischen Teilnehmern einen kurzen Überblick über die Geschichte der Leopoldina und stellte zudem die vielfältigen Aufgaben der Arbeitsakademie vor.

Anschließend begrüßte Ole Petersen ML, FRS[1] im Namen der *American Physiological Society* und der *Academia Europaea* alle Teilnehmer und erläuterte den Hauptzweck des Symposiums. Wir folgen hier zunächst den Ausführungen.

Zur Verortung des Themas

Obwohl viele es nicht zugeben wollen, wird die Wissenschaft von irrationalen Moden angetrieben. Die Physiologie leidet seit langem unter einigen dieser Trends. Physiologen, die sich beispielsweise mit dem Nervensystem befassen, wollen nicht länger als Neurophysiologen bekannt sein, sondern haben sich in Neurobiologen oder Neurowissenschaftler umbenannt. Aus irgendeinem Grund gelten diese Namen als modischer. Es wurde auch

1 FRS – *Fellow of the Royal Society*, Mitglied der *Royal Society*.

vorgeschlagen, dass Physiologen sich in Systembiologen umbenennen sollten. Der große Molekularbiologe Sydney Brenner (1927–2019, ML seit 1975) schrieb in seiner Kolumne „Loose Ends“, die in den 1990er Jahren regelmäßig in *Current Biology* erschien, in einem seiner Aufsätze: „Es gibt ein weiteres Thema, das vor einigen Jahrzehnten verschwunden ist und das wir ebenfalls neu erfinden müssen und das ist Physiologie.“ Die offensichtliche Arroganz, die in dieser Aussage steckt, nämlich dass Molekularbiologen mehr über Physiologie wissen als Physiologen, spiegelt möglicherweise die Vorstellung wider, dass Molekularbiologie grundlegender ist als Physiologie und Physiologie deshalb als eine ihrer Unterabteilungen betrachtet werden muss. Hier ist es wichtig zu bedenken, was Lord Martin Rees FRS in seinem kürzlich erschienenen Buch *If Science Is To Save Us* über die Beziehungen zwischen verschiedenen wissenschaftlichen Disziplinen sagt:

> „Es ist eine Standardmetapher, die verschiedenen Wissenschaften mit aufeinanderfolgenden Ebenen in einem hohen Gebäude zu vergleichen. Physik im Erdgeschoss, dann Chemie, dann Zellbiologie und bis hinauf zur Psychologie – mit den Wirtschaftswissenschaftlern im Penthouse. Es gibt eine entsprechende Hierarchie der Komplexität: Atome, Moleküle, Zellen, Organismen und so weiter. Aber die Analogie versagt in einem entscheidenden Punkt. In einem Gebäude gefährden unsichere Fundamente alles darüber, aber die ‚höheren‘ Wissenschaften, die sich mit komplexen Systemen befassen, werden nicht durch ein unsicheres Fundament gefährdet. Die Unsicherheiten der subatomaren Physik sind für Biologen und Umweltschützer irrelevant. Vieles, aber sicherlich nicht alles, vom großen Gebäude der zeitgenössischen Physiologie ist unabhängig von den Details der Molekularbiologie.“

Die Grenzen zwischen verschiedenen biologischen Disziplinen sind nicht mehr so klar, wie sie zu Beginn meiner Forschungsarbeit in den 1960er Jahren zu sein schienen. Damals sprachen Physiologen oft mit Verachtung darüber, wie langweilig die Anatomie sei. Dies folgte auf eine lange Geschichte der Konkurrenzfeindlichkeit. Als ich 1975 den Symers-Lehrstuhl für Physiologie an der *University of Dundee* antrat, fand ich in meinem Büro, das einst Waymouth Reid FRS (1862–1948, Symers-Professor für Physiologie, 1889–1935) gehört hatte, Papiere und Bilder, aus denen hervorging, dass er gelegentlich am Ende seiner Vorlesungen für Medizinstudenten eine Statuette des Anatomieprofessors auf einem Miniaturgalgen aufgehängt hatte! Allerdings hat die Anatomie – und insbesondere die Lichtmikroskopie – eine bemerkenswerte Renaissance erlebt. Ergebnisse der „toten Morphologie“ an fixierten Geweben werden zunehmend durch direkte Beobachtungen an lebenden Zellen in relativ intakten Präparaten ergänzt und sogar ersetzt. Die Abbildung lebender Gewebe, sogar bei sich bewegenden Tieren, ist zu einer der wesentlichen Techniken für die zeitgenössische Physiologie geworden.

Im Gegensatz zu Sydney Brenners Meinung, dass die Physiologie verschwunden sei, könnte man argumentieren, dass die physiologische Forschung, gefolgt von einer physiologisch fundierten Pharmakologie, einen größeren positiven Einfluss auf die Gesundheit und das Wohlergehen der Weltbevölkerung gehabt haben könnte als jeder andere Zweig der Biologie. In meinem Fachgebiet, der Gastroenterologie, gibt es ein beeindruckendes Beispiel. Durch grundlegende physiologische Arbeiten, die den Mechanismus der Magensäuresekretion untersuchten, identifizierten George Sachs (1935–2019) und John Forte (1934–2012) die H^+/K^+-ATPase-Pumpe im Sekretionskanal der oxyntischen Zelle als Schlüsseltransporter. Die Suche nach pharmakologischen Inhibitoren dieser Pumpe durch Sachs und seine Mitarbeiter war erfolgreich, und der wirksame Protonenpumpenhemmer (PPI) Omeprazol wurde 1988 in Europa und 1990 in den USA eingeführt.

Er revolutionierte die Behandlung von Magengeschwüren und der gastroösophagealen Refluxkrankheit, die zu meiner Zeit als Medizinstudent an der Universität Kopenhagen (1960er Jahre) die mit Abstand häufigste Ursache für Krankenhausaufenthalte auf Magen-Darm-Stationen war und nicht richtig behandelt werden konnte. In den späten 1990er Jahren wurde Omeprazol zum meistverkauften Medikament der Welt. Ein weiter verfeinertes PPI, Esomeprazol, ist mittlerweile in den Regalen der meisten Supermärkte weltweit zu finden. Es ist so sicher, dass es ohne Rezept gekauft werden kann und es nicht einmal erforderlich ist, mit einem Apotheker darüber zu sprechen. Durch die Lösung des Problems, eine sehr häufige, äußerst schmerzhafte und gefährliche Krankheit wirksam, schnell und sicher zu behandeln, hat George SACHS mehr zur Lebensqualität, insbesondere älterer Menschen, beigetragen als jeder andere mir bekannte biomedizinische Wissenschaftler. Seine Arbeit veranschaulicht auch, dass es ohne angemessene Kenntnisse der grundlegenden Physiologie keine gültige Pathophysiologie und Medizin geben kann.

Aufgrund der erstaunlichen Geschwindigkeit, mit der die Wissenschaft in letzter Zeit Fortschritte gemacht hat, könnte man meinen, dass die Zeit kommen wird, in der wir alles wissen werden. Der große Mathematiker und Physiker Freeman DYSON (1923–2020) ging in seinem herausfordernden Buch *The Scientist as Rebel* auf diese Frage ein:

> „Die Wissenschaft hat drei fortschreitende Grenzen, die immer offen bleiben werden. Da ist die mathematische Grenze, die dank Gödel immer offen sein wird (Gödel gab Beispiele für unentscheidbare Aussagen, die mit den normalen Regeln der Logik und Arithmetik nicht als wahr oder falsch bewiesen werden können. Sein Theorem impliziert, dass die Mathematik unerschöpflich ist.). Es gibt die Komplexitätsgrenze, die immer offen bleiben wird, weil wir Objekte von immer größerer Komplexität untersuchen, Moleküle, Zellen, Tiere, Gehirne, Menschen und Gesellschaften. Und es gibt die geografische Grenze, die immer offen bleiben wird, weil sich unser unerforschtes Universum in Raum und Zeit ausdehnt. Ich hoffe und glaube, dass es nie eine Zeit geben wird, in der wir sagen: ‚Wir sind fertig'."

Ich schloss mit den Worten: Auf dem Symposium über Physiologie und Pathophysiologie 2023 werden wir zweifellos von vielen spannenden neuen und bahnbrechenden Entwicklungen in unserem Fachgebiet hören. Physiologen fangen an, sehr ehrgeizige Ziele in Angriff zu nehmen, etwa das Verständnis der grundlegenden Physiologie des Lernens und der Sprache sowie den Versuch, echte Fortschritte bei der Pathophysiologie von Herz-Kreislauf-Erkrankungen, Bauchspeicheldrüsenkrebs und Demenz zu erzielen, um nur einige Beispiele zu nennen. Angesichts der Tatsache, dass viele der in scheinbar unterschiedlichen Bereichen der Physiologie verwendeten Techniken bemerkenswert ähnlich sind, haben Physiologen viele Gemeinsamkeiten und können daher viel voneinander lernen. Wir sind zweifellos besser in der Analyse als in der Synthese, daher besteht eines der Ziele der Konferenz darin, sich darauf zu konzentrieren, Dinge zusammenzufügen, anstatt sie auseinanderzunehmen. Die Physiologie lebt und schreitet voran!

Das Tagungsprogramm – Tag 1

Die erste Sitzung befasste sich mit der Allgemeinen Physiologie und wurde gemeinsam von Gerhard BURCKHARDT ML (Universität Göttingen) und Liliana SCHAEFER (Goethe-Universität Frankfurt am Main) geleitet. Der erste Vortrag zum Thema „Drogen und Proteinbewegungen: Lehren aus Kalziumkanälen" wurde von Annette DOLPHIN FRS

(*University College* London, England, Großbritannien) gehalten. Sie konzentrierte sich auf die wichtige Rolle akzessorischer Untereinheiten der spannungsempfindlichen Kalziumkanäle in Neuronen und erklärte, wie diese Untereinheiten die Kanäle modulieren und wie diese Wechselwirkungen bei Krankheitszuständen oder durch Medikamente beeinflusst werden. Den zweiten Vortrag hielt Dennis Brown (*Harvard Medical School*, Boston, MA, USA). Sein Vortrag zum Thema „Membranproteine – nebenbei: Sag niemals nie!" befasste sich mit der Interaktion von Membrantransportvesikeln mit akzessorischen Proteinen (GTPasen, SNAREs, Kinasen) und mit dem Zytoskelett zur Modulation der Zellfunktion und verschiedener Membrantransportproteine unter physiologischen und pathophysiologischen Bedingungen. Der dritte Vortrag in dieser Sitzung mit dem Titel „Extrazelluläre Nukleotide" wurde von Alan North FRS (*University of Manchester*, Manchester, England, Großbritannien) gehalten. Er erklärte die entscheidend wichtige Rolle purinerger Rezeptoren (Rezeptoren für ATP) und ihrer vielen Subtypen sowohl im Gehirn als auch in der Peripherie unseres Körpers. Nach einer Kaffeepause wurde die Sitzung mit einem Vortrag von Anant Parekh FRS (*National Institute of Environmental Health Sciences* [NIEHS], *National Institutes of Health* [NIH], Durham, NC, USA) zum Thema „Speichergesteuerte Kalziumkanäle in Gesundheit und Krankheit" fortgesetzt. Parekh erläuterte die Bedeutung dieser speziellen Kanäle, die als Reaktion auf die durch Neurotransmitter oder Hormone ausgelöste intrazelluläre Kalziumfreisetzung geöffnet werden, für die Funktion der Immunzellen. Den Abschlussvortrag in dieser ersten Sitzung des Symposiums hielt Colin Nichols FRS (*Washington University School of Medicine*, St. Louis, MO, USA). Er sprach über das „Cantu-Syndrom: von einem einzelnen Ionenkanal zu Pathologien mit mehreren Organen". Nichols präsentierte aktuelle Erkenntnisse aus seinem Labor zur Charakterisierung der funktionellen und pharmakologischen Folgen von Cantu-Syndrom-Mutationen spezieller ATP-empfindlicher Kaliumkanäle im Herzen.

Der gesamte Nachmittag des ersten Tages war einer Sitzung über Neurowissenschaften gewidmet, die gemeinsam von Gemma Modinos (*King's College*, London) und Robert Zorec (Universität Ljubljana, Ljubeljana, Slowenien) geleitet wurde. Der Eröffnungsvortrag zum Thema „Gehirnrhythmen, Sprachrhythmen und Lesen" wurde von Usha Goswami ML, FRS (*University of Cambridge*, England, Großbritannien) gehalten. In ihrer faszinierenden und weitreichenden Darstellung erläuterte sie die Beziehung zwischen Phonologie und Lesen, mit besonderem Bezug auf Reim, Rhythmus und Analogie beim Leseerwerb sowie auf Reim- und Rhythmusverarbeitung bei stummen und gehörlosen Kindern beim Lesen. Der zweite Vortrag wurde von Carl Petersen (*École Polytechnique Fédérale de Lausanne* [EPFL], Lausanne, Schweiz) gehalten, der sich auf das äußerst wichtige Thema „Neuronale Mechanismen, die dem Lernen zugrunde liegen" konzentrierte. Carl Petersen referierte aktuelle Arbeiten aus seinem Labor für Sinnesverarbeitung. Sie zeigten, was über die kausalen und mechanistischen Prozesse der Sinneswahrnehmung und des assoziativen Lernens auf der Ebene einzelner Neuronen und ihrer synaptischen Interaktionen mit den komplexen neuronalen Netzwerken des Säugetiers bekannt ist. Er erläuterte dies insbesondere anhand von Studien zum belohnungsbasierten Lernen und zur kontextabhängigen Sinneswahrnehmung bei Mäusen. Den letzten Vortrag vor der Kaffeepause am Nachmittag hielt Alex Verkhratsky ML (*University of Manchester*, Manchester, England, Großbritannien). Er sprach über das Thema „Herausfordernde

Entzündung des Gehirns: Glia-Lähmung und nicht Reaktivität bestimmen die Alterung des Gehirns“. In seinem breit angelegten Vortrag stellte er das Konzept einer zentralen Rolle der Astroglia bei degenerativen Erkrankungen des Gehirns vor. Er erläuterte, dass die astrogliale Degeneration ein früher wesentlicher pathogenetischer Schritt bei einigen der wichtigsten neurodegenerativen Erkrankungen, wie der Alzheimer-Krankheit, ist. Nach der Nachmittagspause folgte der letzte Vortrag der Neurowissenschaftssitzung von Denis BURDAKOV (Eidgenössische Technische Hochschule [ETH] Zürich, Zürich, Schweiz). Er sprach über „Nährstoffe in Gehirnzustände umwandeln“. Er schlug vor, dass aufgenommene Nährstoffe das Verhalten von Säugetieren steuern, indem sie die Aktivität hypothalamischer Orexin/Hypocretin-Neuronen modulieren. Auf der Grundlage der Forschung in seinem Labor postulierte er, dass nicht-essentielle Aminosäuren und Glukose diese Neuronen auf unterschiedliche Weise beeinflussen.

Die Abendsitzung am ersten Tag des Symposiums war der Leopoldina-Vorlesung von Ole PETERSEN ML, FRS gewidmet. Er wurde von Armin KURTZ ML vorgestellt, der erklärte, dass dies bereits das zweite Mal wäre, dass Ole PETERSEN gebeten worden sei, die Leopoldina-Vorlesung zu halten. Das erste Mal fand 2012 am Vorabend der Feierlichkeiten zur Eröffnung des neuen Hauptsitzes der Leopoldina in Halle statt. KURTZ skizzierte Ole PETERSENS lange Karriere und wies auch darauf hin, dass das aktuelle Symposium nur wenige Tage nach dessen 80. Geburtstag stattfand. KURTZ gratulierte PETERSEN zu diesem besonderen Jubiläum.

Der Vortrag von Ole PETERSEN befasste sich mit dem Thema „Wie Alkohol die Zellen der Bauchspeicheldrüse vergiftet“. Er erläuterte zunächst die allgemein schädlichen Auswirkungen übermäßigen Alkoholkonsums und betonte, dass wir noch immer sehr wenig über die entscheidenden Auswirkungen von Alkohol auf das Gehirn verstanden hätten. Allerdings verfügen wir nun über ein ziemlich detailliertes Verständnis darüber, wie Alkohol, meist in Kombination mit langkettigen Fettsäuren, die Zellen der exokrinen Bauchspeicheldrüse beeinflusst, und sind daher nun auf der Grundlage dieser neuen mechanistischen Erkenntnisse in der Lage, rationale Therapien gegen alkoholbedingte Pankreatitis, eine wichtige Vorstufe von Bauchspeicheldrüsenkrebs, vorzuschlagen. Die durch die Kombination von Ethanol und Fettsäuren erzeugten Fettsäureethylester sind starke Freisetzer von intern gespeichertem Kalzium, was wiederum speicherbetriebene Kalziumkanäle in der Zellmembran aktiviert. Die daraus resultierende Kalziumtoxizität zerstört die Zellen, und mit der Freisetzung von Zellinhalt wird eine starke Entzündungsreaktion ausgelöst, die oft tödlich endet. Die pharmakologische Hemmung dieser Kalziumkanäle ist eine sinnvolle Therapie, und klinische Studien in den USA laufen derzeit.

Das Tagungsprogramm – Tag 2

Der zweite Tag des Symposiums begann mit einer Sitzung über kardiovaskuläre Physiologie und Pathophysiologie. Den Vorsitz führten gemeinsam Teresa PEREZ GARCIA (Universität Valladolid, Valladolid, Spanien) und Calum WILSON (*University of Strathclyde*, Glasgow, Schottland, Großbritannien).

Der erste Vortrag wurde von Donal BERS (*University of California*, Davis, CA, USA) gehalten. Er sprach über „Kalzium und CaMKII: pleiotrope Signalübertragung bei Herzfunktion und Herzkrankheit". Nach einem allgemeinen Überblick über die Mechanismen, durch die Kalzium den Herzschlag steuert, skizzierte BERS die spezifische Rolle der durch Kalzium-aktivierten Calmodulinkinase II sowohl für die normale Funktion des Herzens als auch bei Krankheitszuständen. Der folgende Vortrag wurde von Mark NELSON (*University of Vermont*, Burlington, VT, USA) gehalten, der über das Thema „Ein Blick in Blutgefäße: Wann sie funktionieren und wann nicht" sprach. NELSON zeigte, wie es möglich ist, mit hoher Auflösung den Blutfluss durch einzelne Kapillaren im Gehirn zu beobachten und dadurch lokale Kontrollmechanismen zu untersuchen. Sie können wichtig sein, um den Verschluss zu verstehen, der bei Erkrankungen kleiner Gefäße auftritt, die einen erheblichen Anteil der ischämischen Schlaganfälle ausmachen. Der nächste Vortrag wurde von David POOLE (*Kansas State University*, Manhattan, KS, USA) gehalten. In seinem breit angelegten Referat sprach er über die Thematik „Kapillar-mitochondrialer Sauerstofftransport: Paradigmenwechsel". Im Anschluss an August KROGHS (1874–1949, ML seit 1925) grundlegende Beschreibung der Sauerstoffdiffusion von roten Blutkörperchen in Kapillaren bis in das Innere von Muskelzellen vor mehr als hundert Jahren, überprüfte POOLE aktuelle Entdeckungen, die molekulare Details der am „Krogh-Zylinder" beteiligten Prozesse umfassen, einschließlich der Rolle von Aquaporin- und Rhesuskanälen in den roten Blutkörperchen. Den letzten Vortrag der Sitzung zur Herz-Kreislauf-Physiologie hielt Wolfgang KÜBLER (Charité, Berlin). Er sprach über „makro- und mikrovaskuläre Remodellierung bei pulmonaler Hypertonie" und diskutierte aktuelle Arbeiten aus seinem Labor, darunter die Ultraschalluntersuchung der pulmonalen und zentralvenösen Stauung bei experimenteller Herzinsuffizienz.

Nach der Mittagspause gab es eine kurze Sitzung zum Thema Nieren- und Flüssigkeitshaushalt unter der Leitung von Armin KURTZ und Andras SPÄT (Semmelweis-Universität, Budapest, Ungarn). Der erste Vortrag mit dem Titel „Salz- und Nierenstoffwechsel" wurde von Allen COWLEY (*Medical College of Wisconsin*, Milwaukee, WI, USA) gehalten. In seinen umfassenden Ausführungen erläuterte er, was über die Kontrolle der Salzausscheidung im Urin bekannt ist und wie diese Kontrollprozesse den Blutdruck beeinflussen. Ein besonderer Schwerpunkt lag auf den Mechanismen, die einer Hypertonie zugrunde liegen. Der zweite und letzte Vortrag in der Nierensitzung wurde von Ora WEISZ (*University of Pittsburgh*, Pittsburgh, PA, USA) gehalten, die zum Thema „Das Beste aus Ihren Nieren herausholen (und aus ihnen herausholen)" sprach. Sie konzentrierte ihren Vortrag auf den Membrantransport in proximalen Tubuluszellen und darauf, wie diese Prozesse auf physiologische Signale reagieren, um eine normale Nierenfunktion aufrechtzuerhalten.

Die letzte Sitzung des Symposiums war dem exokrinen Pankreas als physiologischem und pathologischem Modell gewidmet. Diese Sitzung wurde von Pawel FERDEK (Jagiellonen-Universität, Krakau, Polen) und Oleg GERASIMENKO (*Cardiff University*, Cardiff, Wales, Großbritannien) moderiert. Der erste Beitrag zum Thema „Pathologische Prozesse im exokrinen Pankreas: *Ex-vivo*-Studien" wurde von Julia GERASIMENKO (*Cardiff University*) gehalten. Sie befasste sich hauptsächlich mit der Rolle von Sternzellen und Immunzellen bei der Entstehung der akuten Pankreatitis und gab einen Überblick über die jüngsten Fortschritte bei der pharmakologischen Therapie, die die Entwicklung der Krankheit hemmt. Es folgte ein eher klinisch orientierter Vortrag von Peter HEGYI (Semmelweis-Universität, Budapest) zum Thema „Neue Herausforderungen bei der Behandlung akuter Pankreatitis". HEGYI betonte, wie wichtig es sei, bei der Entwicklung neuer Therapieoptionen alle verfügbaren Erkenntnisse aus Grundlagenstudien zu nutzen, erläuterte aber auch die Notwendigkeit angemessen geleiteter und überwachter klinischer Studien. Er behandelte die Ansätze, die in seiner eigenen Abteilung für translationale Medizin in Budapest zum Einsatz kommen. Die letzten beiden Vorträge dieser Abschlusssitzung befassten sich mit dem wichtigen Thema Bauchspeicheldrüsenkrebs. Monika JAKUBOWSKA (Jagiellonen-Universität, Krakau) präsentierte aktuelle Ergebnisse aus Tierstudien, die darauf hinweisen, dass Treibermutationen von Bauchspeicheldrüsenkrebs die Kalziumsignalisierung und Energieproduktion in Azinuszellen beeinflussen. Ihre Resultate belegen, dass solche Treibermutationen die Signalkapazität von Azinuszellen modulieren, noch bevor die Morphologie der Epithelzellen sichtbar wird.

Den Abschlussvortrag hielt mit John NEOPTOLEMOS (Universität Heidelberg) einer der weltweit führenden Spezialisten für Bauchspeicheldrüsenkrebs. Er sprach über die „Synergisierung reduktionistischer und empirischer Entwicklungen zur Verbesserung der Behandlungsergebnisse bei Bauchspeicheldrüsenkrebs". NEOPTOLEMOS konzentrierte sich auf die jüngsten Bemühungen, Bauchspeicheldrüsenkrebs durch groß angelegte Genomik, Transkriptomik und digitale Profilierung sowie die Verwendung von vom Patienten stammenden Organoiden zu verstehen. Er wies auf die Wahrscheinlichkeit aufregender neuer Perspektiven für die Behandlung von Bauchspeicheldrüsenkrebs hin.

Dank

John NEOPTOLEMOS nutzte am Ende seines Vortrags die Gelegenheit, um Ole PETERSEN für die Organisation der Konferenz zu danken. Seiner Meinung hatte die Konferenz ihr Potenzial ausgeschöpft und in der Tat einen breiten Überblick über die vielen spannenden Entwicklungen in der zeitgenössischen Physiologie und Pathophysiologie mit Relevanz für menschliche Krankheiten und Erkrankungen präsentiert.

Ole PETERSEN schloss die Konferenz und dankte der Leopoldina, der *Academia Europaea* und der *American Physiological Society* für ihre wertvolle Unterstützung und natürlich auch den Referenten und Vorsitzenden für ihre prägnanten Beiträge.

Professor Dr Ole H. PETERSEN
School of Biosciences, Cardiff University
Sir Martin Evans Building
Cardiff CF10 3AX, Wales,
United Kingdom
Phone: +44 29208 70846
E-Mail: PetersenOH@cardiff.ac.uk

Markus Scholz | Leopoldina

Leopoldina-Symposium
The Ageing Eye: Unmet Medical Needs, Societal Implications and Future Therapeutic Perspectives

am 25. und 26. Mai 2023 in Köln

Bericht: Claus Cursiefen ML (Köln)

Zur Thematik

Am 25. und 26. Mai 2023 fand im Max-Planck-Institut für die Biologie des Alterns und in der Universitätsaugenklinik Köln das Leopoldina-Symposium zum Thema „Alterndes Auge" statt. Unter dem Titel „The Ageing Eye: Unmet Medical Needs, Societal Implications and Future Therapeutic Perspectives" diskutierten internationale und nationale Referenten Alternsveränderungen am Auge, neue Pathomechanismen und zukünftige Therapieansätze.

Wichtige Diskussionspunkte waren weiterhin die Bedeutung der translationalen Forschung für eine Adressierung des großen Problems der altersassoziierten Sehminderung und der damit verbundenen Unselbstständigkeit sowie der besondere Einfluss des Ernährungsverhaltens auf die Augengesundheit und die Gesamtgesundheit des Menschen.

Die Veranstaltung wurde von der Prorektorin der Universität Köln Prof. Dr. Bettina Rockenbach ML eröffnet sowie von Prof. Dr. Thomas Krieg ML (Köln) als Vizepräsident der Leopoldina und Herrn Prof. Dr. Claus Cursiefen ML (Köln) als Direktor der Uniaugenklinik Köln geleitet. Der Dekan der Medizinischen Fakultät der Universität Köln Prof. Dr. Gereon Fink eröffnete die Veranstaltung am zweiten Tag. Das Video der Veranstaltung ist online abrufbar.[1]

Das Tagungsprogramm

Die Veranstaltung begann mit dem öffentlichen Abendvortrag von Prof. Dr. Jan Hoijmaker (Rotterdam, Niederlande) zum Thema „Das Geheimnis des Alterns: Warum altern wir und was können wir dagegen tun?" Es folgte eine lebhafte Diskussion mit dem Fach- und Laienauditorium im Hörsaal des Max-Planck-Instituts für die Biologie des Alterns.

Am zweiten Tage wurde das Thema in insgesamt drei Themenblöcken bearbeitet. Im ersten Themenbereich „Vision, Ageing and Ophthalmology: Unmet Needs" berichtete Prof. Dr. Alexander Schuster (Mainz) über „Epidemiology of age-related blindness and

1 https://augenklinik.uk-koeln.de/informationen/aktuelles/detailansicht/leopoldina-tagung-zum-alternden-auge-jetzt-online/.

severe vision impairment in Germany“, Prof. Dr. Maria POLIDORI (Köln) referierte zu „What do we need for healthy ageing? A holistic approach“ und Prof. Dr. Thomas KRIEG sprach über die Problematik „Do we support clinician-scientists sufficiently to combat age-related diseases?“.

Im zweiten Themenblock ging es um „Extraocular Ageing Phenomena with Implications for Ophthalmology“. Hier sprach Prof. Dr. Jens BRÜNING ML (Max-Planck-Institut für Stoffwechselforschung, Köln) zu „Do not eat and live longer?!“, Prof. Dr. Per-Olaf BERGGREN (*Karolinska Institute*, Stockholm, Schweden, und Miami, FL, USA) zu „Transplantation of pancreatic islets to the iris to treat diabetes mellitus“ und Prof. Dr. Björn SCHUMACHER (Köln) zu „DNA damage repair for UV-damage at skin and ocular surface“.

Im dritten Nachmittagsblock ging es dann um „Unmet Needs and Future Perspective for Age-related Eye Diseases“. Die Redner waren Prof. Dr. Ursula SCHLÖTZER-SCHREHARDT ML (Erlangen) zu „Future treatment options for glaucoma“, Prof. Dr. Rudolf GUTHOFF ML (Rostock) zu „Presbyopia – a fateful phenomenon and its management“, Prof. Dr. Sascha FAUSER (VP Roche, Basel, Schweiz) zu „What is in the pipeline for pharmacological treatment options against age-related maculopathy“, Prof. Dr. Mario MATTHAEI (Köln) und Prof. Dr. Claus CURSIEFEN ML (Köln) zu „Fuchs dystrophy: an age-related ophthalmological ‚Volkskrankheit‘: current and future therapies“ sowie Prof. Dr. Florian SENNLAUB (Sorbonne, Paris, Frankreich) zu „How AMDvariants shape inflammation“. Prof. Dr. Norbert PFEIFFER (Mainz) behandelte die Frage: „Why is glaucoma an age-related disease?“ Es folgten intensive und lange Diskussionen.

Konsequenzen

Zusammenfassend war das Leopoldina-Symposium zum „alternden Auge“ eine sehr erfolgreiche interdisziplinäre Veranstaltung zu einem wissenschaftlich und sozial bedeutsamen Thema. Altersbezogene und mit dem Risiko einer Erblindung verbundene Augenerkrankungen nehmen zu. Sie machen unabhängiges Leben im Alter unmöglich. Hier besteht deutlicher Forschungsbedarf und auch die Notwendigkeit verstärkter finanzieller Unterstützung durch den Bund.

Deshalb fordert die Deutsche Ophthalmologische Gesellschaft (DOG) als wissenschaftliche Fachgesellschaft der Augenheilkunde die Einrichtung eines Deutschen Zentrums für Gesundheitsforschung zum Thema Augenheilkunde, um altersbezogene erblindende Augenerkrankungen besser zu verstehen und zu behandeln.[2]

Ein wichtiger Schritt in diese Richtung war die Bewilligung des augenheilkundlichen Sonderforschungsbereiches (SFB) 1607 „Towards immunomodulatory and anti(lymph) angiogenic therapies for age-related blinding eye diseases“ an der Kölner Uniaugenklinik durch die Deutsche Forschungsgemeinschaft (DFG).[3] Sprecher ist Claus CURSIEFEN. Durch diesen zweiten SFB im Bereich Augenheilkunde in der Geschichte der DFG gibt

2 https://www.dog.org/pressemeldungen/augenforschung-in-deutschland.
3 https://augenklinik.uk-koeln.de/forschung/sonderforschungsbereich-1607/.

es nun Möglichkeiten, konzertierter erblindende „Volkskrankheiten" im Alter zu erforschen und darauf aufbauend neue Therapien zu entwickeln.[4]

Prof. Dr. med. Claus Cursiefen
Direktor des Zentrums für Augenheilkunde
Uniklinik Köln
Zentrum für Augenheilkunde
Kerpener Straße 62
50937 Köln
Bundesrepublik Deutschland
Tel.: +49 221 4784300
Fax: +49 221 4785094
E-Mail: Augenklinik-Chefarztsekretariat@uk-koeln.de

4 Mehr Informationen unter: www.dmek.de, www.for2240.de.

Markus Scholz | Leopoldi

Leopoldina-Symposium
Stoffwechsel aus dem Gleichgewicht: Zwischen Forschung und gesellschaftlicher Relevanz

am 16. Juni 2023 in Bonn

Bericht: Stephan Altmann (Bonn) und Alexander Pfeifer ML (Bonn)

Hintergrund

Immer mehr Menschen entwickeln sogenannte nicht-übertragbare Erkrankungen (NCDs) wie Typ-II-Diabetes, Adipositas oder Herz-Kreislauf-Erkrankungen. Diesen Leiden liegt meist ein dysregulierter Stoffwechsel zugrunde, der auch durch die persönlichen Lebensstile und -umstände beeinflusst wird. Durch die ständig zunehmende Anzahl an Patienten wird das Gesundheitssystem mehr und mehr belastet. Trotz vielfältiger Anstrengungen zur Prävention von metabolischen Erkrankungen und NCDs (Ernährungsberatung, Bewegungstherapie usw.) sind Stoffwechselerkrankungen in der Gesellschaft weit verbreitet, und insbesondere Herz-Kreislauf-Erkrankungen werden von der *World Health Organization* als führende Todesursache weltweit eingestuft. Daher ist das Verständnis für Stoffwechselprozesse und -vorgänge, wie es zu deren Entgleisung bei metabolischen Erkrankungen kommt, so wichtig. Dieses Wissen ist die Basis, um neue Wege zur Behandlung metabolischer Erkrankungen zu entwickeln.

Daher wurde von Alexander Pfeifer ML (Bonn), Hannelore Daniel ML (Freising) und Christian Wolfrum ML (Zürich, Schweiz) ein Leopoldina-Symposium organisiert, um diese Thematik aus unterschiedlichen Perspektiven zu beleuchten und die Diskussion verschiedener Disziplinen untereinander in diesem Kontext anzuregen. Das Symposium fand am 16. Juni 2023 am Universitätsklinikum Bonn statt. Während die Fachvorträge Hintergrundinformationen sowie aktuelle Forschungsentwicklungen präsentierten, beleuchtete ein populärwissenschaftlicher Vortrag von Dr. Eckart von Hirschhausen (Berlin) das Thema auch aus gesellschaftlicher und sozialer Sicht. Den Schluss der Veranstaltung bildete eine Podiumsdiskussion mit den Referentinnen und Referenten, die es dem Publikum ermöglichte, mit den Expertinnen und Experten ins Gespräch zu kommen.

Programm und Beiträge der Referentinnen und Referenten

Das Symposium fand unter der Schirmherrschaft der Nationalen Akademie der Wissenschaften Leopoldina statt und wurde vom Leiter der Sektion „Physiologie und Pharmakologie/Toxikologie“ Prof. Armin Kurtz ML (Regensburg) eröffnet. Nach der Begrüßung stellte er die Leopoldina den Anwesenden kurz vor und erklärte, dass neben der Durchführung von Symposien und wissenschaftshistorischer Forschung auch die Förderung von Nachwuchswissenschaftlerinnen und -wissenschaftlern sowie die Beratung von Politik und Gesellschaft zu den Aufgaben der Akademie gehören.

Die fachliche Einführung in das Thema der Veranstaltung wurde von Prof. Alexander PFEIFER ML (Bonn) übernommen, der in seinem Vortrag der Frage nachging, welche Umstände zu relativ niedriger Lebenserwartung in Deutschland (im Vergleich zu anderen europäischen Ländern) führen. Er stellte die Bedeutung der NCDs heraus. Im Fokus stehen hier Stoffwechselerkrankungen mit ihren Begleiterkrankungen. Dabei wies er insbesondere auf die Aktivierung des Energieverbrauchs, z. B. durch braunes Fett, als modernes Forschungskonzept hin, da die verringerte Aufnahme von Kalorien allein nicht ausreicht, um den Energiehaushalt wieder ins Gleichgewicht zu bringen.

Prof. Iris PIGEOT (Bremen) widmete ihren Vortrag der epidemiologischen Verbreitung von metabolischen Erkrankungen mit Fokus auf Fettleibigkeit und Typ-II-Diabetes. Die vorgestellten Bevölkerungsstudien befassten sich auch mit Kindern und zeigten eindrucksvoll, dass Kinder mit fortschreitendem Alter und mehreren Risikofaktoren (Mediengerät im Kinderzimmer, wenig Sport, geringe Wohndistanz zu Hauptstraßen, Mütter mit hohem Body-Mass-Index [BMI], früher Eintritt in die Pubertät u. a.) eher das Metabolische Syndrom entwickeln.

Der nachfolgende Vortrag von Prof. Christian WOLFRUM ML (Zürich, Schweiz) beleuchtete die Pathobiochemie der Adipositas und die Rolle des Fettgewebes. Insbesondere stellte er eine neue Adipositas-Studie mit Beteiligung Leipziger Kolleginnen und Kollegen vor, die auf der molekularen Phänotypisierung adipöser Patientinnen und Patienten mittels Multi-omics-Datenanalysen beruhte. Diese konnte eine von Alter und BMI unabhängige Gruppierung der Patientinnen und Patienten auf Grund der molekularen Genexpressionsmuster des viszeralen Fetts aufzeigen. Weiterhin stellte er anhand von mRNA-Daten dar, dass in adipösen Menschen Glukocorticoide stärker bestimmte Gene aktivieren und somit den Krankheitsverlauf ungünstig beeinflussen können.

Prof. Hannelore DANIEL ML (München) referierte Konzepte und Grenzen der personalisierten Ernährung, die mit der Entschlüsselung des menschlichen Genoms Anfang des Jahrtausends aufkam. Anfängliche Untersuchungen des individuellen Genoms sowie Mikrobioms konnten keine diagnostischen Vorteile aufzeigen, sodass das Konzept auf Multi-omics-Analysen ausgeweitet wurde. Anhand der großangelegten food4me-Studie verdeutlichte sie, dass die individuellen Ernährungsgewohnheiten unabhängig von personalisierter Beratung kaum geändert wurden.

Der Arzt, Kabarettist und TV-Moderator Dr. Eckart VON HIRSCHHAUSEN (Berlin) versuchte in seinem Impulsvortrag auf unterhaltsame Weise, den Blick zu weiten und die Zusammenhänge zwischen ungesunder Ernährung und Klimaauswirkungen zu erklären. Dabei zeigte er, wie Lebensmittelhersteller mit Marketing falsche Erwartungen wecken und so den individuellen Lebensstil prägen. Verbraucher können sich trotzdem vernünftig informieren und somit ihre Gesundheit wie auch das Klima positiv beeinflussen. Am Ende seines Vortrags holte VON HIRSCHHAUSEN einige der anderen Referentinnen und Referenten auf die Bühne und kam mit ihnen ins Gespräch, wobei er insbesondere mit Fokus auf das Handeln der Regierung um persönliche Statements bat, was jetzt geändert werden sollte.

Ob und inwieweit Präventivmaßnahmen zur Eindämmung von Stoffwechselerkrankungen beitragen, wurde von Prof. Michael LAXY (München) anhand von Kosten und

Die Organisatorinnen und Organisatoren mit den Referentinnen und Referenten des Leopoldina-Symposiums. *Hintere Reihe von links nach rechts*: Alexander PFEIFER, Armin KURTZ, Michael LAXY, Iris PIGEOT, Hannelore DANIEL, Claudia LANGENBERG. *Vordere Reihe von links nach rechts*: Christian WOLFRUM, Thomas HÜTTL und Eckart VON HIRSCHHAUSEN. Bildquelle: Johann SABA, Universitätsklinikum Bonn.

Nutzen aus gesellschaftlicher Perspektive erläutert. So resultieren Stoffwechselerkrankungen in massiven direkten wie auch indirekten Kosten für den Staat. Interventionen, wie die Besteuerung von Softgetränken, können die Inzidenz von Krankheiten wie Adipositas bei Kindern mindern, wie eine Studie aus Großbritannien ergab. Letztendlich zeigen populationsbasierte Interventionen oft einen größeren Effekt und sind kostensparender als pharmazeutische/operative Maßnahmen.

Prof. Claudia LANGENBERG (Berlin) beleuchtete in ihrem Vortrag diagnostische Möglichkeiten mittels Multi-omics-Analysen und deren Herausforderungen. Zunächst stellte sie den Prozess zur Identifizierung von Proteinbiomarkern vor und verdeutlichte das Potenzial in Verbindung mit KI-basierter Auswertung in einer Studie zur Frühzeiterkennung von Typ-II-Diabetes. Neben der Vorhersage von Erkrankungen steht auch die Identifikation der spezifischen Mechanismen und der Ursachen im Fokus, welche mit Hilfe von Partnern in Industrie und Wirtschaft besser erforscht werden können.

Die Vorstellung der neuesten pharmakotherapeutischen Ansätze zur Adipositas-Behandlung wurde kurzfristig durch Christian WOLFRUM übernommen. Zu Beginn verdeutlichte er nochmals die Gefährlichkeit dieser Stoffwechselerkrankung, da die Lebenserwartung nachweislich mit steigendem Körpergewicht sinkt und zahlreiche Komorbiditäten wie Typ-II-Diabetes, Herzinsuffizienz, Bluthochdruck u. a. auftreten können. Es gibt zwar einige gute Präparate zur Gewichtsabnahme, wie *Semaglutid* oder *Liraglutid*, allerdings müssen diese hierzulande selbst gezahlt werden und zeigen im Vergleich zu chirurgischen Maßnahmen eine geringere Effektstärke. Letztendlich bleibt die Pharmakotherapie aber eine wichtige Säule, da konservative Methoden, wie Lifestyle-Coaching, oft versagen.

Prof. Thomas Hüttl (München) gab im Anschluss einen Überblick über die Effizienz und die Methoden der Adipositas-Chirurgie. So ist eine Operation meistens erst ab einem BMI $\geq$ 40 kg/m^2 vorgesehen und das Verfahren (Magenband, Schlauchmagen, Biliopankreatische Diversion mit Duodenal-Switch [BPD-DS]) wird unter Berücksichtigung von BMI, Alter, Geschlecht, Komorbiditäten u. a. ausgewählt. Bariatrische Operationen (z. B. Magenverkleinerungen) senken das Gewicht sofort, erhöhen die Lebenserwartung (im Falle von Patientinnen und Patienten mit Diabetes sogar noch stärker) und bessern Komorbiditäten. Zwar ist eine nachhaltige Gewichtsreduktion auch durch Verhaltens- und Pharmakotherapie möglich, wird aber meist nicht erreicht und ist wesentlich uneffektiver.

Zum Ende der Veranstaltung kamen die Referentinnen und Referenten nochmals auf einer Podiumsdiskussion ins Gespräch, die von Hannelore Daniel moderiert wurde.

Fazit

Das Leopoldina-Symposium war eine spannende Veranstaltung zum wichtigen Thema der Lebensstil-bedingten Stoffwechselerkrankungen. Expertinnen und Experten aus verschiedenen Disziplinen stellten neueste Forschungserkenntnisse aus ihren Fächern vor. Einmal mehr wurde die gesundheitspolitische Bedeutung dieser Thematik unterstrichen. In der Diskussion waren sie sich alle einig, dass die Politik handeln sollte, um hier durch Prävention und Verbesserung der Behandlungsmöglichkeiten ihre Bürgerinnen und Bürger besser vor Stoffwechselerkrankungen zu schützen. Gleichzeitig war es schön zu sehen, wie interdisziplinär und gut vernetzt die Forschung voranschreitet, um diesem modernen Leiden entgegenzuwirken. Der populärwissenschaftliche Auftritt von Eckart von Hirschhausen führte dem Publikum auf unterhaltsame, aber eindrückliche Weise vor Augen, wie bedeutsam Stoffwechselerkrankungen sind. Einerseits ist interdisziplinäre Forschung notwendig, um die Ursachen von Stoffwechselerkrankungen zu identifizieren und neue Behandlungsmöglichkeiten zu entwickeln. Andererseits sind dringend Entscheidungen der Politik erforderlich, um die weitere Ausbreitung von NCDs und Stoffwechselerkrankungen einzudämmen.

Univ.-Prof. Dr. Alexander Pfeifer
Universität Bonn
Institut für Pharmakologie und Toxikologie
Universitätsklinikum Bonn
Biomedizinisches Zentrum
Venusberg-Campus 1
53127 Bonn
Bundesrepublik Deutschland
Tel.: +49 228 28751300
Fax: +49 228 28751301
E-Mail: alexander.pfeifer@uni-bonn.de

Symposium
Ion Channels and Gene Therapy

am 7. Juli 2023 in München

Bericht: Prof. em. Franz Hofmann ML (München)

The symposium was organized by Prof. Christian Wahl-Schott (*Ludwig-Maximilians-Universität* [LMU], Munich), Prof. em. Franz Hofmann ML (*Technische Universität München*, Munich) and Prof. Martin Biel ML (LMU, Munich).

The meeting was attended by 150 people, ranging from PhD students to established scientists, including the President of the Bavarian Academy of Sciences.

The meeting was opened by the Dean of the Medical Faculty of the LMU Munich Prof. Thomas Gudermann ML. This introduction was followed by two sessions on ion channels and one on gene therapy.

Prof. Antony Galione (*University of Oxford*, Oxford, UK) gave a very interesting talk on the problems in elucidating signal transduction from the cell membrane to the lysosome by Nicotinic acid adenine dinucleotide (NAAD). He pointed out that NAAD triggers the release of Ca^{2+} from lysosomes but requires additional proteins to affect Ca^{2+} release. He discussed the distinct roles of TPC2 and TRPML1 channels in phagocytosis and provided evidence for the specific roles of TPC2 and TRPML1 in phagocytosis, with TPC2 controlling cleavage of phagocytic vesicles and TRPML1 promoting exocytosis.

His presentation was followed by Prof. Dejian Ren (*University of Pennsylvania*, Philadelphia, PA, USA). His talk focused on the problem that the lysosomal two pore ion channel releases Na^{+} when activated by PI(3,5)P2 but Ca^{2+} when activated by NAAD. At present, the structural determinants underlying the switch in ion selectivity are unknown. In addition, Ren discussed the endolysosomal potassium channel TMEM175, demonstrating that loss of this channel increases the susceptibility of neurons to stress-induced damage. Specifically, the absence of TMEM175 leads to the degeneration of dopaminergic neurons in the substantia nigra in the mid brain and has been linked to Parkinson's disease.

The next speaker, Prof. Mateo Mangoni (*University of Montpellier*, Montpellier, France), demonstrated that beta-adrenergic regulation of the cardiac sinus node requires the Cav1.3 Ca^{2+} channel and the pacemaker channel HCN4. Interestingly, the chronotropic response of the heart is impaired in the absence of functional modulation of HCN4 by cAMP and Cav1.3. The signaling pathways underlying the activation of Cav1.3 *via* beta-adrenergic receptors remain to be determined. However, there is initial evidence that the small GTP-binding protein rad1 is involved in this regulation.

This first session was concluded by Prof. Jörg Striessnig ML (*Universität Innsbruck*, Innsbruck, Austria) who summarized findings that Cav1.3 Ca^{2+} is not only required for hearing but may also play a role in the pathomechanisms of Parkinson's disease and other CNS dysfunctions.

After lunch, Prof. Gang PEI (*Tongji University*, Shanghai, China) presented his data on the use of brain organoids to explore the pathomechanisms of Alzheimer's disease and discussed clinical implications arising from this work.

Prof. Anna MORONI (*University of Milan*, Milan, Italy) summarized her findings on the structure of the HCN4 channel and structure-based design of small molecules affecting the HCN4 channel. The next two speakers, Prof. Elisabetta CERBAI (*University of Florence*, Florence, Italy) and Prof. Jian YANG (*Columbia University*, New York, NY, USA), talked about their research on the possible involvement of HCN channels in cardiac differentiation and of CNG channels in various channelopathies.

The third session focused on current approaches to overcome limitations in Adeno-associated virus (AAV)-based gene therapies in the eye. A major problem in this area is the limited loading capacity of AAVs, which can be overcome by dual vector approaches based on the recombination of concatenated DNA or intein-conjugated protein domains. Prof. Alberto AURICCHIO (*Telethon Institute*, Naples, Italy) and Prof. Hildegard BÜNING (*Medizinische Hochschule Hannover*, Hannover) presented technologies to improve the performance of AAVs in their talks. Prof. Botond ROSKA (*University of Basel*, Basel, Switzerland) spoke about optogenetic approaches to vision restoration and discussed problems in preclinical testing of gene therapies in the eye arising from differences in retinal structure and gene expression in different species.

Prof. Andreas BUSCH (*Absci*, Washington, DC, USA) gave an excellent talk on Artificial Intelligence (AI)-based approaches to antibody discovery. AI outperforms conventional methods in the development and optimization of high affinity antibodies. It also significantly reduces the cost of developing such antibodies. It became very clear that AI methods will revolutionize industrial drug development.

The last speaker Prof. Martin BIEL ML (LMU Munich) reported on his approaches to treat various eye diseases by gene delivery. This was a very interesting talk about the difficulties of bringing therapies from the laboratory to the bedside.

Prof. em. Franz HOFMANN
Technische Universität München
Pharmakologisches Institut
Biedersteiner Straße 29
80802 München
Bundesrepublik Deutschland
E-Mail: franz.hofmann@mytum.de

Zum Leopoldina-Förderprogramm
23. GAIN-Konferenz 2023 in Boston (MA, USA)

vom 25. bis 27. August 2023

Bericht: Andreas Clausing (Halle/Saale)

Das Leopoldina-Förderprogramm beteiligt sich seit vielen Jahren an den Aktivitäten des *German Academic International Network* (GAIN).

Die 23. GAIN-Konferenz (German Academic International Network) fand vom 25. bis 27. August 2023 in Boston (MA, USA) statt. Nach mehreren virtuellen Tagungen sowie einem Treffen in Bonn 2022 wurde die Veranstaltung erstmals nach der Corona-Pandemie auch in den USA wieder in Präsenz durchgeführt. Mit einem umfangreichen Programm und der Beteiligung vieler deutscher wissenschaftlicher und wissenschaftsnaher Organisationen konnte die Konferenz wie von früher gewohnt organisiert werden.

Zur Teilnahme an der GAIN-Jahrestagung kamen Interessenten aus allen wissenschaftlichen Fachgebieten, insbesondere Biologie, Medizin, Chemie, Physik, Informatik, Ingenieur- und Geisteswissenschaften, zusammen. Sie arbeiten überwiegend an den führenden Universitäten und Forschungseinrichtungen in den Vereinigten Staaten, mit einem Schwerpunkt bei Institutionen der Ostküste. Mit dem Marriott Hotel Copley Place in Boston stand ein zentral gelegener und bereits bewährter Veranstaltungsort zur Verfügung, der mit guter Anbindung an den ÖPNV sowie Verbindung zum Flughafen die Anreise der Teilnehmenden gewährleistete.

Unter den über 400 Teilnehmern der Konferenz waren auch wieder einige ausgewählte Leopoldina-Postdoc-Stipendiaten, aktiv in den USA Geförderte. Sie beteiligten sich an den Veranstaltungstagen rege am angebotenen Tagungsprogramm und sammelten Eindrücke über Karriereperspektiven und Optionen für die Rückkehr nach Deutschland und zur Wissenschaftspolitik allgemein.

Veranstaltungsprogramm

Den Auftakt der Veranstaltung bildete eine Podiumsdiskussion zur Thematik „Transferring Outcomes – From Science to Innovation“ unter Beteiligung von Dr. Jens Brandenburg (Staatssekretär im Bundesministerium für Bildung und Forschung [BMBF]), Dr. Erwin Gianchandani (*Assistant Director* in der *National Science Foundation* [NSF]), Dr. Joann Halpern (Direktorin des *Hasso Plattner Institute* [HPI] New York, NY, USA), Prof. Dr. Joybrato Mukherjee (Präsident des Deutschen Akademischen Austauschdienstes [DAAD]), Petra Olschowski (Ministerin des Ministeriums für Wissenschaft, Forschung und Künste [MWFK] in Baden-Württemberg) sowie Prof. Dr. Robert Schlögl ML (Präsident der Alexander von Humboldt-Stiftung [AvH]). Die Moderation an diesem

GAIN23-Jahrestagung in Boston: Prof. Dr. Joybrato MUKHERJEE (Präsident DAAD), Dr. Joann HALPERN (Director HPI NY), Dr. Jens BRANDENBURG (Parlamentarischer Staatssekretär im BMBF), Petra OLSCHOWSKI (Ministerin für Wissenschaft, Forschung und Kunst Baden-Württemberg), Prof. Dr. Katja BECKER (Präsidentin DFG), Prof. Dr. Robert SCHLÖGL (Präsident AvH), Foto Copyright-Hinweis: GAIN/Fox.

Vormittag übernahm Prof. Dr. Katja BECKER ML (Präsidentin der Deutschen Forschungsgemeinschaft [DFG]).

Nachdem die Anreise und die meisten Anmeldungen über die Mittagszeit erfolgt waren, startete die Tagung mit einer ersten, kurzen Sitzung zu Netzwerken von Postdocs. Anschließend präsentierten sich am frühen Nachmittag zum ersten Mal die Organisationen und Institute in der *Talent Fair* mit ihren rund 60 Ständen. Eine Vielzahl von Förderorganisationen, Institutionen und Universitäten aus Deutschland waren für beratende und informierende Gespräche, auch der formalen Zeitfenster, verfügbar. Der weitere Nachmittag stand unter reger Beteiligung der Anwesenden dann zunächst im Zeichen von drei parallelen Foren zu Natur- und Ingenieurwissenschaften, Geistes- und Sozialwissenschaften sowie Medizin und Biowissenschaften.

Um 17:00 Uhr konnte Anna OBERLE-BRILL (Programmdirektorin von GAIN und Organisatorin der Konferenz) die Veranstaltung formal eröffnen. Darauf folgte ein Grußwort von Dr. Jens BRANDENBURG, Staatssekretär im Bundesministerium für Bildung und Forschung, in Vertretung der Ministerin Bettina STARK-WATZINGER. Die weiteren Eröffnungsbeiträge stammten von der Vertreterin und den Vertretern der drei primär an der GAIN-Initiative beteiligten Organisationen: Prof. Dr. Katja BECKER (Präsidentin der DFG), Prof. Dr. Joybrato MUKHERJEE (Präsident des DAAD) und Prof. Dr. Robert SCHLÖGEL (Präsident der AvH).

Leopoldina-Jahrbuch 2023, 119–122 (2024)

Der den Tag abschließende, traditionelle Abendempfang des GAIN-Networks bot für alle die Gelegenheit, in bewährt zwangloser Atmosphäre Kontakte zu knüpfen und zu vertiefen, erste Planungen aufzubauen, die Themen des Tages anzureißen oder sich einfach auszutauschen. Dabei ergab sich auch für den Förderprogramm-Koordinator Andreas Clausing und die Leopoldina-Stipendiaten ein erster, längerer, persönlicher Kontakt, der in der Regel aus Zeitgründen vor Förderbeginn nicht möglich ist.

Der folgende Samstag stand ganz im Zeichen vieler verschiedener, paralleler Workshops zu den unterschiedlichsten Themen. So ging es um verschiedenartige Karriere-Einstiege, außeruniversitäre Karrierewege, Erfahrungen bei Berufungsverfahren, Wege in der Wirtschaft und in Start-Up-Unternehmen sowie Fördermöglichkeiten für individuelle Ideen. Vertreter von Firmen, Universitäten und Organisationen tauschten sich hierbei mit dem Publikum aus.

Am späten Vormittag schloss sich eine Diskussionsrunde mit Mitgliedern des Ausschusses für Bildung, Forschung und Technikfolgenabschätzung des Bundestages an. Vertreter der verschiedenen Fraktionen stellten sich Fragen zu einer Reihe von Themenkomplexen und äußerten ihre Sicht auf die Forschungspolitik in Deutschland.

Vor der Mittagspause war dann erneut Zeit für die *Talent Fair* vorgesehen, wobei erneut die fördernden und unterstützenden Organisationen für jegliche Fragen verfügbar waren und einen sehr regen Zuspruch verzeichnen konnten.

Mit der *Lunch Session* wurde eine bewährte Tradition weitergeführt. Jeder der Tische war mit zwei bis drei Gastgebenden von Hochschulen, Forschungseinrichtungen oder aus der Politik besetzt und bot so die Möglichkeit zum Austausch in lockerer und entspannter Atmosphäre.

Der Nachmittag stand im Zeichen von sieben parallelen Workshops zu Frauen in der Wissenschaft und Tenure-Track-Professuren, Forschung in Deutschland und EU-Förderung, Forschung innerhalb und außerhalb von Universitäten sowie Nützlichkeit von Interviews für die eigene Karriereentwicklung und Wegen an Universitäten der Angewandten Wissenschaften. Einmal mehr standen dafür Angebote von Vertreterinnen und Vertretern von Förderorganisationen und von Universitäten für Themenkomplexe wie Förderprogramme, Wissenschaftskommunikation, außeruniversitäre und universitäre Karrieren sowie Strategien zur Gleichbehandlung zur Auswahl und erfreuten sich lebhafter Beteiligung und Diskussion.

Mit einem größeren Zeitfenster wurde diese Informationsbasis dann in der *Talent Fair* fortgeführt. Dort konnten nun Informationen spezifiziert, ausgetauscht und hinterfragt werden. Alle Stände der fördernden und unterstützenden Organisationen wurden stark frequentiert und stellten sich den konkreten Nachfragen und Fragen der teilnehmenden Wissenschaftlerinnen und Wissenschaftler.

Den Höhepunkt zum Abschluss des Tages bildete der thematisch breit aufgestellte und kurzweilige *Science Slam* mit anspruchsvollen Präsentationen zu acht wissenschaftlichen Themenbereichen und anschließender Preisverleihung. Aus einem hochkarätigen Teilnehmerfeld bestimmte das Publikum Dr. Armin Scheben vom *Cold Spring Harbor Laboratory* (Cold Spring Harbor, NY, USA) aus dem *Simons Center for Quantitative Biology*, für seine überzeugende und kurzweilige Präsentation „From alpha to omega: How bats fight diseases“ zum klaren Sieger des Tages.

Im Anschluss daran trafen sich die teilnehmenden Leopoldina-Stipendiaten und der Förderprogramm-Koordinator Andreas CLAUSING zu einem gemeinsamen Postkolloquium. Die teilnehmenden Stipendiaten nutzten die Gelegenheit dazu, sich und ihre Arbeit einander näher vorzustellen und weitere Erfahrungen und Ideen auszutauschen.

Parallel durchgeführte Workshops am folgenden Sonntag widmeten sich in drei Blöcken mit insgesamt zwölf Sessions nochmals Themen, die für alle Nachwuchswissenschaftlerinnen und -wissenschaftler interessant und wichtig waren. Für die *Talent Fair* wurde ebenfalls noch Zeit für letzte Kontakte eingeräumt. Tipps zum Publizieren und zum Bewerben, universitäre und optionale Karrierewege, alternative Chancen, Verfahrenswege und Vorbereitung sowie Selbständigkeit bildeten den Fokus der angebotenen Workshops. Erneut moderierten kompetente Vertreterinnen und Vertreter aus Forschung und Forschungsorganisationen als Podiums- und Diskussionspartner diese abschließenden Veranstaltungen zum Ausklang der GAIN23.[1]

Ausblick

Die 24. GAIN-Konferenz soll im August 2024 wieder in San Francisco (CA, USA) und im August 2025 erneut in Boston in den USA stattfinden und damit den Turnus von vor der Pandemie wiederherstellen.

PD Dr. Andreas CLAUSING
Förderprogramm-Koordinator
Deutsche Akademie der Naturforscher Leopoldina –
Nationale Akademie der Wissenschaften
Leopoldina-Förderprogramm
Postfach 11 05 43
06019 Halle (Saale)
Bundesrepublik Deutschland
Tel.: +49 345 47239150
E-Mail: stipendium@leopoldina.org

1 https://www.gain-network.org/de/karrieren-gestalten/gain-jahrestagung/.

Symposium
Tuft Cells

vom 28. bis 30. August 2023 in Gießen

Bericht: Wolfgang Kummer ML (Gießen)

Die wissenschaftlichen Organisatoren waren Wolfgang Kummer ML (Gießen), Kristin Rattay (Marburg), Christoph Schneider (Zürich, Schweiz) und Burkhard Schütz (Marburg), die in der wissenschaftlichen Koordination von Klaus Deckmann und Uwe Pfeil (beide Gießen) unterstützt wurden. Die Veranstaltung fand in der Aula im Hauptgebäude der Justus-Liebig-Universität Gießen statt. Es nahmen 69 Wissenschaftlerinnen und Wissenschaftler aus 11 Ländern teil (Abb. 1).

Wissenschaftlicher Hintergrund

Die chemosensorische Bürstenzelle (*Tuft Cell* = *Brush Cell*) wurde Ende der 1950er Jahre zunächst rein elektronenmikroskopisch als seltene Zelle in verschiedenen Schleimhäuten beschrieben (Abb. 2); ihre Funktion blieb jedoch bis in die letzte Dekade hinein unbekannt. In einer standortübergreifenden Kooperation der Arbeitsgruppen der Gießener und Marburger Organisatoren dieses Symposiums sowie zeitgleich durch die Arbeitsgruppe von Thomas Finger in Denver (CO, USA) konnte dann gezeigt werden, dass diese Zellen

Abb. 1 Die Teilnehmerinnen und Teilnehmer vor dem Hauptgebäude der Justus-Liebig-Universität Gießen (Aufnahme: T. Papadakis, Gießen).

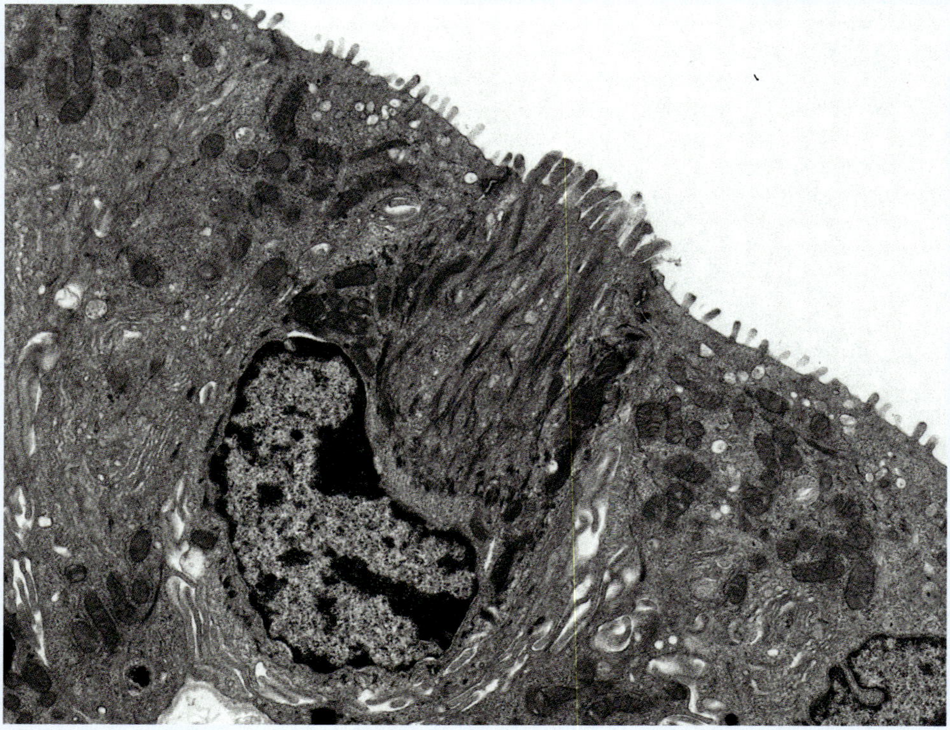

Abb. 2 Elektronenmikroskopische Aufnahme einer *Tuft Cell* (Bürstenzelle) in der Gallenblase der Maus mit dem namensgebenden Büschel an steifen Mikrovilli an der Zelloberfläche (Aufnahme: M. KESHAVARZ, Gießen).

die chemische Zusammensetzung auf der Schleimhautoberfläche wahrnehmen und beim Vorliegen potenziell schädlicher Substanzen verschiedene Schutzmaßnahmen einleiten können (TIZZANO et al. 2010, KRASTEVA et al. 2011).

Dieser Zelltyp erregte seitdem weltweit große Aufmerksamkeit, und es wurde ein weites Spektrum an Funktionszusammenhängen und Krankheitsgeschehen aufgedeckt, an welchen *Tuft Cells* beteiligt sind. Sie fungieren als Bindeglied zwischen dem Mikrobiom auf der einen sowie dem Immunsystem und dem Nervensystem auf der anderen Seite und spielen eine tragende Rolle im Infektionsgeschehen. Bei Wurminfektionen des Gastrointestinaltrakts sind sie unentbehrlich für die Aktivierung der *Innate Lymphoid Cells Type 2* (ILC2) und der daraus resultierenden Abwehrvorgänge sowie des Epithelumbaus, wodurch es letztlich zur Wurmelimination kommt (VON MOLTKE et al. 2016, GERBE et al. 2016, HOWITT et al. 2016). Sie reagieren auch auf bakterielle Produkte und leiten dann in den Atemwegen oder auch der Harnröhre organtypische neuronale Schutzreflexe (Verlangsamung der Atmung, Einleitung einer Miktion) ein (TIZZANO et al. 2010, KRASTEVA et al. 2011, DECKMANN et al. 2014) oder aktivieren in der unmittelbaren Umgebung angeborene Abwehrmechanismen wie die sogenannte Mukoziliäre Clearance in den Atemwegen, ein Reinigungsmechanismus der Schleimhautoberfläche. Fehlen diese Zellen oder sind sie dysfunktional, besteht zumindest im Versuchstier eine erhöhte Anfälligkeit gegenüber bakteriellen Atemwegsinfekten, und es resultiert ein schwererer Verlauf (Perniss et al. 2020, Hollenhorst et al. 2022). Das Noro-Virus zeigt einen Tropismus für diese Zellart, so dass *Tuft Cells* ein Reservoir für diese Viren darstellen können (Wilen et al. 2018). Von *Tuft Cells* können eigenständige Tumoren ausgehen, und sie spielen darüber hinaus eine Rolle in der Pathogenese weiterer Tumoren (Huang et al. 2018, Hayakawa et al. 2017). Überraschenderweise wurden solche Zellen auch im Thymus gefunden, wo sie eine Rolle bei der T-Zell-Reifung spielen sollen (Miller et al. 2018, Bornstein et al. 2018).

Aktualität des Themas

Es handelt sich um ein hochaktuelles Thema, bei dem derzeit zunehmend Durchbrüche im Wissensgewinn erzielt werden. Allein im Jahr vor der Ausrichtung des Symposiums (2022) wurden zu diesem Thema drei Arbeiten in *Science Immunology*, drei in *Immunity*, eine in *Cell Stem Cells*, drei in *Nature Communications* und eine in *Nature* publiziert. Wie sich in der Entwicklung der *Tuft-Cells*-Forschung zeigt, spielen diese Zellen eine wichtige Rolle in unterschiedlichsten Organen und Mechanismen. Arbeitsgruppen aus verschiedenen Disziplinen arbeiten zunehmend fachübergreifend in Kollaborationen an der Erforschung der Funktionsweisen.

Mehrwert der Ausrichtung des *Tuft-Cells*-Symposiums

Dieses hoch aktuelle Thema zieht Spitzenforscherinnen und -forscher aus aller Welt an, die aus verschiedensten Arbeitsbereichen stammen, sich aber noch nicht zu einer gemeinsamen Community zusammengefunden hatten. Ein Forum, in dem es einen Wissensaustausch zwischen den aus ursprünglich vielen verschiedenen Forschungsbereichen stammenden Arbeitsgruppen geben kann, existierte bisher nicht. Daher drängte sich die Ausrichtung eines ersten Symposiums über diese *Tuft Cells* geradezu auf. Mit einer solchen themenbezogenen Veranstaltung wurden die führenden Wissenschaftlerinnen und Wissenschaftler zum ersten Mal zum wissenschaftlichen Austausch *in persona* zusammengebracht und der wissenschaftliche Diskurs damit in einem besonderen Maße gefördert. Es ist zu erwarten, dass sich so eine – auch über das Symposium hinaus interagierende – interdisziplinäre wissenschaftliche Community konstituiert.

Um Transparenz in der Kommunikation von Forschung zu gewährleisten, wurde die Öffentlichkeit mit einem öffentlichen Abendvortrag am 29. August in die Tagung eingebunden. Christoph Schneider (Zürich, Schweiz) sprach mit seinen Ausführungen „Bürstenzellen – Wächter des Darms" in der gut besuchten Aula der Justus-Liebig-Universität Gießen ein breites Publikum an.

Wissenschaftliches Programm

Eröffnung

Die Veranstaltung wurde am Abend des 28. August eröffnet durch Norbert SUTTORP ML (Berlin) als Repräsentant der Leopoldina, Gabriele KROMBACH (Gießen) als Vizepräsidentin der Von Behring-Röntgen-Stiftung, die sich als Hauptsponsor engagierte, und Till ACKER (Gießen) als Prodekan der Justus-Liebig-Universität Gießen, die die Infrastruktur zur Verfügung stellte. Wolfgang KUMMER ML (Gießen), der mit Thomas FINGER die langjährigste Erfahrung in diesem Forschungsgebiet aufweist, führte dann in das Thema ein und rekapitulierte die Meilensteine in der *Tuft-Cells*-Forschung von der erstmaligen rein ultrastrukturellen Beschreibung bis zum aktuellen Wissensstand. Den wissenschaftlichen Hauptvortrag (*Keynote Lecture*) des Abends hielt Robert MARGOLSKEE (Philadelphia, PA, USA), der bereits 1992 das Protein Gusducin als ein essentielles Element in der Geschmackswahrnehmungskaskade identifizierte. Später zeigte die Arbeitsgruppe von Detlev DRENCKHAHN ML (Würzburg), der leider an diesem Symposium nicht teilnehmen konnte, dass dieses Gusducin auch in den Bürstenzellen (*Tuft Cells*) vorkommt, womit ein wesentlicher Grundstein für die weitere Entschlüsselung der Funktion dieser Zellen gelegt war. Robert MARGOLSKEE behandelte in seinem Hauptvortrag die jüngste Entdeckung von Zellen dieser Art im Zahnfleisch, die auch dort bei der mikrobiellen Abwehr eine Rolle spielen und bei deren Fehlen es zu schweren Zahnfleischentzündungen kommt.

Session I: Development and Cancer

Das Hauptprogramm am Dienstag, dem 29., und Mittwoch, dem 30. August, war in neun Sitzungen untergliedert, in denen Hauptvorträge von eingeladenen Sprecherinnen und Sprechern gehalten wurden und Nachwuchswissenschaftlerinnen und -wissenschaftler ihre als Beitrag eingereichten Forschungsergebnisse in weiteren zehnminütigen Kurzvorträgen vorstellen konnten.

In der ersten Sitzung stellte Christopher VAKOC (Cold Spring Harbor, NY, USA) anhand von umfangreichen Einzelzell-RNA-Sequenzierungsdaten und genetischen Modellen an der Maus dar, unter dem Einfluss welcher Transkriptionsfaktoren sich Bürstenzellen entwickeln. Insbesondere ging er dabei auf Co-Aktivatoren des Schlüsseltranskriptionsfaktors Pou2f3 ein (OCA-T1 und OCA-T2), die eine wesentliche Rolle bei der Entstehung einer erst kürzlich von ihm entdeckten Variante des kleinzelligen Lungenkarzinoms spielen, das in diesem Fall auch von den Bürstenzellen ausgeht. Kathleen DELGIORNO (Nashville, TN, USA) berichtete über Bürstenzellen im Gangsystem des Pankreas. Auch hier spielten Einzelzell-RNA-Sequenzierungsdaten eine wesentliche Rolle. Hinzu kamen aber detaillierte Untersuchungen der pankreatischen Bürstenzellen im Organverbund bei der Entstehung des Pankreaskarzinoms. Im Gegensatz zum zuvor geschilderten kleinzelligen Bronchialkarzinom, bei dem die Bürstenzellen Ausgangspunkt des Tumors sind, hemmen metaplastische Bürstenzellen beim Pankreaskarzinom die Tumorprogression. Das ließe sich gegebenenfalls therapeutisch nutzbar machen. In den Kurzbeiträgen berichteten Valeriya ZININA (Mainz) und Lauren SHECHTMAN (San Francisco, CA, USA) über die Bildung und Differenzierung von Bürstenzellen im Dünndarm, wobei die Proteine ID2, TCF7L1 und RasGRP1 als neue Faktoren identifiziert wurden.

Session II: Type 2 Immunity

Jakob VON MOLTKE (Seattle, WA, USA), der 2016 zu den Ersten gehörte, die die Relevanz von Bürstenzellen des Dünndarms bei der Abwehr von Wurminfektionen aufdecken konnten, zeigte nun einen Mechanismus, wie diese Abwehr erfolgen kann. Von Bürstenzellen bei solchen Infektionen ausgeschüttetes Azetylcholin bewirkt eine Flüssigkeitssekretion durch das umgebende Epithel, was letztlich über die Entstehung von Durchfällen zur Wurmelimination mit beiträgt. Im folgenden Beitrag zur gleichen Thematik fokussierte Christoph SCHNEIDER (Zürich, Schweiz) auf die Effekte eines anderen Wirkstoffes, der von Bürstenzellen ausgeschüttet wird. Interleukin-25 wirkt nicht direkt auf die umgebenden Epithelzellen, sondern auf die tiefergelegenen ILC2, die ihrerseits über weitere Interleukine zu einer Vermehrung der Bürstenzellen sowie auch der schleimproduzierenden Becherzellen im Epithel beitragen. In den Kurzbeiträgen widmete sich Xiaogang FENG (Zürich, Schweiz) aus der Arbeitsgruppe von Christoph SCHNEIDER den näheren Mechanismen dieser durch ILC2 induzierten Bürstenzellvermehrung und legte dar, dass anders als zuvor erwartet der Transkriptionsfaktor Atoh-1 nicht absolut notwendig für diesen Vorgang ist. Xinxin LUO (Stockholm, Schweden) zeigte, dass Nahrungsbestandteile, wie Cholesterolmetabolite, die den *Liver X-Receptor* aktivieren, diesen Prozess hemmen und daher bei der Helminthenabwehr abträglich sind.

Session III: Type 3 Homeostatic and Inflammatory Circuits

Philippe JAY (Montpellier, Frankreich) deckte eine weitere Zellinteraktion von Bürstenzellen in der Dünndarmschleimhaut auf. Im Gegensatz zu den vorher beschriebenen ist diese jedoch nicht förderlich. Durch die bereits beschriebene Interaktion von Bürstenzellen mit den ILC2 kommt es auch zu einer Unterdrückung der Funktion der Paneth-Zellen, die antimikrobielle Eigenschaften haben. Dadurch wiederum kommt es dann zu einer Dysbiose in der Mikroflora des Darms und zu chronischen Entzündungen, wie es im Zusammenhang mit Wurminfektionen bekannt ist. In den Kurzbeiträgen zeigte Izumi KAJI (Nashville, TN, USA), dass das Fehlen von Bürstenzellen im Dünndarm auch das Gleichgewicht anderer Zellpopulationen stört und somit die Abwehrfunktion der Schleimhaut schwächt. Natalia SOSHNIKOVA (Mainz) legte die Wichtigkeit des Wnt-Signalweges für die Bürstenzelldifferenzierung im Dünndarm dar. Tilde ANDERSSON (Zürich, Schweiz) deckte einen Regulationsmechanismus der Bürstenzellinteraktion mit ILC2 auf, der auf einer Autoinhibition der Bürstenzellen durch das von ihnen ausgeschüttete Interleukin-25 beruht.

Session IV: Acute Paracrine Regulation

Alexander PERNISS (Boston, MA, USA / Gießen) zeigte synergistische Wirkungen von aus Bürstenzellen der Atemwege ausgeschüttetem Azetylcholin im Atemwegsepithel. Über muskarinische Rezeptoren stimuliert dieses Azetylcholin umliegende Epithelzellen, von wo aus das Signal über *gap junctions* weitergeleitet wird und sowohl zu einer Erhöhung der Zilienschlagfrequenz als auch zu einer Sekretion von Chlorid und damit von Wasser auf die Oberfläche führt. Dies ist ein essentieller Mechanismus, um den Reinigungsmechanismus (mukoziliäre Clearance) der Schleimhautoberfläche effektiv zu machen. Als Aktivator dieser Vorgänge identifizierte er Succinat, einen bei bakteriellen Atemwegsinfektionen akkumulierenden Metaboliten. Maryam Keshavarz (Augsburg/Gießen) wies neben Azetylcholin Cysteinyl-Leukotriene als weitere Überträgerstoffe von Bürstenzellen in der Gallenblase nach. Beide Substanzen werden gleichzeitig nach Stimulation mit Propionat, einem Metaboliten von Darmbakterien, ausgeschüttet und bewirken einerseits eine Kontraktion der Gallenblase (Cysteinyl-Leukotriene) sowie eine Schleimsekretion durch die Epithelzellen (Azetylcholin). Im Kurzbeitrag zeigte Brett Boonen (Leuven, Belgien / Homburg, Saar), wie sich die Erregung im Trachealepithel nach Bürstenzellstimulation durch Succinat in Form einer Kalziumwelle ausbreitet.

Session V: The Neuronal Link

Thomas Finger, der im Jahr 2003 als Erster chemorezeptive Eigenschaften von Bürstenzellen am Beispiel solitärer chemosensorischer Zellen in der Nase nachwies, stellte in einem evolutionär ausgerichteten Beitrag die Entdeckung solcher chemosensorischer Zellen von den einzelnen chemosensorischen Zellen bei Fischen hin zu den Geschmacksknospen bei Säugern dar und erläuterte die Mechanismen, wie diese mit sensorischen Nervenfasern in Kontakt stehen. Gabriela Krasteva-Christ (Homburg, Saar) zeigte dann, wie in der Trachealschleimhaut die Aktivierung von Bürstenzellen über sensorische Nervenfasern nicht nur zu protektiven respiratorischen Reflexen, sondern auch zu einer lokalen neurogenen Entzündung führt, welche ebenfalls einen Abwehrmechanismus darstellt. Klaus Deckmann (Gießen) fasste den Wissensstand über die ursprünglich von ihm entdeckten urethralen chemosensorischen Zellen zusammen und ergänzte diesen durch neue Befunde, nach denen, wie zuvor von Krasteva-Christ für die Trachea gezeigt, auch in der Urethra durch Kommunikation mit sensorischen Nervenfasern eine neurogene Entzündung eingeleitet werden kann. Im Kurzbeitrag führte Mohamed I. Elhawy (Homburg, Saar) weitere mechanistische Details zu der Einleitung der neurogenen Entzündung in der Trachea durch Bürstenzellen auf.

Session VI: Viral and Protozoan Diseases

Wie in den vorangehenden Sitzungen gezeigt wurde, tragen Bürstenzellen bei bakteriellen und Parasiteninfektionen zum Abwehrgeschehen bei. Craig Wilen (*Yale University*, New Haven, CT, USA) zeigte, dass dies bei Virusinfektionen nicht der Fall ist. Bei Infektionen mit dem Noro-Virus kommt es immer wieder zu langanhaltender Viruspersistenz und auch langanhaltender Virusausscheidung mit dem Stuhl. Er zeigte, dass die Bürstenzellen in diesem Fall das Reservoir für das Noro-Virus darstellen. Andrew Vaughan (Philadelphia, PA, USA) fokussierte auf die Pneumonie bei Influenzainfektion. Hier kommt es nach der Akutphase zu einer Neubildung von Bürstenzellen in Organbereichen, in denen sie natürlicherweise nicht vorkommen (Alveolen). Sie sind aber dort dysfunktional und tragen nichts zu dem Abwehrgeschehen bei. Im Kurzbeitrag widmete sich Olivia Sosnowski (Calgary, Kanada) einer möglichen Rolle der Bürstenzellen bei Infektionen mit dem einzelligen Parasiten *Giardia intestinalis*, konnte hierfür aber keine Anhaltspunkte finden.

Session VII: Tuft Cells and Lymphoid Organs

In allen bisher behandelten Organsystemen sind Bürstenzellen an einer inneren Oberfläche des Körpers gelegen und interagieren dort mit der Mikrobiota. Erstaunlicherweise wurden Zellen mit gleichen Charakteristika auch unter den Epithelzellen im Thymus gefunden, die nicht mehr mit einer äußeren oder inneren Oberfläche in Kontakt stehen, sondern mit den sich entwickelnden T-Lymphozyten interagieren. Mark Anderson (San Francisco, CA, USA) zeigte, gestützt auf umfangreiche Einzelzell-RNA-Sequenzierungen, wie die Entwicklung solcher thymalen Bürstenzellen durch den Faktor Ikaros kontrolliert wird. Ebenso zeigte Kristin Rattay (Marburg) detaillierte Regulationsschritte der Entstehung dieser Zellen und auch deren Einbindung in die Entwicklung anderer Phänotypen der thymalen Epithelzellen. Nach diesen Beiträgen entspann sich eine lebhafte Diskussion über die mögliche Funktion dieser im Thymus gelegenen Zellen, wobei sowohl auf eine regulatorische Rolle dieser Zellen auf die T-Zellenentwicklung als auch auf eine Präsentation typischer Bürstenzellproteine im Rahmen der negativen Selektion eingegangen wurde. Im Kurzbeitrag zeigte Saskia Evers (Homburg, Saar), dass die Ausschaltung eines wesentlichen Signalwegs in Bürstenzellen bei einer durch *Pseudomonas aeruginosa* bedingten Lungenentzündung auch Auswirkungen auf die Immunzellzusammensetzung in entfernten lymphatischen Organen hat.

Session VIII: New Kids on the Block

Diese Sitzung befasste sich mit Bürstenzellen an vorher nicht bekannten oder nur wenig untersuchten Lokalisationen im Körper sowie mit neuen Markern für diesen Zelltyp. Im Hauptvortrag erläuterte Lora Bankova (Boston, MA, USA), dass die mikrovillustragende Zelle im Riechepithel der Nase nicht etwa dort zur Sensorik beiträgt, sondern als Sensor für Allergene und Gefahrenstoffe Eigenschaften der Bürstenzellfamilie aufweist. Yosuke Yamada (Kyoto, Japan) warf die interessante Frage auf, ob auch in der menschlichen Brustdrüse bürstenzellähnliche Populationen vorkommen können und dort Ursprung für bestimmte Brustkrebsarten sein könnten. Wafaa Mahmoud (Irbid, Jordanien / Gießen) spezifizierte die Expression von den Strukturproteinen Advillin und Villin in Bürstenzellen der Maus, was insbesondere praktische Konsequenzen für die Auswahl geeigneter genetischer Modelle bei Experimenten mit Mäusen hat. Dima Hamarsheh (Gießen) identifizierte einen neuen Marker (LRMP) zur Strukturuntersuchung von Bürstenzellen im menschlichen Atemtrakt. Amanda Ruelas (Nashville, TN, USA) zeigte einen weiteren möglichen Mechanismus zur verletzungsbegrenzenden Funktion von Bürstenzellen im Pankreas auf.

Session IX: Bacterial Triggers

Noam Cohen (Philadelphia, PA, USA) fokussierte auf die Rolle von solitären chemosensorischen Zellen in der Schleimhaut der Nase und der Nasennebenhöhlen für die Entstehung einer chronischen Rhinosinusitis beim Menschen. Er konnte zeigen, dass diese Zellen auf verschiedene bakterielle Produkte reagieren und unter anderem im umliegenden Epithel die Sekretion von antimikrobiellen Peptiden stimulieren. Hier spielen insbesondere die klassischen aus der oropharyngealen Geschmackswahrnehmung bekannten Bitter- und auch Süßrezeptoren eine Rolle. Die Bedeutung dieses Systems zeigt sich darin, dass Menschen mit einer häufigen Mutation im Geschmacksrezeptor TAS2R38 eine deutlich erhöhte Anfälligkeit für Sinusitiden und nasale Infektionen aufweisen. In den Kurzbeiträgen zeigte Michelle Mayer (Bonn), dass der durch verschiedene Liganden bakterieller Herkunft aktivierte Aryl-Hydrocarbon-Rezeptor die durch Interleukin-13 vermittelte Bürstenzellhyperplasie in Organoiden des Dünndarms reduziert. Nora Abdel Wadood (Homburg) beobachtete eine erhöhte Infiltration von neutrophilen Granulozyten in das Lungengewebe bei einer *Pseudomonas aeruginosa*-Infektion, wenn der für die Bürstenzellfunktion wichtige Kanal TRPM5 ausgeschaltet war, und Mohamed I. Elhawy (Homburg) zeigte im gleichen Modell einen positiven Einfluss der Bürstenzellen auf die Phagozytose durch dendritische Zellen.

In einer generellen Diskussion setzten sich die erstmals in einem solchen Rahmen zusammengekommenen Wissenschaftlerinnen und Wissenschaftler mit der historisch bedingten verwirrenden und vielfältigen Terminologie zu diesen Zellen auseinander. Je nach Organ oder auch wissenschaftlichem Fokus sind diese Zellen in der Literatur unter den Bezeichnungen *Brush Cells*, *Tuft Cells*, *Microvillous Cells*, *Solitary Chemosensory Cells* oder auch *Caveolated Cells* zu finden. In einer konstruktiven Diskussion wurde eine Übereinkunft erzielt, künftig übergreifend den Begriff *Tuft Cells* zu benutzen und die jeweiligen Organe voranzustellen, z. B. *Tracheal Tuft Cells*, *Intestinal Tuft Cells*, *Urethral Tuft Cells* usw. Ebenso wurde schnell Konsens gefunden, chemosensorische Zellen, die der bewussten Geschmackswahrnehmung dienen, wie z. B. die Zellen der Geschmacksknospen, nicht in dieses System einzugliedern. Bei nachfolgend erschienenen Publikationen zu dieser Zellart wurden diese Empfehlungen bereits umgesetzt.

Schlusssitzung

Geschlossen wurde das Symposium durch Burkhard Schütz (Marburg). Im Rahmen dieser Schlusssitzung wurde an Brett Boonen (Leuven, Belgien / Homburg) der von der Von Behring-Röntgen-Stiftung ausgelobte Preis für den besten Kurzvortrag vergeben. Abschließend wurde der Von Behring-Röntgen-Stiftung als dem Hauptsponsor dieses Symposiums sowie als weiteren Unterstützern dem Exzellenzcluster *Cardio-Pulmonary Institute* (Gießen), dem Sonderforschungsbereich TR-84 *Innate Immunity of the Lung* (Berlin/Gießen/Marburg) und der von der *American Association for the Advancement of Sciences* herausgegebenen Zeitschrift *Science Immunology* sowie selbstverständlich der Leopoldina gedankt.

Literatur

Bornstein, C., Nevo, S., Giladi, A., Kadouri, N., Pouzolles, M., Gerbe, F., David, E., Machado, A., Chuprin, A., Tóth, B., Goldberg, O., Itzkovitz, S., Taylor, N., Jay, P., Zimmermann, V. S., Abramson, J., and Amit, I.: Single-cell mapping of the thymic stroma identifies IL-25-producing tuft epithelial cells. Nature *559*/7715, 622–626 (2018)

Deckmann, K., Filipski, K., Krasteva-Christ, G., Fronius, M., Althaus, M., Rafiq, A., Papadakis, T., Renno, L., Jurastow, I., Wessels, L., Wolff, M., Schütz, B., Weihe, E., Chubanov, V., Gudermann, T., Klein, J., Bschleipfer, T., and Kummer, W.: Bitter triggers acetylcholine release from polymodal urethral chemosensory cells and bladder reflexes. Proceedings of the National Academy of Sciences USA *111*/22, 8287–8292 (2014)

Gerbe, F., Sidot, E., Smyth, D. J., Ohmoto, M., Matsumoto, I., Dardalhon, V., Cesses, P., Garnier, L., Pouzolles, M., Brulin, B., Bruschi, M., Harcus, Y., Zimmermann, V. S., Taylor, N., Maizels, R. M., and Jay, P.: Intestinal epithelial tuft cells initiate type 2 mucosal immunity to helminth parasites. Nature *529*/7585, 226–230 (2016)

Hayakawa, Y., Sakitani, K., Konishi, M., Asfaha, S., Niikura, R., Tomita, H., Renz, B. W., Tailor, Y., Macchini, M., Middelhoff, M., Jiang, Z., Tanaka, T., Dubeykovskaya, Z. A., Kim, W., Chen, X., Urbanska, A. M., Nagar, K., Westphalen, C. B., Quante, M., Lin, C. S., Gershon, M. D., Hara, A., Zhao, C. M., Chen, D., Worthley, D. L., Koike, K., and Wang, T. C.: Nerve growth factor promotes gastric tumorigenesis through aberrant cholinergic signaling. Cancer Cell *31*/1, 21–34 (2017)

Hollenhorst, M. I., Nandigama, R., Evers, S. B., Gamayun, I., Abdel Wadood, N., Salah, A., Pieper, M., Wyatt, A., Stukalov, A., Gebhardt, A., Nadolni, W., Burow, W., Herr, C., Beisswenger, C., Kusumakshi, S., Ectors, F., Kichko, T. I., Hübner, L., Reeh, P., Munder, A., Wienhold, S. M., Witzenrath, M., Bals, R., Flockerzi, V., Gudermann, T., Bischoff, M., Lipp, P., Zierler, S., Chubanov, V., Pichlmair, A., König, P., Boehm, U., and Krasteva-Christ, G.: Bitter taste signaling in tracheal epithelial brush cells elicits innate immune responses to bacterial infection. The Journal of Clinical Investigation *132*/13:e150951 (2022)

Howitt, M. R., Lavoie, S., Michaud, M., Blum, A. M., Tran, S. V., Weinstock, J. V., Gallini, C. A., Redding, K., Margolskee, R. F., Osborne, L. C., Artis, D., and Garrett, W. S.: Tuft cells, taste-chemosensory cells, orchestrate parasite type 2 immunity in the gut. Science *351*/6279, 1329–1333 (2016)

Huang, Y. H., Klingbeil, O., He, X. Y., Wu, X. S., Arun, G., Lu, B., Somerville, T. D. D., Milazzo, J. P., Wilkinson, J. E., Demerdash, O. E., Spector, D. L., Egeblad, M., Shi, J., and Vakoc, C. R.: POU2F3 is a master regulator of a tuft cell-like variant of small cell lung cancer. Genes Development *32*/13–14, 915–928 (2018)

Krasteva, G., Canning, B. J., Hartmann, P., Veres, T. Z., Papadakis, T., Mühlfeld, C., Schliecker, K., Tallini, Y. N., Braun, A., Hackstein, H., Baal, N., Weihe, E., Schütz, B., Kotlikoff, M., Ibanez-Tallon, I., and Kummer, W.: Cholinergic chemosensory cells in the trachea regulate breathing. Proceedings of the National Academy of Sciences USA *108*/23, 9478–9483 (2011)

Miller, C. N., Proekt, I., Moltke, J. von, Wells, K. L., Rajpurkar, A. R., Wang, H., Rattay, K., Khan, I. S., Metzger, T. C., Pollack, J. L., Fries, A. C., Lwin, W. W., Wigton, E. J., Parent, A. V., Kyewski, B., Erle, D. J., Hogquist, K. A., Steinmetz, L. M., Locksley, R. M., and Anderson, M. S.: Thymic tuft cells promote an IL-4-enriched medulla and shape thymocyte development. Nature *559*/7715, 627–631 (2018)

Moltke, J. von, Ji, M., Liang, H. E., and Locksley, R. M.: Tuft-cell-derived IL-25 regulates an intestinal ILC2-epithelial response circuit. Nature *529*/7585, 221–225 (2016)

Perniss, A., Liu, S., Boonen, B., Keshavarz, M., Ruppert, A. L., Timm, T., Pfeil, U., Soultanova, A., Kusumakshi, S., Delventhal, L., Aydin, Ö., Pyrski, M., Deckmann, K., Hain, T., Schmidt, N., Ewers, C., Günther, A., Lochnit, G., Chubanov, V., Gudermann, T., Oberwinkler, J., Klein, J., Mikoshiba, K., Leinders-Zufall, T., Offermanns, S., Schütz, B., Boehm, U., Zufall, F., Bufe, B., and Kummer, W.: Chemosensory cell-derived acetylcholine drives tracheal mucociliary clearance in response to virulence-associated formyl peptides. Immunity *52*/4, 683–699.e11 (2020)

Tizzano, M., Gulbransen, B. D., Vandenbeuch, A., Clapp, T. R., Herman, J. P., Sibhatu, H. M., Churchill, M. E., Silver, W. L., Kinnamon, S. C., and Finger, T. E.: Nasal chemosensory cells use bitter taste signaling to detect irritants and bacterial signals. Proceedings of the National Academy of Sciences USA *107*/7, 3210–3215 (2010)

Wilen, C. B., Lee, S., Hsieh, L. L., Orchard, R. C., Desai, C., Hykes, B. L. Jr., McAllaster, M. R., Balce, D. R., Feehley, T., Brestoff, J. R., Hickey, C. A., Yokoyama, C. C., Wang, Y. T., MacDuff, D. A., Kreamalmayer, D., Howitt, M. R., Neil, J. A., Cadwell, K., Allen, P. M., Handley, S. A., van Lookeren Campagne, M., Baldridge, M. T., and Virgin, H. W.: Tropism for tuft cells determines immune promotion of norovirus pathogenesis. Science *360*/6385, 204–208 (2018)

Prof. Dr. Wolfgang Kummer
Justus-Liebig-Universität Gießen
Institut für Anatomie und Zellbiologie
Aulweg 123
35385 Gießen
Bundesrepublik Deutschland
Tel.: +49 641 9947000
Fax: +49 641 9947009
Sekretariat: +49 641 9947001
E-Mail: wolfgang.kummer@anatomie.med.uni-giessen.de

Symposium
Modifying Cardiovascular Ageing: From Old Cells to Elderly Patients

vom 1. bis 3. September 2023 in Halle (Saale)

Bericht: Andreas Simm (Halle/Saale)

Organisation

Auf dem internationalen Symposium „Modifying Cardiovascular Ageing: From Old Cells to Elderly Patients“ kamen über 130 Teilnehmer aus 12 Ländern zusammen, um gemeinsam über die Möglichkeiten zu diskutieren, kardiovaskuläres Altern besser zu verstehen und zu beeinflussen. Dieses Symposium war das elfte in einer Reihe von gerontologischen Kongressen in Halle und fand zum 7. Mal in Kooperation mit der Nationalen Akademie der Wissenschaften Leopoldina statt. Es wurde in Kooperation mit dem Graduiertenkolleg 2155 ProMoAge, dem Interdisziplinären Zentrum für Altern in Halle: Biologie-Medizin-Gesellschaft (IZAH) und den Arbeitsgruppen „Gerontokardiologie“ der Deutschen Gesellschaft für Kardiologie (DGK) bzw. „Der alte Patient in der Herzchirurgie“ der Deutschen Gesellschaft für Thorax-, Herz- und Gefäßchirurgie (DGTHG) organisiert. Diese Tagung konzentrierte sich auf die translationelle kardiovaskuläre Forschung.

Auszeichnung

Mit der Vergabe der Schober-Medaille im Rahmen der Eröffnungsveranstaltung an James Kirkland (Rochester, NY, USA) wurde die Liste der für hervorragende Alternsforschung geehrten Forscherinnen bzw. Forscher fortgesetzt. Bisher waren mit der an den halleschen Chirurgen und das Leopoldina-Mitglied Karl-Ludwig Schober (1912–1999) erinnernden Auszeichnung geehrt worden: George Martin (Seattle, WA, USA, 2003), Ed Lakatta (Baltimore, MD, USA, 2005), Tom Rando (Palo Alto, CA, USA, 2007), Tomas E. Johnson (Boulder, CO, USA, 2009), Kaisu Pitkälä (Helsinki, Finnland, 2011), Judith Campisis (Novato, CA, USA, 2013), Cornel Sieber (Nürnberg, 2015), Claudio Franceschi (Bologna, Italien, 2017), Steve Horvath (Los Angeles, CA, USA, 2019) und Eline Slagboom (Leiden, Niederlande, 2021). Die Preisträgerin der Tagung 2021, Eline Slagboom, hielt die Laudatio für den diesjährigen Preisträger. James Kirkland hat Pionierarbeit auf dem Gebiet der zellulären Seneszenz geleistet und die Translation dieser Grundlagenarbeiten hin zu klinischen Studien vorangetrieben.

In seinem Festvortrag zum Thema „Kardiovaskuläres Altern, zelluläre Seneszenz und Senolytika: der Weg zur Translation“ konnte James Kirkland beeindruckend zeigen, wie es in den letzten 20 Jahren gelungen ist, von der absoluten Grundlagenforschung *in vitro* an primären Zellen über sehr erfolgreiche Versuche in Mäusen den Weg zu den klinischen Studien zu ebnen. Es wird spannend werden, welche Ergebnisse die über 80 klinischen Studien zu verschiedenen degenerativen Erkrankungen (von der Demenz bis hin zur Herzinsuffizienz) bringen werden. Dem Eröffnungsvortrag folgte ein geselliges Beisammensein und gegenseitiges Kennenlernen im Löwengebäude.

Tagungsprogramm

In der ersten Sitzung am Samstag zum Thema „Epidemiologie / Gesundes Altern" berichtete Heike BISCHOFF-FERRARI (Zürich, Schweiz) von dem HealthAge-Projekt zur Prävention, gesunden Lebensspanne und Geroscience in Toulouse (Frankreich). Dieses Projekt vereinigt das INSPIRE-Programm aus Toulouse (Biologie des Alterns), das ICOPE-Programm der *World Health Organization* (WHO; integrierte Pflege für ältere Menschen) und das DO-HEALTH-Projekt (europäische Studie zur gesunden Lebenserwartung). Aus den Daten der BILSA-Studie (*Balearic Islands Study of Aging*) aus Mallorca zeigte Marta GONZALES-FREIRE (Palma, Spanien), dass in der Kardiologie unübliche Biomarker wie der Wachstumsfaktor GDF-15 (Growth/Differentation Factor-15) neben konventionellen wie dem Herzinsuffizienzmarker NT-proBNP (N-terminales pro B-Typ natriuretisches Peptid) zur Analyse der kardiovaskulären Funktion geeignet sind.

In der nächsten Sitzung zu „Mechanismen des Alterns und der Erkrankungen" fokussierte sich Susanne ROHRBACH (Gießen) auf das Rechtsherzversagen. Sie konnte ein konserviertes genetisches Netzwerk identifizieren, das von der Ratte bis zum Menschen vergleichbar geregelt ist. Riikka KIVELÄ (Helsinki, Finnland) analysierte die Gefäßzellen im Herzen. Sie konnte zeigen, dass mikrovaskuläre Endothelzellen als erste Alternsveränderungen aufwiesen, diese aber auch als erste auf Sport positiv reagierten. Jana GRUNE (Berlin) analysierte die pulmonale Hypertonie an Kontroll- und Klotho-defizienten Mäusen. Sie konnten die Klotho/FGF23-Achse (Klotho/Fibroblasten-Wachstumsfaktor 23) als Treiber der altersabhängigen pulmonalen Hypertonie identifizieren.

Die nächste Sitzung war eine gemeinsame Sitzung der Arbeitsgruppen „Gerontokardiologie" der DGK und „Der alte Patient in der Herzchirurgie" der DGTHG. Harald RITTGER (Fürth) verglich konservative *versus* invasive Therapien bei stabiler koronarer Herzerkrankung. Obwohl die Erfolgsraten bei perkutanen koronaren Interventionen (PCI) auch im hohen Alter immer besser werden, ist die Indikationsstellung bei Älteren aufgrund der Heterogenität eher schwierig, und es bleibt die Frage, wie man denn genau einen Benefit einer Behandlung definieren soll. Gábor SZABÓ (Halle/Saale) zeigte neue Entwicklungen in der Herzchirurgie, die speziell auch für ältere Patienten geeignet sind. Lars SAEMANN (Halle/Saale) konzentrierte sich speziell auf mikrovaskuläre Perfusionsprobleme bei Herztransplantationen. Senotherapeutika, die speziell antiinflammatorisch wirken, könnten hierbei eine interessante neue Therapieoption sein. Zum Abschluss berichtete Louise SUN (Palo Alto, CA, USA) über große kanadische und amerikanische Studien zu gebrechlichkeitsassoziierten Risikofaktoren bei Herzoperationen.

In der zweiten Sitzung zu „Mechanismen des Alterns und der Erkrankungen" berichtete Andrea SZÉKELY (Budapest, Ungarn) von Gebrechlichkeit (*Frailty*) als Risikofaktor bei Herztransplantationen. Sie ist für Mortalität prädiktiv, wobei es wichtig ist, dass multidimensionale Domänen bei der Gebrechlichkeitsanalytik inkludiert sind. Andreas SIMM (Halle/Saale) konzentrierte sich in seinen Ausführungen auf posttranslationale Proteinmodifikationen, die sogenannten *Advanced Glycation Endproducts* (AGEs). Akkumulierte AGEs in der extrazellulären Matrix korrelieren mit negativem Outcome, während AGE-reiche Ernährung im Sinne der Hormesis auch protektiv sein kann. Markus SCHOSSERER (Wien, Österreich) berichtete von den drastischen positiven wie negativen Effekten der rRNA-Methylierung auf die Zellproliferation. Ralf BRANDES (Frankfurt/Main) zeigte auf, dass reaktive Sauerstoffspezies weniger rein schädigend, sondern eher regulativ wichtig sind. Dabei wurde im Falle von Endothelzellen Nit2 als wichtiges redox-sensitives Enzym beschrieben.

Die folgende Sitzung konzentrierte sich auf potentielle Therapien und Interventionen. Georgina ELLISON-HUGHES (London, Großbritannien) zeigte den negativen Effekt von seneszenten Zellen auf die Viabilität und Differenzierung von humanen induzierten pluripotenten Stammzellen. Senolyse verbessert das Überleben und die Funktion der von induzierten pluripotenten Zellen (IPC)-abgeleiteten kardiovaskulären Zellen *in vitro* und *in vivo*. Monika SADLONOVA (Boston, MA, USA; Göttingen) beschrieb die pharmakologische Therapie bei postoperativem Delir. Neben der Therapie ist ein entsprechendes Screening entscheidend. Dorthe STENSVOLD (Trondheim, Norwegen) zeigte, dass im Vergleich zum moderaten ein fünfjähriges hochintensives Intervalltraining bei älteren Menschen bezüglich kardiovaskulärer Risikofaktoren wesentlich effektiver war. Steve HORVATH (Los Angeles, CA, USA) verwies auf die universelle Bedeutung der DNA-Methylierung. Er konnte seine epigenetische Uhr an über 300 Säugerspezies validieren.

In der letzten Sitzung zur „Genetik und Epigenetik des Alterns“ beschrieb Johannes BACKS (Heidelberg) die zentrale Rolle von Histondeacethylasen als potentielle Therapieziele bei der altersassoziierten Herzinsuffizienz mit erhaltener Ejektionsfraktion (HFpEF). Eline SLAGBOOM (Leiden, Niederlande) untersuchte die Vererbbarkeit der Langlebigkeit in Familien. Dabei spielt das Metabolom (die metabolische Gesundheit) im mittleren Leben eine wichtige Rolle. Zum Abschluss fokussierte Claudio FRANCESCHI (Bolgna, Italien) auf die Inflammation als zentralen Alterungsmechanismus.

Diese Tagung war durch viele Diskussionen geprägt. Erfreulich war mit 51 die hohe Zahl der angemeldeten Poster. Doktoranden konnten diese in einem Kurzformat (1 Slide, 1 Minute) vorstellen und anschließend in einer Postersitzung diskutieren. Ein besonderes Highlight war die durchgeführte Posterpreisverleihung. Mit einem sehr positiven Feedback von allen Teilnehmern endete die Tagung.

Prof. Dr. Andreas SIMM
Universitätsklinikum Halle (Saale)
Ernst-Grube Straße 40
06120 Halle (Saale)
Bundesrepublik Deutschland
Tel.: +49 345 5572647
Fax: +49 345 5577070
E-Mail: andreas.simm@medizin.uni-halle.de / andreas.simm@uk-halle.de

Markus Scholz | Leopoldina

International Symposium
Lipid Signalling 2023

vom 3. bis 6. September 2023 in Frankfurt (Main)

Bericht: Josef Pfeilschifter ML (Frankfurt/Main)

Veranstaltet wurde die Tagung von der Deutschen Akademie der Naturforscher Leopoldina – Nationale Akademie der Wissenschaften in Kooperation mit dem DFG-Sonderforschungsbereich 1039 „Krankheitsrelevante Signaltransduktion durch Fettsäurederivate und Sphingolipide".

Zum Hintergrund

Zelluläre Funktionen werden üblicherweise mit der Aktivität von Proteinen oder Nukleinsäuren verbunden. Dementsprechend werden Erkrankungen des Menschen als Fehlfunktionen dieser Makromoleküle klassifiziert. In der Tat interagieren die meisten heute verfügbaren Arzneimittel direkt mit Proteinen, und neue Arzneistoffklassen werden mit dreidimensionalen Strukturdaten von Proteinen gesucht und optimiert. Demgegenüber wurde bis in die späten 1970er Jahre den Lipiden vorwiegend eine Rolle als inerte Strukturkomponenten von Zellmembranen zugewiesen. Die Lipiddoppelschicht der Zellmembranen enthält neben den Phospholipiden als Hauptstrukturkomponenten Sphingolipide, Glykolipide, Sterole und verschiedene Proteine. Zunehmend wurde aber erkannt, dass Lipide auch zahlreiche Kontrollfunktionen ausüben und nicht nur die Lokalisation und Aktivität von Proteinen beeinflussen, sondern auch selbst als Substrate für wichtige inter- und intrazelluläre Signalmoleküle und als therapeutische Zielstrukturen dienen können. Meilensteine waren hier sicherlich u. a. die Entdeckung der Phosphoinositolkaskade, mit den Signalmolekülen Inositoltrisphosphat und Diacylglycerin, die Freisetzung von Arachidonsäure durch die Phospholipase A_2 mit der nachfolgenden Synthese von Eicosanoiden oder die Klasse der Sphingolipide mit den zentralen Signalmolekülen Ceramid und Sphingosin-1-Phosphat.

Umfangreiche Daten aus den letzten Jahren weisen darauf hin, dass bestimmte Störungen des Lipidstoffwechsels bei der Entstehung und Progression bedeutsamer Erkrankungen, wie Arteriosklerose, Diabetes, Krebs, bei Entzündungen und Organfibrosen, bei Schmerz und bei neurodegenerativen Prozessen eine entscheidende Rolle spielen. Die einzelnen Komponenten der Lipidsignalwege stellen daher interessante Zielstrukturen für die Arzneimittelentwicklung dar. Mit einer verbesserten Methodik der Lipidanalytik und der Erkenntnis der außerordentlichen Variabilität und Komplexität von Lipidmolekülen sowie der Zulassung potenter Medikamente, die in die Signalprozesse von Lipiden eingreifen, ist dieses lange vernachlässigte Gebiet auf dem besten Weg, den Sprung zu einem der zentralen Themen der aktuellen translationalen Forschung zu schaffen.

Zur Veranstaltung

Aktuelle Entwicklungen dieses innovativen Forschungsgebietes wurden nun auf dem Leopoldina-Symposium „Lipid Signalling 2023“ in Frankfurt (Main) vorgestellt und diskutiert, das von Erich GULBINS ML (Essen) und Josef PFEILSCHIFTER ML (Frankfurt/Main) organisiert wurde.

Vorausschicken sollte man, dass dieses Symposium mehrmals aufgrund der Corona-Pandemie verschoben werden musste und diese Tagung in Präsenz mit großer Vorfreude und in gelöster Stimmung äußerst positiv verlaufen ist.

Fokussiert wurde auf zwei Lipidgruppen: die Sphingolipide und die Eicosanoide, die eine herausragende Rolle in der Physiologie und Pathophysiologie des Herz-Kreislaufsystems, des Immunsystems und der Tumorentwicklung sowie des Nervensystems spielen.

Das Symposium hatte 99 Teilnehmer und führte hochkarätige Wissenschaftler aus der ganzen Welt zusammen, u. a. Massimo AURELI (Mailand, Italien), Christina CHRISTOFFERSEN (Kopenhagen, Dänemark), Garret A. FITZGERALD (Philadelphia, PA, USA), Tony FUTERMAN (Rehovot, Israel), Jesper Z. HAEGGSTRÖM (Stockholm, Schweden), Timothy HLA (Boston, MA, USA), Andrea HUWILER (Bern, Schweiz), Richard N. KOLESNICK (New York, NY, USA), Kevin LYNCH (Richmond, VA, USA), Sandra MERSCHER (Miami, FL, USA), Alla MITROFANOVA (Miami, FL, USA), Stefan OFFERMANNS ML (Bad Nauheim), Besim OGRETMEN (Charleston, SC, USA), Alessandro PRINETTI (Mailand, Italien), Nils SCHEBB (Wuppertal), Edward H. SCHUCHMAN (New York, NY, USA), Jürgen SEIBEL (Würzburg), Sarah SPIEGEL (Richmond, VA, USA), Oliver WERZ (Jena) und Nina WETTSCHURECK (Bad Nauheim) sowie aus Frankfurt (Main) Ingrid FLEMING ML, Sabine GRÖSCH, Astrid KAHNT, Roxane KESTNER, Dagmar MEYER ZU HERINGDORF, Eugen PROSCHAK, Klaus SCHOLICH, Marco SISIGNANO, Dieter STEINHILBER, Irmgard TEGEDER und Andreas WEIGERT.

Die Ergebnisse wurden in 28 eingeladenen Vorträgen, 3 Kurzvorträgen und 35 Postern vorgestellt. Die zwei eingeladenen Hauptvorträge wurden von Timothy HLA über Sphingolipidmediatoren in der Biologie und der Medizin und von Garret A. FITZGERALD über Eicosanoide in der Sepsis gehalten. Spezifische Themenkomplexe, die in den folgenden zwei Tagen adressiert wurden, waren dann:

(*1.*) wie Lipid-Signalstoffe Gene bei akuter und chronischer Entzündung, aber auch bei der Weichenstellung zwischen Ausheilung und Defektheilung steuern,
(*2.*) die epigenetische Regulation in Zellen durch Lipidmediatoren,
(*3.*) die Interaktion von Lipid- und Matrix-vermittelten Signalmolekülen und
(*4.*) wie Proteine in Signalkaskaden durch Lipid-Signalmoleküle moduliert werden, um Zelltod bzw. krankheitsbedingte Funktionsänderungen zu steuern.

Die Diskussionen waren sehr lebhaft und engagiert. Das dabei gewonnene, differenzierte Verständnis dieser transitorischen Forschungsansätze wird für die Behandlung hochrelevanter Erkrankungen hilfreich sein. Zusammenfassend lässt sich sagen, dass es durch das Verständnis des Lipid-Signalnetzwerks von der Bildung bis zu den funktionellen Konsequenzen, wie es auf der Tagung klar geworden ist, möglich sein sollte, durch gezielte Interventionen eine spezifische, auf dem Verständnis der Lipid-Regulation basierende, innovative Diagnostik und Therapie zu realisieren.

Prof. Dr. Josef M. Pfeilschifter
Goethe-Universität Frankfurt
Institut für Allgemeine Pharmakologie und Toxikologie
Universitätsklinikum Frankfurt
Theodor-Stern-Kai 7
60590 Frankfurt am Main
Bundesrepublik Deutschland
Tel.: +49 696 3016950
Fax: +49 696 3017942
E-Mail: pfeilschifter@em.uni-frankfurt.de

Markus Scholz | Leopoldina

Workshop
Longitudinal Cohorts in Healthy Ageing and Disease Prevention

am 11. und 12. Oktober 2023 in Mainz

Bericht: Christof Niehrs ML (Mainz) und Vanessa Kellner (Mainz)

Die wissenschaftlichen Organisatoren der Veranstaltung waren Christof NIEHRS ML (Direktor des Instituts für Molekulare Biologie, Mainz), Annette PETERS (Direktorin des Instituts für Epidemiologie, Helmholtz-Zentrum, München) und Philipp WILD (Leiter Präventive Kardiologie und Medizinische Prävention und Leiter Klinische Epidemiologie und Systemmedizin, Mainz).

Untersuchung von Alternskrankheiten in longitudinalen Kohorten

Die Leopoldina gab im Jahr 2020 den Zukunftsreport *Altern und Lebensverlauf: Forschung für die gewonnenen Jahre* heraus, in dem die Perspektiven der Alternsforschung in Deutschland und die zukünftige Ausrichtung der Forschung diskutiert werden.[1] Im darauffolgenden Jahr rief die Weltgesundheitsorganisation (WHO) die „Dekade des gesunden Alterns 2021–2030“ aus. Beide Initiativen reagieren auf eine steigende Lebenserwartung und eine wachsende Anzahl von Seniorinnen und Senioren in vielen Nationen weltweit. In Deutschland ist mehr als jeder sechste Einwohner mittlerweile 65 Jahre alt oder älter, die Gruppe der Über-85-Jährigen verdoppelte sich in den letzten 30 Jahren von 1,2 Millionen Menschen 1991 auf 2,7 Millionen 2022.[2] Für die kommenden Jahrzehnte ist ein weiterer stetiger Anstieg prognostiziert.

Mit dieser Bevölkerungsentwicklung gehen große medizinische Herausforderungen für die Gesellschaft und das Gesundheitssystem einher. Herz-Kreislauf-Erkrankungen, Diabetes mellitus, Krebs und neurodegenerative Erkrankungen – für viele dieser chronischen Krankheiten gilt ein fortgeschrittenes Alter als einer der größten Risikofaktoren. Hinzu kommt, dass bei rund 50 % aller Über-70-Jährigen Multimorbidität, also mindestens drei verschiedene Erkrankungen gleichzeitig, auftritt.

Verschiedene alternsbedingte Krankheiten, wie Krebs und kardiovaskuläre Erkrankungen, können gemeinsame molekulare Ursachen haben, die zellulärem Altern zugrunde liegen, wie z. B. die Akkumulation von DNA-Schäden. Wenn wir diese Prozesse besser verstehen, können wir direkt in den Alterungsvorgang eingreifen und die Entstehung alternsbedingter Erkrankungen verlangsamen oder gar verhindern. Neue therapeu-

1 Nationale Akademie der Wissenschaften Leopoldina (2020): Forschung für die gewonnenen Jahre. Zukunft der Alterns- und Lebensverlaufsforschung in Deutschland, 2., akt. Aufl., Halle (Saale).

2 Statistisches Bundesamt Deutschland.

tische Ansätze setzen idealerweise zu einem frühestmöglichen Zeitpunkt an – bevor erste Krankheitssymptome auftreten. Dadurch könnte man womöglich mehreren Krankheiten gleichzeitig präventiv entgegenwirken und gesundes Altern fördern.

Ein wertvoller Ansatz, mit dem sich das biologische Altern beim Menschen erforschen lässt, sind *longitudinale oder Längsschnitt-Kohortenstudien.* Diese Studien folgen einer großen Stichprobe gesunder Menschen über einen langen Zeitraum und erheben umfassende Gesundheitsdaten (z. B. Vitalfunktionen und kognitive Fähigkeiten) und entnehmen Patientenproben (z. B. Blut-, Speichel- und Stuhlproben). Neu auftretende Erkrankungen bei Probanden können beispielsweise mit genetischen Daten, Biomarkern aus Patientenproben sowie Angaben zu Lebensstil und Umwelteinflüssen korreliert werden. Dieses Vorgehen liefert wichtige Rückschlüsse auf Schlüsselfaktoren, die das Risiko, alternsbedingte Erkrankungen wie Krebs, Herz-Kreislauf-Erkrankungen und Demenz zu entwickeln, mit zunehmendem Alter erhöhen oder verringern.

Zu diesem Thema wurde der Leopoldina-Workshop „Longitudinal Cohorts in Healthy Ageing and Disease Prevention“ am Institut für Molekulare Biologie (IMB) in Mainz abgehalten. Es handelte sich dabei um den ersten Workshop, der Kohortenstudien und gesundes Altern gemeinsam in den Fokus rückt. Durchgeführt wurde dieser Workshop als gemeinsame Veranstaltung des IMB, des *Centre for Healthy Ageing* (CHA) Mainz und des Gutenberg-Workshop-Programms Mainz.

Zusammenfassung der Referate

Am 11. und 12. Oktober 2023 gaben 17 Forschende Einblicke in ihre Arbeit mit und an Kohortenstudien. Ergänzt wurden ihre Vorträge durch eine Postersession.

In der ersten Session zeigte Kyle Gaulton (*University of San Diego*, San Diego, CA, USA) in seinem Vortrag mit dem Titel „Age-dependent changes in pancreatic cell type regulation and role in diabetes risk using single-cell multiomic profiling“, wie sich die Genregulation in Insulin produzierenden Zellen der Bauchspeicheldrüse im Alter verändert und welche dieser Veränderungen auf ein erhöhtes Risiko für Typ-2-Diabetes hindeuten können. Barbara Thorand (*Helmholtz Munich*, München) berichtete über „Sarcopenia, sarcopenic obesity and healthy ageing“. Ihre Forschung zur veränderten Zusammensetzung des Körpers im Alter – weniger Muskeln, mehr Fett – und der Rolle sarkopenischer Fettleibigkeit, u. a. bei kardiovaskulären Erkrankungen, bedient sich dabei der Daten der deutschen longitudinalen Kohortenstudien NAKO und KORA. Den Abschluss der ersten Session bildete Siddhartha Jaiswal (*Stanford University School of Medicine*, Stanford, CA, USA) mit seinem Vortrag zu „Clonal haematopoiesis in human ageing and disease“. Er präsentierte in ansonsten gesunden alternden Menschen Beobachtungen von Krebs-assoziierten Mutationen in blutbildenden Stammzellen, die mit einem erhöhten Risiko von Mortalität und alternsassoziierten Erkrankungen einhergingen.

Melike Dönertaş (Leibniz-Institut für Alternsforschung – Fritz-Lipmann-Institut, Jena) eröffnete die zweite Session mit ihrem Vortrag zu „Machine learning and -omic data analysis to understand, predict and counteract ageing and age-related diseases“. Sie zeigte, wie künstliche Intelligenz und maschinelles Lernen unter anderem beim *Drug Repurposing* (Weiterentwicklung zugelassener Medikamente zur Behandlung anderer

Erkrankungen) unterstützen kann und wie das menschliche Mikrobiom als Schnittstelle zwischen Mensch und Umwelt auch beim Altern eine wichtige Rolle spielt. Heiko RUNZ (Biogen Inc., Cambridge, MA, USA) präsentierte in seinem Vortrag „Leveraging large biobanks for CNS drug discovery and development“, wie durch den Einsatz populationsbasierter Kohorten, z. B. der britischen UK Biobank und der finnischen FinnGen-Kohorte, die Wirkstoffforschung verbessert und die Medikamentenentwicklung schneller, günstiger und besser auf individuelle Patientengruppen zugeschnitten werden kann. Monique BRETELER ML (Deutsches Zentrum für Neurodegenerative Erkrankungen [DZNE], Bonn) stellte in ihrem Vortrag „The Rhineland Study: A systems approach to help understand the determinants of healthy ageing“ die Rheinland-Studie vor, deren Schwerpunkt auf der Gesundheit des Gehirns beim Altern und dem Bekämpfen neurodegenerativer Erkrankungen liegt.

Oliver TÜSCHER (Leibniz-Institut für Resilienzforschung, Mainz) und Borhane GUEZGUEZ (Universitätsmedizin Mainz) präsentierten Kurzvorträge zu Mechanismen der kognitiven Resilienz im Alter bzw. zu Stammzellen im Knochenmark. Annette PETERS (*Helmholtz Munich*, München) ging unter dem Titel „Healthy ageing and multimorbidity – Avenues to prevention based on the KORA and the NAKO cohorts“ auf die Entwicklung von Multimorbidität ein und machte am Beispiel von Untersuchungen zur Luftverschmutzung deutlich, wie longitudinale Kohortenstudien zu Richtlinienänderungen, z. B. in der Gesundheitspolitik, beitragen können. Auch Tim NAWROT (Universität Hasselt, Belgien) fokussierte mit seinem Vortrag „The air we breathe, health and ageing from early life“ auf die Bedeutung von Luftverschmutzung, nämlich auf das Problem, wie Luftpartikel von Schwangeren auf ihre ungeborenen Kinder übertragen werden können und welche Auswirkungen dies auf die Lebens- und Gesundheitsspanne des Kindes hat.

Jonathan MARCHINI (*Regeneron Pharmaceuticals*, Tarrytown, NY, USA) beschrieb in seinem Vortrag „Computational efficient statistical methods for exome-wide association studies“ Methoden zur effizienten und flexiblen Analyse von „Big Data“, also großen Datenmengen, wie sie bei longitudinalen Kohortenstudien häufig anfallen, sowie zur Kompression der Daten für einfacheres Speichern. Patricia MUNROE (*Queen Mary University of London*, London, Großbritannien) berichtete in ihrem Vortrag „Integrated genetics for cardiovascular risk prediction“, wie genetische Biomarker zur Risikoabschätzung für Herz-Kreislauf-Erkrankungen (polygene Risikoscores) beitragen. Philipp WILD (Universitätsmedizin Mainz) stellte in seinem Vortrag „Subclinical and multi-omics phenotyping to investigate age-related disease“ vor, wie Omics-Methoden kombiniert werden können, um mittels Daten aus der Gutenberg-Gesundheitsstudie, insbesondere zum Zusammenhang zwischen Herzversagen und epigenetischem Altern, die Entwicklung personalisierter Therapien voranzutreiben.

Raphael TWERENBOLD (Universitäres Herz- und Gefäßzentrum, Hamburg) veranschaulichte in seinem Vortrag „Cardiovascular risk prediction in the Hamburg City Health Study“, wie die *Hamburg City Health Study* Risikofaktoren für Herz-Kreislauf-Erkrankungen in der Hamburger Bevölkerung untersucht. Maria-Cruz VILLA-URIOL (*University of Sheffield*, Sheffield, Großbritannien) präsentierte in „Time-based clustering of multimorbidity trajectories using longitudinal healthcare data“, wie oft unvollständige und nicht standardisierte Daten aus dem Gesundheitswesen mithilfe computerbasierter Modelle dennoch in einen zeitlichen Verlauf gesetzt und wie longitudinale Daten aus

Kohortenstudien analysiert werden können. Marcus Scholz (Universität Leipzig) sprach in seinem Beitrag über „Sex-specific causal effects of hormones on obesity and coronary artery disease – Results of the LIFE Research Centre for Civilization Diseases“ darüber, wie geschlechtsspezifische genetische Effekte in der Wirkung von Steroidhormonen die Entwicklung koronarer Herzerkrankungen beeinflussen. Zum Abschluss der Veranstaltung stellte Henry Völzke (Universitätsmedizin Greifswald) mit seinem Vortrag „SHIP – The usefulness of comprehensiveness“ die Kohortenstudie SHIP vor, die ein breites Feld alternsassoziierter Erkrankungen umfassend untersucht und in einer strategischen Erweiterung auch Haus- und Nutztiere der Teilnehmenden in die Studie einschließen möchte.

Fazit

Es wurde deutlich, dass das Thema „Healthy Ageing and Disease Prevention“ im Kontext von longitudinalen Datensätzen aus Kohortenstudien von großer Bedeutung sowohl für die Grundlagen-Alternsforschung als auch für die Translation von Forschungsergebnissen in klinische Anwendungen sein wird. Die Verwendung von Kohortenstudien wird durch Omics-Daten nochmals ganz neue Einsichten erlauben, die langfristig zu präventiven molekularen Signaturen und zur Entwicklung neuer Medikamente beitragen werden.

Prof. Dr. Christof Niehrs
Institut für Molekulare Biologie gGmbH
Ackermannweg 4
55128 Mainz
Bundesrepublik Deutschland
Tel.: +49 6131 3921401
Fax: +49 6131 3921421
E-Mail: c.niehrs@imb-mainz.de

Dr. Vanessa Kellner
Institut für Molekulare Biologie gGmbH
Ackermannweg 4
55128 Mainz
Bundesrepublik Deutschland
Tel.: +49 6131 3923743
E-Mail: ageing@imb.de

Kolloquium

Sprechakt und Bildakt. Über das Verhältnis bildlicher und sprachlicher „Weisen der Welterzeugung". Versuch einer Bestandsaufnahme

vom 9. November bis 11. November 2023 in Halle (Saale)

Bericht: Andreas Kablitz ML (Köln)

Die von der Fritz Thyssen-Stiftung geförderte, insgesamt interdisziplinär konzipierte Tagung fand vom 9. bis 11. November 2023 in den Räumlichkeiten der Leopoldina – Nationale Akademie der Wissenschaften in Halle (Saale) statt. Sie teilte sich in vier Halbtagesprogramme, die ihrerseits jeweils nach dem Prinzip eines Gesprächs zwischen verschiedenen Disziplinen moderiert und von einem Abendvortrag (von Charlotte Klonk) am Abend des zweiten Tages interpunktiert wurden.

Veranstaltet wurde die Tagung von Andreas Kablitz ML (Universität zu Köln) und Charlotte Klonk ML (Humboldt-Universität zu Berlin).

Den Eröffnungsvortrag des Kolloquiums am 9. November hielt Horst Bredekamp ML (Kunstgeschichte, Humboldt-Universität zu Berlin) unter dem Titel „Skizze einer Philosophiegeschichte des Bildakts". Den thematischen Einstieg bildete ein Standbild der Videoinstallation der Künstlerin Danica Dakić mit dem Titel *Autoporträt*, bei dem die Augenpartie durch die gedoppelte Mundpartie überblendet wurde. Das Beispiel veranschaulichte den interdisziplinären Knotenpunkt des Kolloquiums: Wo der Mund als das Sprechorgan die Augen ersetzt, wird der Akt des Sprechens auf den Akt des Sehens übertragen. Das Organ, mit dem wir also gewöhnlich unsere Umwelt sehen und (visuell) interpretieren, bekommt nun eine artikulatorische Kraft, die allerdings nicht in gleicher Weise wie sprachlich-lineare Artikulation funktioniert. Diametral zu Dakićs *Autoporträt* zeigte Bredekamp nachfolgend ein Emblem von Leon Battista Albertis Selbstporträt mit einem geflügelten Auge vor der Halspartie. Das geflügelte Bildnis vom Auge repräsentiert ein omnipotentes Organ, das „sich selbst in seiner Allmacht aus dem Körper hinaus[reißt]" (H. B.). Eine Zeichnung des Auges platzierte Alberti auf der Schlussseite seines Buches *Della famiglia*, unterschrieben mit „Quid tum" („Was nun?"). Damit lenkt die Zeichnung bzw. das Auge den Blick auf eine noch zu füllende Leerstelle und verweist gleichzeitig auf die durch es selbst bereitgestellte Möglichkeit einer solchen Leerstelle wie auch auf deren Erkennen. Sehen wird damit zur Voraussetzung für Wissen überhaupt, jene Leerstelle, die es zu füllen gilt. Hierin liegt laut Bredekamp auch einer der zentralen Unterschiede zwischen Bildakt und Sprechakt: Der Bildakt wirkt im Unterschied zum Sprechakt unabhängig vom Sender zurück, er vervollständigt sich nicht in einer gelungenen oder misslungenen, aber (zeitlich) abgeschlossenen Kommunikation.

Im weiteren Verlauf seines Vortrags ging BREDEKAMP auch auf den allegorischen Gehalt von Bildern und Bildelementen ein. Das Produkt eines solchen ‚Bildakts' gelange, im Hinblick auf die von BREDEKAMP postulierte autonome Kraft des Bildes, im Fall der Allegorie zu universeller Gültigkeit. In welcher Weise gerade moderne Bilder in Gestalt von Fotos, Fotomontagen usw. im zeitgenössischen (politischen) Kontext ‚kommunizieren' und die visuelle Kraft von Bildern herausstellen können, war am Vortragsende ebenso Gegenstand wie die Frage, ob die subjektgebundene Gemachtheit von Bildern nicht immer schon ihren absoluten Gegenpol in einer subjektübergreifenden und -übersteigenden Omnipotenz ihrer Wirkkraft und -macht besitze – und in einem anthropologischen Verständnis schon immer einen Hinweis liefere auf eine etwaige genuine Veranlagung des Menschen, seine Umwelt in ästhetischer Weise zu gestalten, unabhängig von einer teleologischen Auffassung von (sprachlicher) Kommunikation.

Den zweiten Vortrag am Nachmittag hielt Valeska VON ROSEN (Kunstgeschichte, Heinrich-Heine-Universität Düsseldorf) mit dem Titel „Anachronistische Denkmuster und ‚bildlicher Sinn'. Überlegungen zu Künstlerselbstbildnissen um 1500". VON ROSEN befasste sich im Rahmen ihres Vortrags mit der Frage, inwieweit Künstlerselbstbildnisse der Frühen Neuzeit, mit Beispielen von MICHELANGELO, CARAVAGGIO, ALBERTI und DÜRER, in ihrer malerischen und thematischen Ausgestaltung ein Künstlerverständnis entlarven, das dem vom Künstler geschaffenen Bild grundsätzlich eine automimetische Kraft zuspricht, sei sie nun explizit gemacht durch zusätzliche Inschriften oder Texte, oder sei sie implizit in Form- und Farbgebung ausgedrückt. Anhand verschiedener Zeichnungen Albrecht DÜRERS zeigte VON ROSEN auf, wo die Grenze zwischen zeichnerisch-studierendem Nachvollzug des gesehenen Objekts – was im Falle des Selbstbildnisses ja auch immer gleichzeitig das schauende Subjekt ist – und künstlerischer Selbstinszenierung verschwimmt. So stachen insbesondere jene frühneuzeitlichen Künstlerselbstbildnisse ins Auge, die eine so kunstvolle und damit die realitätsgetreue Wiedergabe übersteigende Ausgestaltung aufweisen, dass sie das abgebildete Subjekt idealisieren und dergestalt überhöhen, dass es, wie etwa im Falle DÜRERS, zu einer Imago Christi wird. Im frühneuzeitlichen Kontext wurde, wie VON ROSEN herausstellte, gerade vor dem Hintergrund der humanistisch-anthropozentrischen ‚Wende' die Gottesähnlichkeit des Menschen, die Ähnlichkeit des Geschöpfs mit seinem Schöpfer, als Grundkonstituente im Schaffensprozess des Künstlers und seines Kunstwerks wie auch als dessen Anlass und Legitimation verhandelt.

Im Anschluss hielt Magnus STRIET ML (Fundamentaltheologie, Albert-Ludwigs-Universität Freiburg) seinen Vortrag mit dem Titel „Ikonoklasmus als Text". STRIET versuchte im Rahmen seines Vortrags, das Problem der Semantik von Bildern von den Phänomenen des Bilderverbots und des Ikonoklasmus her in den Blick zu nehmen. Die Semantisierung von Bildern setze voraus, dass sie in einem Resonanzrahmen operieren, der es erst ermöglicht, von Bildern angesprochen zu sein. Zugleich hob er hervor, dass Bilder gleichwohl über einen ‚Eigensinn' verfügen. Anhand verschiedener Beispiele zeigte er auf, wie die Frage nach der (Möglichkeit einer) Verbildlichung in der christlichen Tradition textlich, also sprachlich, verhandelt, ergründet und – im Falle des Ikonoklasmus – verneint wurde. Der Ikonoklasmus der mittelalterlichen und frühneuzeitlichen christlichen Tradition findet, so STRIET, seine Begründung in einer neuplatonisch geprägten Vorstellung von Gott als das differenzlose Eine. Wäre Gott differenzhaft, so der Umkehrschluss, dann wäre er bestimmbar und damit ‚verendlicht'. Gott müsse aber als das Prinzip des Ewigen allursächlich sein. In genau dieser Aporie wurzelt, wie STRIET herausstellt, der Ikonoklasmus als Abwehr jeglichen Versuchs, das Göttliche bildlich oder malerisch darzustellen und somit ‚dingfest', bestimmbar zu machen. STRIET zeigte anhand verschiedener Textstellen u. a. aus dem Markus-Evangelium, dass die Problematik, dass Bilder immer schon den Verdacht eines (sprachlogischen) Prädikats auf sich gezogen haben – also eine „das ist"-Aussage treffen –, eng verflochten war mit grundsätzlichen, ungelösten metaphysischen Fragestellungen und in der Konsequenz auch mit denen der Deutungshoheit. Bilderverbote wurden als ‚Gegenbewegung zum religiösen Feld' verstanden, die selber nur in der Form des Textes auftreten.

Der zweite Tag des Kolloquiums begann mit dem Vortrag von Klaus SACHS-HOMBACH (Bildwissenschaft, Universität Tübingen) unter der Überschrift „Bilder im Kontext kommunikativer Zeigehandlungen". SACHS-HOMBACH gab zu Beginn eine historische Einordnung, bis hin zum aktuellen theoriewissenschaftlichen Stand des Bildbegriffs innerhalb der Zeichen-, Kommunikations- und Bildtheorie. Ausgehend von den Griceschen Kommunikationsmaximen für eine funktionierende Kommunikation stellte SACHS-HOMBACH seine erste These auf: „Bilder sind Zeichen." In Ergänzung zu dem Kommunikationsbegriff nach Michael TOMASELLO ML, der sich insbesondere mit den Anfängen (zwischen-) menschlicher Kommunikation befasst und Zeigen und Gebärden als ‚kommunikative Urform' postuliert, stellte SACHS-HOMBACH im weiteren Verlauf seines Beitrages die Frage, ob Sprachvermögen ein Bildvermögen voraussetze. Die Ikonizität des Bildes habe zwar grundsätzlich gegenüber dem linearen Kommunikationsverlauf von verbaler Sprache aufgrund des Wahrnehmungsprozesses eine eigene, nicht im (linearen) Wahrnehmungs- und Interpretationsprozess ‚geregelter' verbaler Kommunikation angelegte Logik. Allerdings offenbare spätestens der Versuch, ein Bild in seinem ‚Sinn' zu begreifen, die Unmöglichkeit, uns dem Gesehenen anders als mit den uns verbal zur Verfügung stehenden Begriffen definitorisch zu nähern. Das Erkennen von etwas im Bild setzt also einen Begriff für das Erkannte (und damit eine begriffliche Referenz aufgrund von Ähnlichkeit) voraus, die ihrerseits wiederum sprachlich begründet ist. Zwar übernähmen Bilder primär prädikative Funktionen, wie visuelle Charakterisierung u. ä., allerdings prädiziert ein Bild nicht im sprachlogischen Sinne, sondern es bleiben „ungesättigte logische Entitäten" (K. S.-H.), die ohne zusätzliche kontextuelle oder funktionale Ergänzungen und Verankerungen ‚ungesättigt' bleiben. Seine zweite These lautete demnach: „Der genuine bildliche ‚Sinn' besteht in der mereologischen Darstellung (Veranschaulichung)." Dennoch besitze der Bildgebrauch als Form kommunikativen Handelns notwendigerweise illokutionäre Funktionen, die sich ihrerseits aus einem spezifischen Kontext oder auch durch bildinterne Hinweise ergäben. Der spezifische ‚Logos' der Bilder, so SACHS-HOMBACHS dritte These, ergibt sich somit aus den Besonderheiten der kommunikativen Zeigehandlungen. Bilder können Eindrücke unmittelbarer vermitteln als Sprache, sind aber hinsichtlich ihres Bedeutungs- und Aussagegehalts ohne weiteren Kontext oftmals vage und letztlich unbestimmbar. Allerdings lässt sich, so SACHS-HOMBACHS Fazit, die kommunikative Bedeutung von Bildern unter Berücksichtigung ihrer illokutionären Indikatoren über ihre jeweilige illokutionäre Rolle (‚Funktion' eines Bildes, etwa Gegenstandscharakterisierung, Reaktionsprovokation u. a.) bestimmen, wobei stets das Verhältnis von Bild, Bildwahrnehmung und Bildverwendung zu (er-)klären ist.

Den zweiten Vortrag der Vormittagssektion am 10. November hielt Werner HOLLY (Bildwissenschaft, Technische Universität Chemnitz) mit dem Titel „Audiovisualität und Transkriptivität. Wie Sprechakte und Bildakte ineinandergreifen". Bezugnehmend auf William J. T. MITCHELLS These, der zufolge alle Medien ‚Mixed Media' sind, betonte HOLLY die Angemessenheit von Ludwig JÄGERS Kritik am Mainstream der Sprachwissenschaft, eine ‚Erosion' ihres Gegenstandes betrieben zu haben, wo Letzterer dagegen forderte, „alle Aspekte [...] seiner medial kommunikativen Erscheinungswirklichkeit" einzuschließen. Es folgten verschiedene Beispiele von (historischer und aktueller) Gegenpropaganda, die zeigten, dass nicht nur Sprache selbst durch Laut, Schrift und Gebärde audiovisuell ist, sondern dass auch die Rezeption von Sprechstimmen bzw. Bildern in der Regel komplementär ‚innere Bilder' bzw. sprachliche Begriffe evoziert. Nahezu ubiquitär könne man, so HOLLY, das Ineinandergreifen von Sprechakten und Bildakten wahrnehmen, deren audiovisuelles Zusammenspiel man mit JÄGERS Theorie der ‚Transkriptivität' als wechselseitige Bezugnahmen beschreiben kann, die selbst bedeutungsgenerierend sind. Im Rahmen seines Vortrags charakterisierte HOLLY, ausgehend von dieser Verhältnisbestimmung, zwei genretypische Spielarten audiovisueller Transkriptivität an Beispielen: zum einen als Wort-Bild-‚Reißverschluss' in sogenannten Nachrichtenfilmen, der international in unterschiedlichen Varianten praktiziert wird, und zum anderen als ‚Überformung' von Sprecherbeiträgen in Polit-Talkshows, die zu Zwecken der Abwechslung, Sprecherprofilierung und Kontextualisierung von Beteiligungsrollen, mithin von einer aufwändig operierenden Bildregie, vorgenommen wird, die damit aber dem Sprecher die Kontrolle seiner Performanz partiell entzieht.

Gottfried BOEHM ML (Kunstgeschichte, Universität Basel) entfaltete anschließend in seinem Vortrag „Dies da. Bild und Prädikation" das Problem des Verhältnisses der verschiedenen Modi sprachlicher und ikonischer Sinnerzeugung. Im Zentrum seiner Überlegungen stand der Gegensatz von bildlich-deiktischer und sprachlich-prädikativer Bedeutungskonstitution. Sein zentraler Fokus war dabei auf den Versuch gerichtet, aufzuweisen, dass die Idee des Logos nicht auf das Moment der Sprachlichkeit reduziert werden dürfe, wie dies nach dem *linguistic turn* für das Paradigma sprachanalytischen Denkens charakteristisch gewesen sei, das sich – so BOEHM – einer ‚logozentrischen Verengung des Logos' schuldig gemacht habe. Für ihn erbringt vielmehr die deiktische Quelle bildlicher Sinngenerierung auf der Grundlage eines ‚bildlichen Logos' durchaus sprachanaloge Leistungen, die freilich im Gegensatz zu den Leistungen des sprachlichen Logos nicht prädikativ verfahren. Das Bild – so postulierte er – prädiziert nicht. Philosophisch wurde diese These in seinem Vortrag auf einer Linie von ARISTOTELES über SCHELLING und PEIRCE bis zu HUSSERL und dessen Begriff der ‚vorprädikativen Erfahrung' entfaltet und an Bildbeispielen aus der Kunstgeschichte (TIZIAN – RICHTER) exemplifiziert. Während freilich für HUSSERL die „vorprädikativen Synthesen" Vorformen des prädikativen Urteils darstellen[1] und die vorprädikative Evidenz höherstufigen Evidenzen wie der prädikativen Evidenz vorausliegt,[2] stellt BOEHM vorprädikative Evidenz als bildliche Evidenz der prädikativ-sprachlichen Evidenz auf dem gleichen Niveau gegenüber als eine autochthone modale Form der Sinnkonstitution. Bildliche und sprachliche Weisen der Welterzeugung

1 HUSSERL 1939, § 24 a.
2 Ebenda, § 5 c.

sind für ihn gleichrangige, alternative Verfahren der Weltkonstitution, die freilich gleichwohl in verschiedene Verschränkungsverhältnisse eintreten können. Sprache kann durchaus die Anschauung der Bilder bereichern. Sie kann sie in ihrer ikonischen Qualität aber nicht substituieren. Das „Dies da“ der deiktischen Evokation tritt in einen Gegensatz zum „Das ist“ der sprachlichen Prädikation.

Nach der Mittagspause hielt Daniela HAMMER-TUGENDHAT (Kunstgeschichte, Universität Wien, Österreich) den ersten Vortrag der Nachmittagssektion mit dem Titel „Transkription statt Dominanz. Zur Diversität von Bild und Sprache“. HAMMER-TUGENDHAT exemplifizierte anhand von fünf Beispielen aus Mittelalter und Früher Neuzeit Möglichkeiten dieser Diversität in der Gestaltung der Beziehung von Text und Bild. Das erste Beispiel, der karolingische Utrecht-Psalter, zeigte begleitend zum lateinischen Text eine Federzeichnung, die die im Text genannten Sprachbilder und Metaphern als Wortillustrationen bildlich umsetzt. Die Identifikation dieser ‚Bilder‘ sei jedoch, so HAMMER-TUGENDHAT, ohne den Text nicht möglich, sie ergebe sich noch nicht einmal mit Kenntnis des Textes vollkommen, da sprachliche Bilder wie Metaphern o. ä. grundsätzlich nicht in Bilder übersetzt werden könnten, ohne ihren Sinn zu verlieren. Als nächstes Beispiel diente eine Schreinmadonna. Die Schreinmadonna verkörpere auf bildliche Weise den Akt der spirituellen Öffnung zum Transzendentalen über die Mutter Gottes, die Gebärerin Jesu. Dieses Madonnen-Artefakt war jedoch, so HAMMER-TUGENDHAT, obwohl es biblischen Text allegorisch in eine Skulptur übersetzte, ein Skandalon, da der biblische Text zwar durchaus die Vorstellung von der Mutter Gottes evozierte, aber nicht dafür vorgesehen war, in Form einer Skulptur konkret realisiert zu werden. „Diese Diskrepanz zwischen metaphernreicher Sprache und Bilderfeindlichkeit“, so HAMMER-TUGENDHAT, werfe „ein Licht auf das Verhältnis von Sprache und Bildern im theologischen Diskurs“. Es folgten Beispiele von Initialen aus dem Gregor-Kommentar zu Hiob, bei denen zwar keine konkrete Textstellenentsprechung im bebilderten Passus auszumachen sei, die aber dennoch für das Gesamtwerk ein hohes Bedeutungspotenzial besäßen, da sie bildlich die zentralen und verbindenden (moralischen) Themen der Bücher wiedergeben (etwa die allgegenwärtige Versuchung des Menschen durch das Böse, der Kampf aller gegen alle u. a.). Am vierten Beispiel, Pieter BRUEGELS *Justitia* aus dessen Illustrationssequenz der *Sieben Tugenden*, zeigte HAMMER-TUGENDHAT auf, dass gerade die Differenz vom Bild zum Text ein Spannungsverhältnis aufmachen kann, das Raum für neue Bedeutung schafft, die ihrerseits die Qualität eines reflektierenden, auch kritischen Kommentars erhält. Die in diesem Fall vorgenommene (bildszenische) Kontextualisierung und Inszenierung einer ansonsten immer kontextlos dargestellten, (da universellen) allegorischen Gestalt verdichte bildlich das (im Fall der *Justitia* mit Blick auf die Hinrichtungsszenarien brutale) Bedeutungsspektrum dieser Tugend auf radikale Weise und stelle diese Brutalität gleichsam kritisch aus. Das abschließende Beispiel war ein Bücherstilleben von Jan Davidszoon DE HEEM. Der Maler setzte sich bei diesem Stillleben motivisch mit der Frage nach dem Verhältnis von Sprache (Schrift) und Bild auseinander. Dargestellt sind nicht nur in ihren Objekteigenschaften malerisch erfasste Bücher, sondern des Näheren Schrift und abgegriffene, da offenkundig gelesene Werke der profanen Literatur niederländischer Zeitgenossen, wie HAMMER-TUGENDHAT erläuterte. Sie erklärte abschließend, dass DE HEEM mit seinem Bücherstillleben Handschrift, gedruckte Schrift, Buch und Malerei als gleichberechtigte Medien präsentierte. Malerei stifte, so HAMMER-TUGENDHART, Bedeutung wie Sprache, sie sei mit Sprache vernetzt, aber beide seien niemals ineinander übersetzbar, ohne dabei ihre jeweilige Semantik zu verändern.

Anschließend hielt Frank LIEDTKE (Sprachwissenschaft, Universität Leipzig) seinen Vortrag zum Thema „Zeigen und Betrachten: Wege zu einer pragmatischen Bildtheorie". Ein Bild anzufertigen oder ein schon fertiges zu verwenden heißt, so LIEDTKE, im Sinne einer pragmatischen Bildtheorie etwas tun im Sinne John Langshaw AUSTINS.[3] Je nachdem, wie das Bild betrachtet wird, ergeben sich unterschiedliche Lesarten dieses Tuns. Etwas betrachten heiße entsprechend, das Handeln des/der Zeigenden zu interpretieren. Ausgangspunkt des Beitrags war die Grundannahme, dass eine bildliche Geste eine Fiktivitätsimplikatur generiert, indem sie „einen immateriellen, ausschließlich sichtbaren Gegenstand zur Erscheinung bringt",[4] der sich „im Widerstreit gegen die in sich unbestrittene Wirklichkeit des Gegenwärtigen"[5] befindet. Eine Interpretation der Zeigehandlung durch Betrachtende besteht sodann in einer Inferenz, die das Bild als Träger eines immateriellen Bildobjekts auffasst, das seinerseits ein Signifikant für denjenigen Gegenstand ist, den es ‚exemplifiziert', d. h. auf den es Bezug nimmt (GOODMAN 1997).

Bildtheorien, die sich als pragmatische Theorien verorten lassen, seien laut LIEDTKE konsequent in Begriffen von Intention, Handlung und implizitem Bildinhalt formuliert. Häufig werde dabei von dem sprechakttheoretischen Begriff einer Bildillokution ausgegangen. Die Zuschreibung einer solchen Bildillokution sei hingegen nur über ein intermediales Verfahren im Sinne Ludwig JÄGERS[6] möglich, beispielsweise durch eine sprachliche Äußerung mit bilderklärender Funktion. LIEDTKE schlussfolgerte, dass eine solche Zuschreibung nicht eindeutig möglich sei, wenn die notwendigen Quellen oder Dispositive nicht zur Verfügung stünden, wenn also das Bild ‚nur für sich' steht. Alternativ zu einem Zugang über Bildillokutionen versuchte LIEDTKE, im Rahmen seines Vortrags die Aspekte der Implikatur im Sinne Herbert Paul GRICES[7] einerseits sowie der Fiktivität, beispielsweise nach Kendall WALTON,[8] andererseits, miteinander zu verbinden. Als dritter Grundbegriff sollte, so LIEDTKE, derjenige der Geste in Anspruch genommen werden, sowohl im Sinne einer Zeigegeste als auch im Sinne einer zeichnerischen Geste, wie beispielsweise bei Michael RENNER[9].

Den Abendvortrag am 10. November hielt Charlotte KLONK ML (Kunstgeschichte, Humboldt-Universität zu Berlin) zum Thema „Bildliche und politische Repräsentation". KLONK setzte sich in ihrem Vortrag anhand prominenter Beispiele wie Robert Edge PINES *Congress voting Independence*, Thomas HOBBES *Leviathan* und Eugène DELACROIX' *La liberté guidant le peuple* mit der Frage auseinander, wie die Bedeutung des Begriffs der Zeichenrepräsentation und deren Begriffsfeld ‚Abbild', ‚Symbol' und ‚Darstellung' im Horizont der Idee der politischen Repräsentation des 17. und 18. Jahrhunderts situiert werden kann. So wird etwa Ende des 18. Jahrhunderts das (amerikanische) Repräsen-

3 AUSTIN 1972, S. 27.

4 WIESING 2018, S. 50.

5 HUSSERL 1980, S. 16 (Niederschrift der Vorlesung ‚Phantasie und Bildbewusstsein' aus dem Wintersemester 1904/1905).

6 JÄGER 2010, S. 30–31.

7 GRICE 1993.

8 WALTON 1990, S. 379.

9 RENNER 2014, S. 67.

tantenhaus – wie sie anhand von Pines (oben genanntem) Gemälde zeigt – als Medium einer ausgewählten Gruppe der Bevölkerung verstanden, dessen Mitglieder (‚standing members') nach dem Delegationsprinzip nicht für sich selber sprechen, sondern als rechenschaftspflichtige Repräsentanten fungieren: „they are the sign – the people are the thing signified". Insofern wird die politische Repräsentationsidee zu einem Modell des semiotisches Zeichens für das gilt: *aliquid stat pro aliquo*.

Die Vormittagssektion am letzten Tag des Kolloquiums startete Winfried Nöth (Zeichentheorie, *Pontifícia Universidade São Paolo*, Brasilien) mit seinem Vortrag „Zur rhetorischen Kraft von Bildern und anderen Zeichen aus sich der Semiotik von Charles Sanders Peirce". Ausgehend von der Grundannahme, dass Bilder Zeichen sind und dass die Semiotik von Charles Sanders Peirce ein geeignetes Instrument ist, um zu untersuchen, ob und – gegebenenfalls – wie Bilder semiotisch agieren und was Sprechakte von Bildakten unterscheidet, wies Nöth zu Beginn auf die Notwendigkeit einer Unterscheidung zwischen reinen Ikons, Hypoikons, Indices sowie sprachlichen und nichtsprachlichen Symbolen hin. Ein Instrument zur Untersuchung der sogenannten ‚Kraft der Worte' sei das von Austin entwickelte Konzept der illokutiven Kraft eines Sprachaktes. Welches wäre, so fragte Nöth im Rahmen seines Vortrags, das Pendant zur Untersuchung der Wirkkraft der Bilder? Peirces Sprechakttheorie unterscheide sich von derjenigen von Austin und Searle vor allem darin, dass Peirce nicht die Intentionalität der Sprecherinnen und Sprecher in den Mittelpunkt des semiotischen Geschehens stellt, sondern die Zeichen selbst. Zeichen sind demnach nicht nur Instrumente, mit denen Menschen handeln, um ihre eigenen Ziele zu verwirklichen. Vielmehr komme ihnen eine eigne Wirkkraft zu, denn sie seien nicht nur durch ihre Zeichengeber, sondern auch durch die von ihnen repräsentierten Objekte und das Wissen bestimmt, das sich in ihnen gleichsam wie in einem kulturellen Gedächtnis angesammelt habe. Peirces Konzept der Sprech- und Bildakte sei, wie Nöth betont, in seiner spekulativen Rhetorik, der weitgehend vernachlässigten Vorläuferin der heutigen Sprechakttheorie, zu suchen, die er 1896 als eine Theorie für „die Untersuchung der notwendigen Bedingungen für die Übermittlung von Bedeutung durch Zeichen" konzipierte und deren Konzept er 1904 zu demjenigen einer Rhetorik der Schönen Künste, der praktischen Überzeugung und der Wissenschaft erweiterte.

Der Abschlussvortrag von Ludwig Jäger (Sprachwissenschaft, Rheinisch-Westfälische Technische Hochschule [RWTH] Aachen) befragte unter dem Titel „‚Zu Gehör bringen' und ‚vor Augen stellen'. Sprache zwischen Akroaszenz und Hypotypose" den im Symposionstitel fokussierten Gegensatz von ‚Sprechakt und Bildakt' im Hinblick auf den mit ihm implizierten Gegensatz von Sprache und Bild. Er problematisierte die etwa von John Lyons vertretene Ansicht, dass ‚jede bekannte Sprache ausschließlich als gesprochene Sprache existiere', Sprache also ‚primär ein System stimmlicher Kommunikation sei'. Gegen diese Hypothese machte er den Einwand geltend, dass Sprache nicht als unimodales Medium und insofern auch nicht als ein Medium angesehen werden könne, das in einem grundlegenden modalen Gegensatz zu visuell-bildlichen Kommunikationsmedien stehe. Er zeigte, dass etwa die Forschungen der letzten Jahrzehnte zur Gebärdensprache und Gestik nachdrücklich evident gemacht haben, dass die in der Linguistik lange verbreitete selbstverständliche Gleichsetzung von Sprache und Lautsprache ihre theoretische Legitimität verloren habe. So habe sowohl einerseits die Gestenforschung herausgearbeitet, dass Lautsprachen in ihrem Gebrauch eng und in einer strukturellen Form mit

Gesten, also mit visueller Modalität, verwoben seien, während andererseits die Gebärdensprachforschung gezeigt habe, dass visuelle Sprachen, nämlich Gebärdensprachen, existierten, bei denen es sich im definitorischen Sinne um natürliche Sprachen mit allen konstitutiven Eigenschaften von Sprache handelte, ohne dass sie in irgend einer Form in Relation zu Lautsprachen und ihrer lautlichen Prozessierungsform stünden. Sprachlichkeit sei deshalb – so JÄGER – in einem doppelten Sinne nicht auf die vokal-akustische Modalität eingeschränkt: Sie sei bereits als Lautsprache nicht frei von Elementen visueller Semiotizität, und sie entfalte sich zudem in Gebärdensprachen in einer genuin visuellen Form als Sprachzeichensystem gänzlich unabhängig von Lautsprache. Diesen Befund entwickelte der Vortrag in einem gattungsgeschichtlichen Blick auf die Evolution der Sprache, die sich zunächst über einen langen Zeitraum als dominant gestisch-visueller Prozess entwickelt habe, ehe in phylogenetisch jüngerer Zeit die stimmliche Modalität als Sprachmodalität vorherrschend geworden sei. Das visuell-sprachliche Erbe der Gattung sei deshalb auch gegenwärtig noch genetisch und strukturell in verschiedenen Formen in und neben der Lautsprache präsent. Sprachlichkeit sei, so die zentrale These JÄGERS, auch heute noch in ihrer Form ausgespannt zwischen den beiden modalen Dimensionen des ‚Zu-Gehör-Bringens' (Akroaszenz) und des ‚Vor-Augen-Stellens' (Hypotypose).

In der sich an diesen letzten Vortrag anschließenden angeregten Debatte wurde insbesondere die Frage diskutiert, welche Folgerungen sich aus dem Befund für die dem Kolloquium zugrundeliegende Frage nach dem Verhältnis von Sprechakt und Bildakt ergäben. JÄGER vertrat hier nachdrücklich die Position, dass diese Frage und der Versuch ihrer Beantwortung nicht unabhängig von dem theoretischen Befund in den Blick genommen werden können, dass Sprechakte nicht notwendig als vokal-akustische prozessiert werden müssten, da sie im Rahmen von Gebärdensprachen in einem visuellen – und, wenn man so will, bildlichen – Modus vollzogen würden. Gebärdensprachliche Sprechakte könnten dann in einem gewissen Sinne als Bildakte verstanden werden.

Zusammenfassendes Tagungsresümee

Die beteiligten Disziplinen und ihre je spezifischen fachlichen Orientierungen brachten einen kontrast- und spannungsreichen Diskurshorizont hervor, der ein intensives und konzentriertes Gespräch zum thematischen Fokus des Symposions ermöglichte, das die nicht geringen Erwartungen noch übertraf. Einen Schwerpunkt bildeten die Kunstwissenschaften insofern mit gutem Grund, als die bildtheoretische Debatte in den letzten Jahrzehnten vor allem von hier aus – insbesondere etwa von Gottfried BOEHM – initiiert worden war. Insofern war es auch naheliegend, dass der vor allem von Horst BREDEKAMP entwickelte und prominent gemachte Begriff des *Bildaktes* einen thematischen Bezugspunkt der Debatte darstellte. Theoretische Kontrastpositionen wurden im thematischen Rahmen des Symposions durch die sprachbezogenen Disziplinen Sprachwissenschaft und Fundamentaltheologie, aber insbesondere auch durch die unabhängig vom Paradigma der Kunstwissenschaften situierten Disziplinen der Bild- und Zeichentheorie markiert. Da weder den Kunst- und Bildwissenschaften das Sprachproblem, noch umgekehrt den sprachbezogenen Wissenschaften das Bildproblem unvertraut waren, verlief die Debatte erfreulicherweise nicht, was vielleicht hätte erwartet werden können, entlang klar markierter ‚ideologischer' Grenzziehungen. Die Begriffe ‚Bild' und ‚Sprache' wurden, wenn auch aus differierenden Problemperspektiven, in der Regel jeweils beide zugleich als sinngenerierende Medien in den Blick genommen. Ein zentraler Ertrag des Symposions kann deshalb darin gesehen werden, dass sich der lange, zumindest seit Gotthold Ephraim Lessings *Laokoon*, beinahe durchgängig nach dem Modell eines Paragone ausgetragene ‚Streit' über die sinngenerativen Leistungen der Medien Sprache (bzw. Text) und Bild, wenn auch vielleicht nur vorübergehend und während der Zeit des Hallenser Gesprächs aus der vertrauten konfrontativen, kompetitiven Kampfzone lösten und in einen problemorientierten Diskurs eintraten. Mitchells Diagnose, die Kulturgeschichte insgesamt sei ‚in gewisser Hinsicht die Geschichte eines zähen Ringens um die Vorherrschaft zwischen bildlichen und sprachlichen Zeichen' wurde zumindest für die Dauer des Symposions insofern obsolet, als das Ziel der Vorherrschaftserlangung weithin suspendiert war.

Das Symposion hatte das Ziel, ein Diskursfeld in den Blick zu nehmen, das sich in den letzten Jahrzehnten in den Kultur- und Geisteswissenschaften um das Verhältnis der Medien Bild und Sprache entfaltet hatte. Befragt werden sollte der Entwicklungsstand eines Projektes, dessen Intention darin bestand, „den Paragone zu durchschauen, der zwischen den Zwillingen Bild und Sprache ausgefochten wird" (Gottfried Boehm in seinem Briefwechsel mit W. J. T. Mitchell). Das Symposion versuchte deshalb den Erkenntnisstand zu erkunden, der bislang bezüglich der Frage erzielt wurde, was Bilder sind und in welchem Verhältnis sie zur Sprache stehen (Mitchell). Da die Verhältnisbestimmung von Sprache und Bild im Kontext des kunstwissenschaftlichen Paradigmas wesentlich von dem Gedanken bestimmt war, es müsse gegenüber der Sprache die epistemologische und sinngenerative Gleichmächtigkeit des Bildes zur Geltung gebracht werden, versuchte das Symposion in seiner thematischen Struktur, die bildtheoretische Position der kunstwissenschaftlichen Bildtheorie mit sprach- und zeichentheoretischen Überlegungen zum erkenntnistheoretischen Status von Sprache ins Gespräch zu bringen. Insgesamt kann konzediert werden, dass dieses Gespräch in Halle gelungen ist. Boehms aus der Perspektive des jüngeren bildtheoretischen Diskurses der Kunstwissenschaften vorgetragene Argumentation zielte in das Zentrum des Tagungsthemas, das darauf gerichtet war, aus der Perspektive verschiedener Disziplinen nach dem Erkenntnisstand zu fragen, der in den einschlägigen Diskursen hinsichtlich der Frage erzielt worden war, was Bilder sind und in welchem Verhältnis sie zur Sprache stehen. Der Beitrag löste eine intensive und ertragreiche Debatte aus, in der vor allem die Probleme der ‚Eigensinnigkeit' des ‚ikonischen Logos' und der Interdependenz sprachlicher und bildlicher Medien im Vordergrund standen.

Literatur

Austin, J. L.: Zur Theorie der Sprechakte. Dt. Bearbeitung von E. von Savigny. Stuttgart: Reclam 1972

Goodman, N.: Sprachen der Kunst. Entwurf einer Symboltheorie. Frankfurt (Main): Suhrkamp 1997

Grice, H. P.: Logik und Konversation. In: Meggle, G. (Hrsg.): Handlung, Kommunikation, Bedeutung. S. 243–265. Frankfurt (Main): Suhrkamp 1993

Husserl, E.: Erfahrung und Urteil. Untersuchungen zur Genealogie der Logik. Ausgearbeitet und herausgegeben von L. Langrebe. Prag: Academia Verlagsbuchhandlung 1939

Husserl, E.: Phantasie, Bildbewusstsein, Erinnerung. Zur Phänomenologie der anschaulichen Vergegenwärtigungen. Texte aus dem Nachlass (1898–1925). Hrsg. von E. Marbach. (= Husserliana Bd. *23*). Dordrecht: Kluwer 1980

JÄGER, L.: Transkription – Überlegungen zu einem interdisziplinären Forschungskonzept. In: KAILUWEIT, R., PFÄNDER, S., und VETTER, D. (Hrsg.): Migration und Transkription – Frankreich, Europa, Lateinamerika. S. 15–36. Berlin: Berliner Wissenschaftsverlag 2010

RENNER, M.: Die zeichnerische Geste. Soziale Bedingung und individuelle Ausprägung in der Praxis des Zeichnens. In: RICHTMEYER, U., GOPPELSRÖDER, F., und HILDEBRANDT, T. (Hrsg.): Bild und Geste. Figurationen des Denkens in Philosophie und Kunst. S. 65–84. Bielefeld: transcript Verlag 2014

WALTON, K. L.: Mimesis as Make-Believe. On the Foundations of the Representational Arts. Cambridge (Mass.): Harvard University Press 1990

WIESING, L.: Artifizielle Präsenz. Studien zur Philosophie des Bildes. 5. Aufl. Frankfurt (Main): Suhrkamp 2018

Prof. Dr. Andreas KABLITZ
Universität zu Köln
Petrarca-Institut
Richard-Strauss-Straße 2
50931 Köln
Bundesrepublik Deutschland
Tel.: +49 221 4702833
E-Mail: amr10@uni-koeln.de

Symposium
Aus der Pandemie lernen

am 17. und 18. November 2023 in Berlin

Bericht: Rolf Hömke (Berlin)

„Prävention und Therapie von COVID-19: Updates und Learnings" – waren Themen eines Symposiums, das die Paul-Martini-Stiftung (PMS) am 17. und 18. November 2023 in Verbindung mit der Nationalen Akademie der Wissenschaften Leopoldina in Berlin veranstaltete. Geleitet wurde es von Prof. Dr. Leif Erik SANDER von der Charité – Universitätsmedizin Berlin und Prof. Dr. Stefan ENDRES vom Klinikum der Ludwig-Maximilians-Universität München. Es gelte, die Erfahrungen aus der Pandemie sorgfältig zu analysieren, so SANDER, um auf zukünftige Infektionsausbrüche noch besser vorbereitet zu sein. Es müssten auch Rahmenbedingungen hinterfragt und Prozesse identifiziert werden, die sich in der Pandemiebekämpfung nicht bewährt haben. Zur Bestandsaufnahme sollten die Medizin, die akademische Wissenschaft, die pharmazeutische Industrie, die regulatorischen Behörden und die Politik beitragen.

Mehrere Referenten zogen ein überwiegend positives Fazit über die Maßnahmen zum Schutz der Bevölkerung. So seien laut Prof. Dr. Christian DROSTEN ML von der Charité (Berlin) durch die Lockdown-Maßnahmen in der Anfangszeit der Pandemie viele Menschenleben gerettet worden. Die deutschen Schulschließungen Ende 2020 stellten sich allerdings rückblickend als wahrscheinlich unnötig dar.

Prof. Dr. Christian KARAGIANNIDIS (Köln, Universität Witten/Herdecke) würdigte den schnellen Aufbau eines Intensivregisters durch die Deutsche Vereinigung für Intensiv- und Notfallmedizin, das Robert Koch-Institut und das Bundesgesundheitsministerium. Es habe Transparenz über die Kapazitäten in ganz Deutschland geschaffen. Gut sei auch gewesen, dass sich in Berlin und andernorts erstmals Kliniken vernetzt hätten, um die Verteilung von Intensivpatientinnen und -patienten zu organisieren. Einen medizinischen „ExpertInnenrat", wie ihn die Bundesregierung zur Corona-Pandemie einberief, sollte es künftig als dauerhafte Einrichtung zur Politikberatung geben.

Der Präsident des Paul-Ehrlich-Instituts (PEI, Langen), Prof. Dr. Klaus CICHUTEK, hob hervor, wie gut sowohl Unternehmen als auch Behörden zur enormen Beschleunigung der Entwicklung von Impfstoffen beigetragen hätten. Dies habe wiederum wesentlich zur Entschärfung der Situation ab 2021 beigetragen.

Kritik gab es aber von mehreren Seiten an der Kommunikation gegenüber niedergelassenen Medizinern und Öffentlichkeit während der Pandemie. Professor CICHUTEK räumte beispielsweise ein, dass sein Institut zwar sachgerecht, aber womöglich nicht immer laiengerecht zu den Nebenwirkungen der Impfstoffe kommuniziert habe. Der Hausarzt und Tropenmediziner Dr. Florian STEINER aus dem niedersächsischen Tarmstedt insistierte, dass im Fall einer weiteren Pandemie schneller praxisorientierte Fortbildung im Streaming verfügbar gemacht werden solle.

Kritisch sah auch Prof. Dr. Reinhard BERNER vom Uniklinikum Dresden jede Kontaktbeschränkung, für die es nicht unbedingte gute Gründe gebe. Denn diese hätten bei Kindern und Jugendlichen zu einer nachhaltigen Zunahme an Depressionen, Angst- und Essstörungen geführt. Auch Adipositas trete deshalb vermehrt bei Jugendlichen auf. Notwendig seien deshalb eine infrastrukturelle Unterstützung, neue Konzepte und Finanzmittel, um – etwa durch mehr Freizeitangebote und bessere Digitalisierung in den Schulen – die geschaffenen Probleme zu mindern und auf die nächste Pandemie besser vorbereitet zu sein.

Akuttherapie von COVID-19-Infektionen

Über die während der Pandemie entwickelten chemisch-synthetischen antiviralen Therapeutika berichtete Prof. Dr. Clemens M. WENDTNER von der München Klinik Schwabing. Diese könnten bei frühzeitiger Anwendung Erkrankungs- und Sterberisiko deutlich senken. Allerdings seien nicht wenige vulnerable Kranke unbehandelt geblieben. Anders als diese Virostatika, die weiterhin anwendbar sind, wurden die parallel entwickelten antiviralen Antikörper aufgrund der raschen Evolution der Viren schon bald nach ihrer Zulassung weitgehend unwirksam. Dabei hatten sie zunächst einen erheblichen Schutz vor Hospitalisierung und Tod geboten, wie Prof. Dr. Florian KLEIN von der Universität zu Köln berichtete. Zum Einsatz kamen sie in Deutschland allerdings selten, und das änderte sich auch nicht, als Kliniken dafür eigens Infusionsambulanzen einrichteten. Davon berichtete Prof. Dr. Heyo K. KROEMER ML, Vorstandsvorsitzender der Charité – Universitätsmedizin. Es müsse deshalb, so Dr. STEINER, für die Zukunft eine funktionierende Infrastruktur in der ambulanten hausärztlichen Versorgung für den frühen Einsatz antiviraler Therapeutika aufgebaut werden.

Verbesserungsbedarf gibt es nach Auffassung von Prof. Dr. Sandra CIESEK vom Uniklinikum Frankfurt (Main) für die gemeinsame Therapeutika-Entwicklung von Unternehmen und akademischen Einrichtungen. Hier sollten beide Seiten beizeiten ihre Rolle klären. Auch wäre es sinnvoll, um im Ernstfall Zeit zu sparen, Rahmenverträge zwischen Unternehmen und Universitätsklinika schon frühzeitig zu schließen, die im Pandemiefall in kurzer Zeit konkretisiert und aktiviert werden können.

Post-COVID-Syndrom

Noch weitgehend unverstanden ist das Post-COVID-Syndrom (PCS). Darunter werden die heterogenen Symptome zusammengefasst, die die Betroffenen auch Wochen und Monate nach der akuten Infektion belasten und erheblich einschränken können. Häufig zählen dazu Fatigue und Konzentrationsschwierigkeiten („Brain Fog"), manchmal auch Bettlägerigkeit, so Prof. Dr. Carmen SCHEIBENBOGEN und Dr. Christiana FRANKE, beide von der Charité. Als Ursachen werden u. a. Entzündungen, Autoimmunität, Fehlregulation in der Durchblutung, verbliebene Coronaviren oder andere Viren vermutet. Untersuchungen aus Großbritannien zeigten, dass die kognitiven Störungen mit einer Degeneration von Hirnarealen korreliert sind, die für das Gedächtnis relevant sind. In laufenden

Studien würden Medikamente, die schon gegen andere Krankheiten eingesetzt werden, auf Eignung bei PCS untersucht. Daran seien auch deutsche Kliniken beteiligt, u. a. in der „Nationalen Klinischen Studiengruppe ME/CFS und Post-COVID-19-Syndrom". Ergebnisse stünden aber noch aus.

Für die Zukunft lernen

Verbessern könne Deutschland seine Pandemie-Resilienz vor allem auf drei Feldern; das wurde beim Symposium deutlich: Bürokratische Hemmnisse sollten identifiziert und beseitigt werden, lang diskutierte Projekte wie der elektronische Impfpass sollten endlich verwirklicht und einiges an Rahmenverträgen und Strukturen beizeiten etabliert werden. Und all das, so die Expertinnen und Experten, müsse erreicht werden, ehe die nächste Pandemie kommt.

Dr. Rolf Hömke
Pressereferent
Paul-Martini-Stiftung
Hausvogteiplatz 13
10117 Berlin
Bundesrepublik Deutschland
Tel.: +49 30 20604204
E-Mail: rolf.hoemke@paul-martini-stiftung.de

Markus Scholz | Leopoldina

German-African Global Health-Workshop
Parasite Infections in Global Health: Socioeconomics, Nutrition, Drug Resistance and Immunity

am 21. und 22. November 2023 in Berlin

Bericht: Susanne Hartmann ML (Berlin) und Marko Janke (Berlin)

Zielsetzung

Ziel der Veranstaltung „Parasite Infections in Global Health: Socioeconomics, Nutrition, Drug Resistance and Immunity" war, die im globalen Süden hoch prävalenten Infektionen mit Helminthen und Malaria in den Mittelpunkt zu stellen und zu diskutieren. Diese chronischen parasitischen Infektionen haben einen massiven Einfluss auf gesundheitliche, soziale und ökonomische Aspekte infizierter Individuen und sind wichtige Themen der Politikberatung. Da die zwei im Fokus stehenden Infektionen beim Menschen dort auftreten, wo Armut herrscht, umfasste das Meeting neben aktuellen immunologischen Aspekten und Ansätzen gegen Resistenzentwicklungen auch sozialwissenschaftliche und ökonomische Probleme, Ernährungsfragen und die Auswirkungen von Koinfektionen auf infizierte Individuen. Die Auswirkungen dieser Infektionen und Lösungen aus verschiedenen Blickwinkeln sollten durch Vorträge aktueller Forschung besprochen und diskutiert werden.

Programm

Zum *Global-Health*-Workshop trafen sich Institutsdirektoren und Arbeitsgruppenleiterinnen und Arbeitsgruppenleiter aus verschiedenen Abteilungen des renommierten *Kenya Medical Research Institute* (KEMRI) mit Wissenschaftlern des Fachbereichs Veterinärmedizin der Freien Universität (FU) Berlin, der Charité – Universitätsmedizin Berlin, des Robert Koch-Instituts, des Bernhard-Nocht-Instituts für Tropenmedizin in Hamburg, des Hasso-Plattner-Instituts in Potsdam und der *University of Massachusetts* (MA, USA). Zudem trugen ausgewählte Doktoranden des DFG-Graduiertenkollegs „Parasite Infections: From Experimental Models to Natural Systems" mit aktuellen Ergebnissen ihrer Projekte zum Workshop bei. Das Programm umfasste sechs wissenschaftliche Themenschwerpunkte.

Programmteil 1 „Soziale Determinanten und Ökonomie"

Die erste Session „Soziale Determinanten und Ökonomie" wurde von Dr. Doris Njomo (KEMRI – *Eastern and Southern Africa Centre of International Parasite Control*) er-

Wissenschaftler des *Kenya Medical Research Institute* (KEMRI) und der Freien Universität (FU) Berlin: Dr. Sebastian RAUSCH (FU Berlin), Dr. Maurice ODIERE (KEMRI-CGHR, Kisumu), Dr. Doris NJOMO (KEMRI-ESACIPAC, Nairobi), Dr. Erick MUOK (KEMRI-CGHR, Kisumu), Prof. Francis NDUNGU (KEMRI-Wellcome Trust, Kilifi), Prof. Susanne HARTMANN (FU Berlin, LM) und Robert MUGO (FU Berlin).

öffnet. NJOMO berichtete über die Bedeutung von Strategien zu sozialen Veränderungen und Verhaltensänderungen im Kampf gegen Infektionen mit Helminthen. Prof. Lothar WIELER (Hasso-Plattner-Institut Potsdam) führte nachfolgend in seinem Vortrag aus, dass durch asymptomatische Kinder von Mensch zu Mensch übertragene nicht-typhöse Salmonellen ein Gesundheitsrisiko für anfällige Mitglieder einer sozialen Gemeinschaft darstellen. Abschließend präsentierte Dr. Francisco POZO-MARTIN vom Robert Koch-Institut neueste Daten zum ökonomischen Schaden, welche die Helmintheninfektionen auslösen, und ordnete diese in ein Gesamtkonzept zur Prävention und Kontrolle dieser Infektionen ein.

Programmteil 2 „Tropenerkrankungen“

Prof. Frank MOCKENHAUPT (Charité – Universitätsmedizin Berlin) gab zunächst einen Überblick über die Infektionskrankheit Malaria, deren Manifestation und Epidemiologie. Sehr eindringlich schilderte er die Probleme in der effektiven Bekämpfung dieser hauptsächlich für Kinder so verheerenden Infektionskrankheit und die verschiedenen Krankheitsbilder. Anschließend referierte Dr. Maurice ODIERE vom KEMRI – *Center for Global Health Research* über spezifische Erkrankungen, die durch Helminthen bzw. durch Pärchenegel, die Schistosomen, hervorgerufen werden, und über das Konzept, gegen diese und andere vernachlässigte Tropenkrankheiten vorzugehen. Eine weitere vernachlässigte Tropenkrankheit, Tungiasis, stellte danach PD Dr. Jürgen KRÜCKEN (FU Berlin) vor. Diese durch Sandflöhe hervorgerufene Erkrankung betrifft besonders in Armut lebende

Menschen. Eine effektive Kontrolle der Tungiasis sollte in einem *One-Health*-Ansatz durchgeführt werden.

Programmteil 3 „Ernährung und Infektionen"

Der relevante Zusammenhang zwischen Ernährung und Immunreaktionen, besonders Immunreaktionen gegen Darmpathogene, wie bei der überwiegenden Anzahl der Helmintheninfektionen, wurde nach der Mittagspause aufgegriffen. Prof. Jürgen ZENTEK (FU Berlin) referierte dabei zunächst über die Gesundheit des Darms bei Nutztieren, mit einem Fokus auf das Verdauungssystem des Schweins, das dem menschlichen Verdauungssystem sehr ähnlich ist. Philipp HÖFLER (Doktorand, FU Berlin) berichtete über neueste Forschungsergebnisse zum Einfluss faserstoffreicher Ernährung auf Wurminfektionen im Nutztier Schwein. Diese Ergebnisse geben erste Hinweise darauf, dass eine faserreiche Ernährung sich positiv auf die Abwehr von Helminthen in infizierten Wirten auswirkt. Die Referentin Prof. Sarah ATKINSON (Universität Oxford, Großbritannien, und KEMRI-*Wellcome Trust*, Kilifi, Kenia) musste leider sehr kurzfristig ihren Vortrag zu Ernährung und Spulwurminfektionen absagen.

Programmteil 4 „Medikamente und Medikamentenresistenzen"

Ein großes Problem in der Behandlung von Parasiteninfektionen ist das vermehrte Auftreten von Medikamentenresistenzen. Einen Überblick zur Resistenzproblematik, mit dem Schwerpunkt auf Anthelmintika in der Tierhaltung und deren zunehmende Bedrohung für die menschliche Gesundheit, gab Prof. Georg VON SAMSON-HIMMELSTJERNA (FU Berlin). Dr. Hannah BEHRENS vom Bernhard-Nocht-Institut für Tropenmedizin in Hamburg präsentierte molekularbiologische Forschungsergebnisse zur Entwicklung von Resistenzmutationen gegen das Anti-Malaria-Medikament Artemisinin. Auf die Frage, ob Artemisinin und dessen Derivate ebenso einen Einfluss auf den Metabolismus von Helminthen haben, welche mit Malaria koendemisch vorkommen, ging anschließend Zaneta KIDIAVAI (Doktorandin, FU Berlin) mit Ergebnissen ihrer Doktorarbeit ein. Dr. Shahin TAJERI (FU Berlin) referierte in seinem Vortrag darüber, wie eine Mutation des *Plasmodium*-ähnlichen Parasiten *Theileria annulata*, eines Apicomplexa, der häufig bei Rindern vorkommt, sehr leicht zur Resistenz gegen gängige Medikamente führt. Zum Abschluss des Programmteils berichtete Prof. Raffi AROIAN (*UMass Chan Medical School*, Universität von Massachusetts, Worcester, MA, USA) von der Entwicklung eines neuen vielversprechenden Medikamentes, eines Anthelminthikums, welches gegen bodenübertragene Helminthen gerichtet ist.

Programmteil 5 „Immunität gegen Malaria und Helminthen"

In diesem Programmteil stand die Immunantwort gegen Malaria bzw. durch Helminthen induzierte Erkrankungen im Vordergrund. Zunächst referierte Prof. Francis NDUNG'U (Universität Oxford, Großbritannien, und KEMRI-*Wellcome Trust*, Kilifi, Kenia) über Immunität gegen Malaria in menschlichen Populationen und die zugrundeliegenden zellulären Mechanismen. Dr. Sebastian RAUSCH (FU Berlin) berichtete über die Immunantwort bei Helmintheninfektionen, speziell über die adaptive T-Zell-Antwort gegen darmbewohnende Helminthen. Hierbei schlüsselte er die Rolle verschiedener T-Zell-Populationen in der Empfänglichkeit gegen eine in der Natur häufig vorkommende Darmwurminfektion in Nagern im Vergleich zur Resistenzentwicklung gegen diese Parasiten auf. Parallel diskutierte er den Einfluss des Alters der Nager auf die adaptive T-Zell-Immunantwort. Danach präsentierte Robert MUGO (Doktorand, FU Berlin) Ergebnisse seiner Doktorarbeit, in der er das diagnostische Potential von Antikörperantworten gegen entlassene Wurmprodukte in Seren kenianischer Schulkinder mit Spulwurminfektionen analysierte.

Programmteil 6 „Koinfektionen“

Im letzten Programmteil drehte sich alles um Koinfektionen bei Helmintheninfektionen. Zunächst gab Dr. Erick MUOK (Institutsleiter des KEMRI – *Center for Global Health Research*, Kisumu, Kenia) eine Übersicht über vernachlässigte Wurminfektionen und deren Koinfekionen im Nordwesten von Kenia. Hierbei fokussierte er vor allem auf Infektionen mit dem Pärchenegel (Schistosomen) und bodenübertragenen Helminthen. Dr. Josephine SCHLOSSER-BRANDENBURG (FU Berlin) referierte über den Einfluss von gewebeständigen Helminthen auf die Immunantwort gegen Hepatitisviren und die Wechselwirkungen beider Erreger zueinander. Abschließend präsentierte Dr. Ankur MIDHA (FU Berlin) neueste Forschungsergebnisse über Koinfektionen von Helminthen und Bakterien mit Fokus auf Salmonellen im Großtiermodell Schwein. Diese Koinfektion ist besonders interessant, da die beiden Erreger entgegengesetzte Immunantworten induzieren, und so wurden erste Ergebnisse präsentiert, die aufzeigen, dass eine Wurminfektion zu einer höheren Bakterienlast in den koinfizierten Wirten führt.

Soziale Aktivitäten

Am ersten Abend der Veranstaltung fand bei Brezeln und Bier eine offene Diskussionsrunde statt, in der die zukünftige inhaltliche Ausrichtung gemeinsamer Forschungsanträge und mögliche Drittmitteloptionen von Berlinern und afrikanischen KEMRI-Wissenschaftlern erörtert wurde. Unter anderem wurde die Möglichkeit der Einrichtung eines DFG-geförderten internationalen Graduiertenkollegs Kenia – Deutschland zur gemeinsamen Ausbildung afrikanischer und deutscher Doktoranden ausführlich besprochen.

Am zweiten Tag des Workshops konnten unsere kenianischen Gäste den Campus der Veterinärmedizin an der FU Berlin kennenlernen. Promovierende der Veterinärmedizin brachten unseren Gästen nicht nur Tierställe, das Skills Lab zur praktischen Ausbildung der Tierärzte und Forschungseinrichtungen näher, sondern rundeten die Campus-Tour mit vielen interessanten Fakten aus der Geschichte der Veterinärmedizin in Berlin ab. Im Anschluss waren unsere kenianischen Gäste, die Berlin alle zum ersten Mal besuchten, zu einer Bootstour auf der Spree eingeladen. Trotz niedriger Temperaturen genossen alle die Bootstour, die viel Zeit bot, sich näher kennenzulernen und gleichzeitig Sehenswürdigkeiten von Berlin zu entdecken. Abgeschlossen wurde der Tag mit einem gemeinsamen Abendessen in einem Restaurant in Berlins historischer Mitte, im Nikolaiviertel.

Fazit und Ausblick

Die beiden Parasitenformen, *Plasmodium* und Helminthen, verursachen sehr unterschiedliche Krankheitsbilder. Trotzdem ist es wichtig, sie in einem Kontext zu betrachten, da sie koendemisch vorkommen. So sind weltweit aktuell allein 1,2 Milliarden Menschen mit Spulwürmern infiziert, und Koinfektionen mit anderen Helminthen wie Schistosomen oder mit Malariaerregern stellen für Millionen von Menschen ein immenses gesundheitliches und ökonomisches Problem da.

Kinder sind besonders anfällig für Infektionen mit Helminthen und Malariaerregern. Die Infektionen führen zu einer Verschärfung der ohnehin oft durch Mangel- oder Unterernährung gezeichneten Lage der Kinder. Diese Doppelbelastung kann nicht nur die körperliche, sondern auch die kognitive Entwicklung der Kinder beeinflussen. Ein wichtiger, im Workshop berücksichtigter Aspekt war daher der Zusammenhang zwischen Ernährung und den beiden parasitären Infektionen.

Dieser Gesichtspunkt wurde zusammen mit sozialwissenschaftlichen Aspekten der Verhaltensänderung und dem daraus resultierenden Einfluss auf die Ökonomie zur besseren Prävention und Kontrolle der Parasiteninfektionen diskutiert. Eine die Gemeinschaft einbeziehende *Social Behaviour Change Communication* in Bezug auf Hygiene, Ernährung und regelmäßige Medikamentenabgabe an die chronisch erkrankte Bevölkerung wurde als Strategie zur Eindämmung der Infektionen gesehen und besprochen.

Neben den nachteiligen Effekten von Reinfektionen durch Helminthen und Malariaerreger auf die Kindesentwicklung sind negative, aber auch positive Effekte von Koinfektionen durch Würmer auf die Kontrolle von weiteren (bakteriellen und viralen) Krankheitserregern aufgezeigt worden. Inwiefern sich diese (vor allem experimentellen) Daten in der Situation der Bevölkerung in Endemiegebieten widerspiegeln und ob dabei die Expositionsdauer gegenüber parasitären Erregern bzw. in sich überlappenden oder räumlich getrennten Infektionsgebieten eine Rolle spielt, war ein weiterer wichtiger Diskussionspunkt.

Parallel wurde durch einen Vortragsblock auch der Effekt der chronischen Parasiteninfektionen auf das Immunsystem infizierter Individuen und die Ausbildung einer schützenden Immunantwort einbezogen. Die chronischen Infektionen modulieren über einen sehr langen Zeitraum das Immunsystem infizierter Individuen. Daraus ergeben sich sehr unterschiedliche Effekte auf die Immunantworten gegen unabhängige Erreger wie Viren oder Bakterien, aber auch auf den Verlauf der bestehenden Infektion und einer potentiellen Reinfektion.

Das Großtier Schwein dient als exzellentes Modell, um Rückschlüsse auf Infektionserkrankungen des Menschen zu ziehen. Neben einem möglichen Risiko zoonotischer Infektionen, die gleichermaßen für den Menschen und das Schwein infektiös sind, haben besonders parasitische Helmintheninfektionen weltweit erhebliche negative Auswirkungen auf die Tierhaltung und stellen ein großes *One-Health*-Problem dar. Von den Infektionen und den daraus resultierenden ökonomischen Verlusten sind insbesondere Schweine in der Biohaltung betroffen. Es ist jedoch davon auszugehen, dass auch in den Endemiegebieten der humanen Infektionen ein Großteil der Nutztiere von Wurminfektionen betroffen sind und damit Einbußen für die Bevölkerung entstehen. Experimentelle infektionsimmunologische Daten, Koinfektionsdaten und Daten zum Einfluss der Ernährung auf die Infektion im Großtiermodell Schwein stellten eine wichtige Ergänzung der Diskussion des Meetings dar.

Schließlich wurde hervorgehoben, dass in menschlichen Populationen ebenso wie in der Tierhaltung immer häufiger Resistenzen gegen die oft seit Jahrzehnten eingesetzten Antiparasitika auftreten. So waren weitere Aspekte des Meetings die Gefahr und die Effekte der zunehmenden Resistenzentwicklung und mögliche Lösungsansätze.

Da die im *Global-Health*-Meeting behandelten Fokusinfektionen beim Menschen dort auftreten, wo Armut herrscht, umfasste die Veranstaltung somit nicht nur aktuelle immunologische Aspekte und Ansätze im Kampf gegen Resistenzentwicklung, sondern auch sozialwissenschaftliche und ökonomische Probleme, Ernährungsfragen und die Auswirkungen von Koinfektionen auf das Individuum.

Prof. Dr. Susanne Hartmann
Freie Universität Berlin
Fachbereich Veterinärmedizin
Institut für Immunologie
Robert-von-Ostertag-Straße 7–13
14163 Berlin
Bundesrepublik Deutschland
Tel.: +49 30 8385182
Fax: +49 30 838451824
E-Mail: Susanne.Hartmann@fu-berlin.de

Dr. Marko Janke
Freie Universität Berlin
Fachbereich Veterinärmedizin
Institut für Immunologie
Robert-von-Ostertag-Straße 7
14163 Berlin
Bundesrepublik Deutschland
Tel.: +49 30 83865606
Fax: +49 30 838465606
E-Mail: Marko.Janke@fu-berlin.de

Übersicht über die Veranstaltungen und Aktivitäten der Leopoldina 2023
Mit Anmerkungen aus den Abteilungen der Akademie

Jahresversammlung

28.–29. September 2023, Leopoldina, Jägerberg 1, Halle (Saale) [Online- und Präsenzveranstaltung]
Jahresversammlung der Leopoldina
„Gesetz(e): Regeln der Wirklichkeit – Regeln für die Wirklichkeit"
https://www.leopoldina.org/veranstaltungen/veranstaltung/event/3035/
Dokumentation:
Programm und Kurzfassungen der Vorträge für die Jahresversammlung 28. und 29. September 2023 in Halle (Saale):
https://www.leopoldina.org/fileadmin/redaktion/Veranstaltungen/Jahresversammlung/2023_09_28_29_Kurzfassungsheft_2023.pdf
Siehe Bericht über die Jahresversammlung in diesem Jahrbuch S. 33–58.
Siehe Begrüßung und Ansprache des Präsidenten Gerald HAUG in diesem Jahrbuch S. 61–65.
Siehe Grußwort des Ministerpräsidenten von Sachsen-Anhalt Reiner HASELOFF in diesem Jahrbuch S. 67–69.
Siehe Grußwort der Staatssekretärin im Bundesministerium für Bildung und Forschung Sabine DÖRING in diesem Jahrbuch S. 71–74.
Im Rahmen der Eröffnungssitzung der Jahresversammlung:
Ernennung von Prof. Dr. Dr. Andreas BARNER (Ingelheim) zum Ehrensenator der Leopoldina. Siehe Laudatio von Leopoldina-Präsident HAUG in diesem Jahrbuch S. 75–78.
Verleihung der Cothenius-Medaille an den Physiker Jürgen TROE ML (Göttingen) für sein herausragendes wissenschaftliches Lebenswerk auf dem Gebiet der chemischen Reaktionskinetik.

28. September 2023, Hybrid-Veranstaltung, Leopoldina, Jägerberg 1, Halle (Saale)
Abendvortrag
von Musikwissenschaftler Hans-Joachim HINRICHSEN im Rahmen der Leopoldina-Jahresversammlung 2023
„Die Ausnahme als Regel:
Beethoven und die Gesetzlichkeit der musikalischen Freiheit"
https://www.leopoldina.org/veranstaltungen/veranstaltung/event/3105/
Siehe Bericht über die Jahresversammlung in diesem Jahrbuch S. 33–58.

Veranstaltungen der Klassen

15. Februar 2023, Vortragssaal der Leopoldina, Jägerberg 1, Halle (Saale)
Urkundenübergabe und Leopoldina-Vorlesung der Klasse I – Mathematik, Natur- und Technikwissenschaften
Ben L. FERINGA ML (Groningen, Niederlande): „The Art of Building Small"
https://www.leopoldina.org/veranstaltungen/veranstaltung/event/3041/

16. Februar 2023, Vortragssaal der Leopoldina, Jägerberg 1, Halle (Saale)
Leopoldina-Symposium
„Energiespeicher. Der Schlüssel zur Energiewende?"
Wissenschaftliche Koordination: Dierk RAABE ML (Düsseldorf) und Horst HAHN ML (Karlsruhe)
Siehe Bericht in diesem Jahrbuch S. 87–88.
https://www.leopoldina.org/veranstaltungen/veranstaltung/event/3043/
(hier Vorträge der Veranstaltung zum Download)

19. April 2023, Vortragssaal der Leopoldina, Jägerberg 1, Halle (Saale)
Urkundenübergabe und Leopoldina-Vorlesung der Klasse II – Lebenswissenschaften
Katalin KARIKÓ ML (Mainz): „Developing mRNA for Therapy"
Siehe Bericht in diesem Jahrbuch S. 89–90.
https://www.leopoldina.org/veranstaltungen/veranstaltung/event/3067/
In diesem Rahmen erfolgte die Verleihung der Schleiden-Medaille 2023 an den Biochemiker F. Ulrich HARTL ML (Martinsried) für seinen Beitrag zum Verständnis der zellulären Proteinfaltung.

20. April 2023, Vortragssaal der Leopoldina, Jägerberg 1, Halle (Saale)
Symposium der Klasse II – Lebenswissenschaften
„Life Science Symposium 2023"
Siehe Bericht in diesem Jahrbuch S. 89–90.
https://www.leopoldina.org/veranstaltungen/veranstaltung/event/3045/

12. Juli 2023, Hybrid-Veranstaltung, Vortragssaal der Leopoldina, Jägerberg 1, Halle (Saale)
Urkundenübergabe und Leopoldina-Vorlesung der Klasse III – Medizin
Carmen SCHEIBENBOGEN (Berlin): „Die Folgen der Pandemie: Post COVID und ME/CFS"
Siehe Bericht in diesem Jahrbuch S. 91–93.
https://www.leopoldina.org/veranstaltungen/veranstaltung/event/3086/

13. Juli 2023, Hybrid-Veranstaltung, Vortragssaal der Leopoldina, Jägerberg 1, Halle (Saale)
Symposium der Klasse III – Medizin
„Different Perspectives on Long/Post COVID"
Siehe Bericht in diesem Jahrbuch S. 91–93.
https://www.leopoldina.org/veranstaltungen/veranstaltung/event/3084/

22. November 2023, Hybrid-Veranstaltung, Leopoldina-Vortragssaal, Jägerberg 1, Halle (Saale)
Urkundenübergabe und Leopoldina-Vorlesung der Klasse IV – Geistes-, Sozial- und Verhaltenswissenschaften
Martin CARRIER ML (Bielefeld): „Die Wissenschaft unter Beschuss. Zum Umgang mit Fälschung und Leugnung“.
Siehe Bericht in diesem Jahrbuch S. 95–98.
https://www.leopoldina.org/veranstaltungen/veranstaltung/event/3093/
In diesem Rahmen erfolgte die Verleihung der Carus-Medaille 2023 an die Wirtschaftswissenschaftlerin Nicola FUCHS-SCHÜNDELN ML (Frankfurt/Main) für ihre herausragenden Forschungsarbeiten im Bereich der quantitativen Makroökonomie.

23.–24. November 2023, Hybrid-Veranstaltung, Leopoldina-Vortragssaal, Jägerberg 1, Halle (Saale)
Symposium der Klasse IV – Geistes-, Sozial- und Verhaltenswissenschaften
„Die Autorität der Wissenschaften auf dem Prüfstand“
Siehe Bericht in diesem Jahrbuch S. 95–98.
https://www.leopoldina.org/veranstaltungen/veranstaltung/event/3094/

Tagungen und Konferenzen

7.–8. März 2023, Leopoldina, Jägerberg 1, Halle (Saale)
Symposium
„Physiology and Pathophysiology 2023“
Das Symposium wurde von der *American Physiological Society's FUNCTION*, der Deutschen Akademie der Naturforscher Leopoldina – Nationale Akademie der Wissenschaften und dem *Academia Europaea's Cardiff University Knowledge Hub* organisiert.
Siehe Bericht in diesem Jahrbuch S. 101–107.
https://www.leopoldina.org/veranstaltungen/veranstaltung/event/3027/

25.–26. Mai 2023, Max-Planck-Institut für die Biologie des Alterns (Gebäude 32) und Universitätsaugenklinik (Gebäude 34), Joseph-Stelzmann-Straße 9, Köln
Symposium
„The Ageing Eye: Unmet Medical Needs, Societal Implications and Future Therapeutic Perspectives“
Wissenschaftliche Organisation: Claus CURSIEFEN ML (Köln) und Thomas KRIEG ML (Köln)
Siehe Bericht in diesem Jahrbuch S. 109–111.
https://www.leopoldina.org/veranstaltungen/veranstaltung/event/3057/

16. Juni 2023, Biomedizinisches Zentrum I (UKB), Venusberg-Campus 1, Bonn
Symposium
„Stoffwechsel aus dem Gleichgewicht:
Zwischen Forschung und gesellschaftlicher Relevanz“

Wissenschaftliche Organisation: Hannelore Daniel ML (München), Christian Wolfrum ML (Zürich, Schweiz) und Alexander Pfeifer ML (Bonn)
Siehe Bericht in diesem Jahrbuch S. 113–116.
https://www.leopoldina.org/veranstaltungen/veranstaltung/event/3081/

7. Juli 2023, LMU Klinikum, Friedrich-von-Gärtner-Saal, Nußbaumstraße 5, München
Symposium
„Ion Channels and Gene Therapy"
Wissenschaftliche Vorbereitung: Christian Wahl-Schott (München), Franz Hofmann ML (München) und Martin Biel ML (München)
Siehe Bericht in diesem Jahrbuch S. 117–118.
https://www.leopoldina.org/veranstaltungen/veranstaltung/event/3079/

28.–30. August 2023, Justus-Liebig-Universität Gießen, Aula, Ludwigstraße 23, Gießen
Symposium
„Tuft Cells"
Wissenschaftliche Vorbereitung: Wolfgang Kummer ML (Gießen), Kristin Rattay (Marburg), Christoph Schneider (Zürich, Schweiz) und Burkhard Schütz (Marburg), die in der wissenschaftlichen Koordination von Klaus Deckmann und Uwe Pfeil (beide Gießen) unterstützt wurden.
Siehe Bericht in diesem Jahrbuch S. 123–132.
https://www.leopoldina.org/veranstaltungen/veranstaltung/event/3059/

1.–3. September 2023, Steintorcampus, Adam-Kuckhoff-Straße 35, Halle (Saale)
11. International Meeting on Ageing
„Modifying Cardiovascular Ageing: From Old Cells to Elderly Patients"
In Kooperation von:
Deutsche Akademie der Naturforscher Leopoldina – Nationale Akademie der Wissenschaften, Interdisciplinary Centre on Ageing Halle (IZAH), RTG 2155: ProMoAge
Organisation: Andreas Simm (Heart Center of Central Germany, Universitätsmedizin Halle/Saale)
Gábor Szabó (Herzchirurgie, Universitätsklinikum Halle [Saale])
Siehe Bericht in diesem Jahrbuch S. 133–135.
https://www.leopoldina.org/veranstaltungen/veranstaltung/event/3096/

3.–6. September 2023, Frankfurt (Main)
International Symposium:
„Lipid Signalling 2023"
Veranstaltet von der Deutschen Akademie der Naturforscher Leopoldina – Nationale Akademie der Wissenschaften
in Kooperation mit dem DFG-Sonderforschungsbereich 1039 „Krankheitsrelevante Signaltransduktion durch Fettsäurederivate und Sphingolipide"
Organisation: Erich Gulbins ML (Essen) und Josef Pfeilschifter ML (Frankfurt/Main)
Siehe Bericht in diesem Jahrbuch S. 137–139.

20.–22. September 2023, Institut für Molekulare Infektionsbiologie, Josef-Schneider-Straße 2/Bau D15, Würzburg
Fachtagung
der Nationalen Akademie der Wissenschaften Leopoldina, der *Académie des sciences*, der *Royal Society* und der *Royal Swedish Academy*
„Microbiology 2023: From Single Cell to Microbiome and Host"
Wissenschaftliche Organisation: Pascale Cossart (*Académie des sciences*), Staffan Normark (*The Royal Swedish Academy of Sciences*), David Holden (*The Royal Society*), Jörg Hacker ML und Jörg Vogel ML (Nationale Akademie der Wissenschaften Leopoldina)
https://www.leopoldina.org/veranstaltungen/veranstaltung/event/3083/

9.–10. Oktober 2023, bbc Berlin Congress Center, Alexanderstraße 11, Berlin
Konferenz
„Humane Embryonen in der medizinischen Forschung:
Tabu? – Vertretbar? – Chance?"
Das Ministerium für Bildung und Forschung (BMBF) veranstaltete in enger Abstimmung mit der Leopoldina eine Konferenz zum Umgang mit humanen Embryonen in der medizinischen Forschung.
https://www.leopoldina.org/veranstaltungen/veranstaltung/event/3088/

11.–12. Oktober 2023, Institut für Molekulare Biologie (IMB), Ackermannweg 4, Mainz
Gutenberg Workshop
„Longitudinal Cohorts in Healthy Ageing and Disease Prevention"
Wissenschaftliche Organisation: Annette Peters (Ludwig-Maximilian-Universität München und Helmholtz Zentrum München), Philipp Wild (Universitätsklinikum Mainz) und Christof Niehrs (Institut für Molekulare Biologie, Mainz)
Siehe Bericht in diesem Jahrbuch S. 141–144.
https://www.leopoldina.org/veranstaltungen/veranstaltung/event/3100/

9.–11. November 2023, Leopoldina-Vortragssaal, Jägerberg 1, Halle (Saale)
Kolloquium:
„Sprechakt und Bildakt. Über das Verhältnis bildlicher und sprachlicher ‚Weisen der Welterzeugung'. Versuch einer Bestandsaufnahme"
Veranstalter: Andreas Kablitz ML (Universität zu Köln) und Charlotte Klonk ML (Humboldt-Universität zu Berlin)
Gefördert von der Fritz Thyssen Stiftung.
Siehe Bericht in diesem Jahrbuch S. 145–154.

10. November 2023, Leopoldina-Vortragssaal, Jägerberg 1, Halle (Saale)
Abendvortrag von
Charlotte Klonk ML im Rahmen des Kolloquiums „Sprechakt und Bildakt"
„Bildliche und politische Repräsentation"
Siehe Bericht in diesem Jahrbuch S. 145–154.
https://www.leopoldina.org/veranstaltungen/veranstaltung/event/3128/

17.–18. November 2023, Kaiserin-Friedrich-Stiftung, Robert-Koch-Platz 7, Berlin
Symposium
„Prävention und Therapie von COVID-19: Update und Learnings"
Wissenschaftliche Leitung: Stefan ENDRES (Ludwig-Maximilians-Universität, München) und Leif Erik SANDER (Charité – Universitätsmedizin, Berlin)
Siehe Bericht in diesem Jahrbuch S. 155–157.
https://www.leopoldina.org/veranstaltungen/veranstaltung/event/3106/

21.–22. November 2023, Hybrid-Veranstaltung, Freie Universität Berlin, Veterinarium Progressum, Oertzenweg 19b, Berlin
Workshop
„Parasite Infections in Global Health: Socioeconomics, Nutrition, Drug Resistance and Immunity"
Wissenschaftliche Organisation: Susanne HARTMANN ML
(Institut für Immunologie, Fachbereich Veterinärmedizin, Freie Universität Berlin)
Siehe Bericht in diesem Jahrbuch S. 159–164.
https://www.leopoldina.org/veranstaltungen/veranstaltung/event/3130/

27. November 2023, Landesvertretung Sachsen-Anhalt, Luisenstraße 18, Berlin
Symposium
„Mehr, größere oder bessere Schutzgebiete? Wie Deutschland die biologische Vielfalt besser schützen kann."
Die internationale Gemeinschaft hat sich mit den Schutzgebietszielen im Abkommen von Kunming-Montreal ehrgeizige Ziele zum Erhalt der Biodiversität gesetzt. Im Mittelpunkt stehen zwei Ziele:
– 30 % der weltweiten Land- und Meeresfläche sollen bis 2030 unter effektiven Schutz gestellt werden und
– 30 % der geschädigten Ökosysteme an Land und im Meer sollen bis 2030 renaturiert werden.
Wie können diese Ziele in Deutschland erreicht werden? Was ist notwendig für einen effektiven Schutz der biologischen Vielfalt? Wo liegen die Hindernisse? Auf welche Erfahrungen oder erfolgversprechenden Ansätze können wir bauen? Auf dem Symposium wurden Herausforderungen und Lösungswege diskutiert.
Wissenschaftliche Koordination:
Katrin BÖHNING-GAESE ML (Senckenberg Biodiversität und Klima Forschungszentrum, Frankfurt/Main);
Antje BOETIUS ML (Alfred-Wegener-Institut – Helmholtz-Zentrum für Polar- und Meeresforschung, Bremerhaven);
Katrin REHDANZ (Christian-Albrechts-Universität zu Kiel) und
Thomas POTTHAST (Eberhard-Karls-Universität Tübingen).
https://www.leopoldina.org/veranstaltungen/veranstaltung/event/3104/
Zur Aufzeichnung:
https://www.youtube.com/playlist?list=PLaCuDJ8AkAoOv40eQQAixj3mazj7l4Q6H

Weitere Veranstaltungen und Aktivitäten

1. Februar 2023, Österreichische Akademie der Wissenschaften, Festsaal, Dr. Ignaz Seipl-Platz 2, Wien (Österreich)
Joint Academy Day der Österreichischen Akademie der Wissenschaften (ÖAW) und der Leopoldina
Podiumsdiskussion:
„Herausforderungen der Wissenschaftskommunikation in Zeiten der multiplen Krise"
Um die Zusammenarbeit mit ausländischen Partnerakademien zu stärken, veranstaltet die Österreichische Akademie der Wissenschaften (ÖAW) regelmäßige „Joint Academy Days". Im Rahmen dieser Veranstaltungsreihe diskutieren Vertreterinnen und Vertreter der ÖAW mit Angehörigen ihrer Partnerakademien über wissenschaftliche und wissenschaftspolitische Fragen. In Jahr 2023 widmete sich die ÖAW, gemeinsam mit der Nationalen Akademie der Wissenschaften Leopoldina, den Herausforderungen der Wissenschaftskommunikation.
Diskutierende:
Alexander Bogner (Präsident der Österreichischen Gesellschaft für Soziologie [ÖGS], Institut für Technikfolgen-Abschätzung [ITA], ÖAW);
Matthias Karmasin (Direktor des Instituts für vergleichende Medien- und Kommunikationsforschung [CMC]);
Eva Stanzl (Redakteurin für Wissenschaft und Forschung der *Wiener Zeitung*);
Michael Hallek ML (Direktor des Centrums für Integrierte Onkologie [CIO]);
Christoph M. Schmidt ML (Präsident des RWI – Leibniz-Instituts für Wirtschaftsforschung) und
Ricarda Winkelmann (Potsdam-Institut für Klimafolgenforschung [PIK]);
Moderation: Wolfgang Baumjohann ML (Präsident der mathematisch-naturwissenschaftlichen Klasse der ÖAW).
https://www.leopoldina.org/veranstaltungen/veranstaltung/event/3044/

6. März 2023, Vortragssaal der Leopoldina, Jägerberg 1, Halle (Saale)
Buchvorstellung *Reise ins Licht*, Podiumsdiskussion und Künstlergespräch:
„Glasmalerei in Sachsen-Anhalt vom Expressionismus bis zur Gegenwart"
In historischen Kirchen- und Profanbauten des Bundeslandes Sachsen-Anhalt finden sich zahlreiche und zu großen Teilen unbekannte Zeugnisse der Glasmalerei des 20. Jahrhunderts. Dazu zählen bedeutende Werke aus der Epoche des Expressionismus und der Klassischen Moderne sowie neuere Glaskunst von führenden Vertretern wie Johannes Schreiter, Jochem Poensgen, Tony Cragg, Neo Rauch und Markus Lüpertz. Der Bildband von Holger Brülls stellt diese farbenprächtigen Kunstwerke vor und setzt die Synthese aus Licht, Farbe, Bildkunst und Architektur in etwa 450 überwiegend großformatigen Aufnahmen in Szene. Das 2019 entstandene Fenster im Treppenhaus der Leopoldina sowie die Fenster im Studienzentrum von 1988 sind Teil des Gesamtwerkes. Zum ersten Mal wird mit diesem Sammelband auch in größerem Umfang der bemerkenswerte Bestand an architekturgebundener Glasgestaltung aus der Zeit der DDR dokumentiert.

An die Buchvorstellung schloss sich eine Podiumsdiskussion zum Thema „Lichtkunst statt Kunstlicht. Die gegenwärtige Situation von Glasgestaltung und Glasmalerei als architekturbezogene Kunst in öffentlichen Räumen“ an. Zum Abschluss der Veranstaltung stellte Christine TRIEBSCH, die Schöpferin der neuen Fenster im Treppenhaus des Leopoldina-Hauptgebäudes, im Rahmen eines Künstlergesprächs die von ihr entworfenen Gläser vor.
Die Veranstaltung wurde durch den Leopoldina Freundeskreis e. V. gefördert.
https://www.leopoldina.org/veranstaltungen/veranstaltung/event/3053/

21. März 2023, Leopoldina, Jägerberg 1, Halle (Saale) [Online- und Präsenzveranstaltung]
Frühjahrsempfang der Nationalen Akademie der Wissenschaften Leopoldina und des Leopoldina Akademie Freundeskreises e. V.
Vortrag von Leopoldina Greve-Preisträger des Jahres 2022
Jürgen JANEK ML (Gießen)
„Weiter, schneller, nachhaltiger: Materialforschung für Hochleistungsbatterien“
Wiederaufladbare Batterien spielen seit der Einführung der Lithiumionenbatterie vor 30 Jahren eine immer wichtigere Rolle für die „mobile Gesellschaft“. Die Elektrifizierung von Fahrzeugen verstärkt diese Entwicklung weiter. Der Physikochemiker Jürgen JANEK ML gewährte Einblicke in die Weiterentwicklung bereits genutzter Technologien und in die Erforschung neuer Batteriekonzepte.
https://freundeskreis-leopoldina.de/gemeinsamer-fruehjahrsempfang-2023/

11. Mai 2023, Vortragssaal der Leopoldina, Jägerberg 1, Halle (Saale)
Europa-Debatte der Nationalen Akademie der Wissenschaften Leopoldina in Zusammenarbeit mit dem Leibniz-Institut für Wirtschaftsforschung Halle (IWH):
„Klimaneutral bis 2050? Deutschlands Rolle im Europäischen Green Deal“
Begrüßung: Gerald HAUG ML, Präsident der Nationalen Akademie der Wissenschaften Leopoldina
Im Dialog:
Ottmar EDENHOFER ML (Potsdam-Institut für Klimafolgenforschung, *Mercator Research Institute on Global Commons and Climate Change* und Technische Universität Berlin), Simone GROSSNER (Staatssekretärin für Bundes- und Europaangelegenheiten des Landes Sachsen-Anhalt), Oliver HOLTEMÖLLER (Leibniz-Institut für Wirtschaftsforschung Halle [IWH] und Martin-Luther-Universität Halle-Wittenberg) und Michael NIEJAHR (Europäische Kommission, stellvertretender Generaldirektor der EU-Generaldirektion „Landwirtschaft und ländliche Entwicklung“);
Moderation: Silke WETTACH, EU-Korrespondentin *WirtschaftsWoche*;
Schlusswort: Reint E. GROPP, Präsident des Leibniz-Instituts für Wirtschaftsforschung Halle (IWH).
https://www.leopoldina.org/veranstaltungen/veranstaltung/event/3072/

31. Mai 2023, Leopoldina-Festsaal, Jägerberg 1, Halle (Saale)
„Nachhaltigkeitsdialog 2023“

Wissenschaftsjournalist Eckart von Hirschhausen, Arzt und Gründer der Stiftung „Gesunde Erde – Gesunde Menschen“, kam in einer Podiumsrunde mit Leopoldina-Mitgliedern über Klima und Gesundheit ins Gespräch:
Alena Buyx ML, Medizinethikerin, Vorsitzende des Deutschen Ethikrates;
Cornelia Betsch, Psychologin und Direktorin des *Institute for Planetary Health Behaviour* an der Universität Erfurt;
Thomas Mettenleiter ML, Molekularbiologe, Leiter des Friedrich-Löffler-Instituts Greifswald/Riems;
Katrin Böhning-Gaese ML, Biologin, Direktorin des Senckenberg Biodiversität und Klima Forschungszentrums Frankfurt (Main);
Lothar Wieler ML, Veterinärmediziner, ehemaliger Präsident des Robert-Koch-Instituts und Sprecher des *Digital Health Clusters* am Hasso-Plattner-Institut, Potsdam.
Dabei ging es unter anderem um Einschätzungen zur Frage, warum aus Erfahrungen der Vergangenheit und der Gegenwart nicht immer korrekte Schlüsse für die Zukunft gezogen werden und wie Wissenschaft in Politik und Öffentlichkeit hineinwirken kann.
https://www.leopoldina.org/veranstaltungen/veranstaltung/event/3066/

1. Juni 2023, Futurium, Alexanderufer 2, Berlin [Online- und Präsenzveranstaltung]
Podiumsdiskussion in Kooperation mit dem Futurium:
„‚Scientics‘? Wenn Wissenschaft auf Politik trifft“
So rapide, wie sich das Coronavirus ausbreitete und veränderte, so schnell wurden wissenschaftsbasierte Einschätzungen, Stellungnahmen und Empfehlungen zu Maßnahmen im Umgang mit der Pandemie erwartet. Die Situation stellte erprobte Strukturen, etablierte Rollen, qualitätssichernde Methoden und das Verhältnis von Wissenschaft und Politik auf die Probe. Auch die Nationale Akademie der Wissenschaften Leopoldina stand in dieser Zeit verstärkt im Fokus der öffentlichen Wahrnehmung.
Diskutierende:
Gerald Haug ML (Leopoldina-Präsident);
Jutta Gärtner ML (Kindermedizinerin);
Armin Nassehi ML (Soziologe);
Helge Braun (ehemaliger Kanzleramts-Chef);
Elisa Hoven (Rechtswissenschaftlerin und sächsische Verfassungsrichterin);
Moderation: Eckart von Hirschhausen.
https://www.leopoldina.org/veranstaltungen/veranstaltung/event/3078/

25. bis 27. August 2023, Boston (MA, USA)
Zum Leopoldina-Förderprogramm
Beteiligung an:
23. German Academic International Network (GAIN)-Konferenz 2023
Siehe Bericht in diesem Jahrbuch S. 119–122.

5. Oktober 2023, Festsaal, Campus Süd des KIT. Adenauerring 7, Karlsruhe
Unterhausdebatte
„Schaffen wir die Energiewende? Jetzt?“
Teilnehmer: Robert Schlögl ML (Präsident der Alexander von Humboldt-Stiftung und Vizepräsident der Leopoldina), Fraunhofer-Präsident Holger Hanselka, Uwe Cantner (Expertenkommission Forschung und Innovation und Universität Jena), Roland Dittmeyer (Karlsruher Institut für Technologie [KIT]) und Anke Weidlich (Universität Freiburg).
https://www.leopoldina.org/veranstaltungen/veranstaltung/event/3115/

9. November 2023, Online-Veranstaltung
Virtuelles Podium:
„Nasse Moore! Klimaschutz, Naturschutz und Nutzungsperspektive“
Deutschland muss bis zum Jahr 2045 klimaneutral sein. Zu den Quellen klimarelevanter Gase gehören in Deutschland auch die CO_2-Emissionen aus entwässerten Mooren. Diese müssen somit langfristig gestoppt werden. Nach den Plänen der Bundesregierung soll dies im Wesentlichen durch großräumige Wiedervernässung von Moorstandorten und Landnutzungswandel im ländlichen Raum umgesetzt werden.
Diskutierende:
Christina Grätz (Arbeitsgemeinschaft Klimamoor Brandenburg, Jänschwalde);
Felix Grützmacher (NABU-Bundesgeschäftsstelle, Berlin);
Arno Krause (Grünlandzentrum Niedersachsen/Bremen, Ovelgönne) und
Franziska Tanneberger (Greifswald Moor Centrum, Greifwald);
Moderation: Tanja Busse (Hamburg).
https://www.leopoldina.org/veranstaltungen/veranstaltung/event/3125/

7. Dezember 2023, Leopoldina-Festsaal, Jägerberg 1, Halle (Saale)
Leopoldina-Weihnachtsvorlesung
„Die kybernetische Revolution: symbolische, statistische und kausale künstliche Intelligenz“
Künstliche Intelligenz hat sich zur treibenden Kraft der modernen Technologie entwickelt. Wir erleben eine „digitale“ Revolution, die sich von den ersten beiden industriellen Revolutionen darin unterscheidet, dass nunmehr Information – statt vormals Energie – industrialisiert wird. Die jetzige Revolution begann mit der Begründung der Kybernetik und Informatik. Methoden des maschinellen Lernens haben die zweite Phase dieser Entwicklung eingeläutet, indem sie Informationsquellen in unstrukturierten Datenmengen erschließen.
In seinem Vortrag stellte Bernhard Schölkopf ML die Entwicklung und Erfolge dieser Methoden dar. Zugleich zeigte er grundlegende Probleme dieser Methoden auf und erläuterte, wie diese Probleme mit einem fehlenden kausalen Verständnis von Daten zusammenhängen. Schließlich ging er darauf ein, wie Europa auf diese Entwicklungen reagieren kann, um sie aktiv und positiv zu gestalten.
Bernhard Schölkopf ist seit 2011 Gründungsdirektor am Max-Planck-Institut für Intelligente Systeme in Tübingen. 2020 erhielt er den *Frontiers of Knowledge Award*

in der Kategorie „Informatik und Kommunikationstechnik“ der spanischen BBVA Foundation (BBVA – *Banco Bilbao Vizcaya Argentaria*) und 2018 erhielt den Gottfried-Wilhelm-Leibniz-Preis der Deutschen Forschungsgemeinschaft. In seinem Forschungsgebiet, dem maschinellen Lernen, entwickelt er Algorithmen, mit denen Computerprogramme flexibel auf verschiedene Situationen reagieren können. Im Ergebnis hat SCHÖLKOPF anerkannte Methoden für maschinelles Lernen etabliert, von denen unterschiedliche Disziplinen wie Biologie, Medizin sowie Wirtschafts- und Sozialwissenschaften profitieren. Maßgeblich hat er mit seinen Arbeiten das Gebiet der intelligenten Systeme vorangebracht.

https://www.leopoldina.org/veranstaltungen/veranstaltung/event/3124/

Zur Aufzeichnung:
https://www.youtube.com/watch?v=cIfwuhtfegE

Abteilung Internationale Beziehungen

Als Nationale Akademie bringt die Leopoldina weltweit Fachexpertise zusammen und leistet durch die Kooperation mit Wissenschaftsorganisationen im In- und Ausland einen wichtigen Beitrag zu Austausch und Dialog sowie zur Gestaltung internationaler Wissenschaftsbeziehungen.

Am 24. Januar 2023 hat die Leopoldina im Rahmen der Reihe *Leopoldina International Virtual Panel Series* (LIVP) eine Online-Podiumsdiskussion über neueste Forschungsergebnisse zu Long-COVID durchgeführt. Im Zentrum standen dabei die immunologischen Grundlagen, das große Spektrum möglicher Symptome, die Schutzwirkung von Impfungen sowie aktuelle Therapieansätze für Menschen, die auch Monate nach einer COVID-19-Infektion noch Symptome zeigen. Vier international führende Expertinnen und Experten aus Deutschland, Frankreich, Israel und den USA waren auf dem Panel vertreten. Über 600 Zuschauerinnen und Zuschauer aus mehr als 30 Ländern – darunter Vertreterinnen und Vertreter aus Wissenschaft, Politik und Medien, sowie auch Betroffene von Long-COVID – verfolgten die Diskussion online:

24. Januar 2023, Online-Veranstaltung
Leopoldina International Virtual Panel Series (LIVP)
„Understanding Long COVID“
Diskutierende:
Michael EDELSTEIN (MD, Associate Professor für Epidemiologie und öffentliche Gesundheit, Bar-Ilan-Universität, Safed, Israel);
Akiko IWASAKI (PhD, Sterling-Professorin für Immunbiologie und Molekular-, Zell- und Entwicklungsbiologie, Yale Universität, New Haven, CT, USA);
Marc LECUIT (Prof., MD, PhD, Direktor der Abteilung für Infektionsbiologie, Institut Pasteur, Paris, Frankreich) und
Carmen SCHEIBENBOGEN (Prof. Dr., Kommissarische Direktorin des Instituts für Medizinische Immunologie, Charité Universitätsmedizin Berlin);
Moderation: Kai KUPFERSCHMIDT (Wissenschaftsjournalist).

https://www.leopoldina.org/veranstaltungen/veranstaltung/event/3038/

Leopoldina aktuell, 1/2023, S. 13:

https://www.leopoldina.org/fileadmin/redaktion/Publikationen/Leopoldina_aktuell/Deutsch/Leopoldina_Newsletter_1_2023_DEU.pdf
https://www.leopoldina.org/presse-1/pressemitteilungen/pressemitteilung/press/2940/
Zur Aufzeichnung:
https://www.youtube.com/watch?v=s05BsmIq8mo&t=8s

Im Format „Science7“ (S7) erarbeiten die Akademien wissenschaftsbasierte Stellungnahmen zu ausgewählten Themen der Gipfelagenda, um ihre gebündelte wissenschaftliche Expertise in den politischen Verständigungsprozess einzubringen. Im Rahmen der japanischen G7-Präsidentschaft lag die Federführung für den S7-Prozess 2023 beim *Science Council of Japan* (SCJ). Beim *Science7 Summit* am 7. und 8. März in Tokyo (Japan) haben die G7-Akademien drei gemeinsame Stellungnahmen an den japanischen Ministerpräsidenten Fumio Kishida übergeben. Der Fokus der Empfehlungen für den G7-Gipfel der Staats- und Regierungschefinnen und -chefs vom 19. bis 21. Mai in Hiroshima (Japan) lag auf den Themen Multiple Krisen, Gesundheit einer alternden Gesellschaft und Biodiversität des Ozeans. Die Leopoldina wurde durch ihren Präsidenten Gerald Haug vertreten:

7.–8. März 2023, Tokyo, Japan
Wissenschaftskonferenz,
unter Federführung des *Science Council of Japan*, Tokyo, Japan
Leopoldina aktuell, 2/2023, S. 6:
https://www.leopoldina.org/fileadmin/redaktion/Publikationen/Leopoldina_aktuell/Deutsch/Leopoldina_Newsletter_2_2023_DEU.pdf

Gemeinsam mit der Polnischen Akademie der Wissenschaften hat die Leopoldina die Europäische Klimakonferenz („European Climate Conference“) initiiert. Die Konferenz fand am 15. und 16. Mai 2023 in Warschau (Polen) statt und versammelte rund 100 Wissenschaftlerinnen und Wissenschaftler aus 45 Ländern. Die Teilnehmerinnen und Teilnehmer der Konferenz befassten sich mit den sich verstärkenden negativen Folgen des Klimawandels, etwa der Zunahme von Extremwetterereignissen, und diskutierten sektorenübergreifende Strategien und Maßnahmen, um Transformationsprozesse zu beschleunigen. In einer gemeinsamen Abschlusserklärung („Warschauer Communiqué“) empfehlen sie einen systemischen Ansatz zur Erreichung der Klimaneutralität.
Die Konferenz umfasste einen öffentlichen Teil – die *Crutzen Anthropocene Distinguished Lecture* – mit anschließender Podiumsdiskussion zum Thema *The Planet and Us – Dos and Don'ts*.

15.–16. Mai 2023, Polnische Akademie der Wissenschaften, Staszic-Palast, Warschau (Polen)
„European Climate Conference“,
in Kooperation mit der Polnischen Akademie der Wissenschaften (PAN)
Wissenschaftliches Komitee: Gerald Haug ML, Präsident der Nationalen Akademie der Wissenschaften Leopoldina (Ko-Sprecher), Robert Schlögel ML und Jürgen Renn ML aus Deutschland sowie Paweł M. Rowiński (Ko-Sprecher), Krzysztof Niedziałkowski, Aleksandra Lis-Plesińska und Aleksandra Kardaś aus Polen.

The Crutzen Anthropocene Distinguished Lecture
Thomas STOCKER ML (Universität Bern, Schweiz)
„Sliding into the Anthropocene: Surprises Ahead?"
Podiumdiskussion:
„The Planet and Us – Dos and Don'ts"
Diskutierende:
HELEEN DE CONINCK (*Eindhoven University of Technology*, Niederlande);
GYÖRGY KRÖEL-DULAY (*Hungarian Academy of Sciences*, Budapest, Ungarn);
Didier ROUX (*Institut de France – Académie des sciences*, Paris, Frankreich);
Thomas STOCKER ML (Universität Bern, Schweiz);
Moderation: Aleksandra KARDAŚ (*Foundation for Climate Education*, Warschau, Polen).
https://www.leopoldina.org/veranstaltungen/veranstaltung/event/3048/
Leopoldina aktuell, 1/2023, S. 14:
https://www.leopoldina.org/fileadmin/redaktion/Publikationen/Leopoldina_aktuell/Deutsch/Leopoldina_Newsletter_1_2023_DEU.pdf
Leopoldina aktuell, 2/2023, S. 11:
https://www.leopoldina.org/fileadmin/redaktion/Publikationen/Leopoldina_aktuell/Deutsch/Leopoldina_Newsletter_2_2023_DEU.pdf
Veranstaltungs-Website:
https://europeanclimateconference.eu/

Welche Schlüsse und Lehren lassen sich aus der COVID-19-Pandemie für eine globale Pandemievorsorge ziehen? Diese Frage stand im Zentrum des afrikanisch-deutschen Symposiums, das die Leopoldina gemeinsam mit der *Academy of Science of South Africa* (ASSAf) und den Wissenschaftsakademien aus Senegal und Äthiopien am 23. und 24. Mai 2023 am Max-Planck-Institut für Infektionskrankheiten in Berlin ausgerichtet hat. Hierbei skizzierten die Teilnehmerinnen und Teilnehmer des Workshops einen sektorübergreifenden und multidimensionalen Ansatz bei der Bekämpfung von Pandemien, der am 15. Februar 2024 in Form eines *Conference Brief* veröffentlicht wurde. In der öffentlichen Podiumsdiskussion „Pandemic Preparedness beyond COVID-19" am 23. Mai 2023 in der Botschaft Südafrikas in Berlin diskutierten Wissenschaftlerinnen und Wissenschaftler aus Südafrika, Senegal, Äthiopien und Deutschland mit Vertreterinnen und Vertreter des Bundesministeriums für Gesundheit und der Pharmaunterunternehmen Biovac und Roche die Umsetzung eines etwaigen Ansatzes zur globalen Pandemievorsorge. Unterstützt wurde der Workshop von der *German Alliance for Global Health Research* (GLOHRA).

23.–24. Mai 2023, Max-Planck-Institut für Infektionsbiologie, Charitéplatz 1, Berlin
Panafrikanisch-deutscher Workshop
„Infectious Diseases beyond COVID-19"
Organisiert durch die *Academy of Science of South Africa* (ASSAf), die *Académie Nationale des Sciences et Techniques du Sénégal*, die *Ethiopian Academy of Sciences* und die Deutsche Akademie der Naturforscher Leopoldina – Nationale Akademie der Wissenschaften.

https://www.leopoldina.org/veranstaltungen/veranstaltung/event/3054/

Leopoldina aktuell, 2/2023, S. 9:

https://www.leopoldina.org/fileadmin/redaktion/Publikationen/Leopoldina_aktuell/Deutsch/Leopoldina_Newsletter_2_2023_DEU.pdf

Conference Brief:

https://www.leopoldina.org/publikationen/detailansicht/publication/global-health-approach-for-infectious-diseases-a-proposal-for-the-next-decade-2024/

23. Mai 2023, Südafrikanische Botschaft, Tiergartenstraße 18, Berlin
Öffentliche Podiumsdiskussion: „Pandemic Preparedness beyond COVID-19: Learn from the past, prepare for the future"
der *Academy of Science of South Africa* (ASSAf) und der Nationalen Akademie der Wissenschaften Leopoldina in Kooperation mit der südafrikanischen Botschaft.
COVID-19 hat gezeigt, dass Pandemien enorme Auswirkungen, unbeabsichtigte Folgen und Herausforderungen innerhalb und zwischen verschiedenen Ländern und Regionen verursachen können. Welche Lehren wir aus der Pandemie ziehen, hat somit auch eine politische und soziale Dimension. Der öffentliche *Roundtable* sollte den Dialog und das Vertrauen zwischen der wissenschaftlichen Gemeinschaft und den Interessengruppen fördern und war Teil der vierten Veranstaltung der Workshop-Reihe zu Infektionskrankheiten für Postdoc-Forschende aus Afrika und Europa, die ASSAf und Leopoldina 2016 ins Leben gerufen haben.

https://www.leopoldina.org/veranstaltungen/veranstaltung/event/3070/

Die *Academy of Science of South Africa* (ASSAf) und die Leopoldina unterhalten seit 2013 eine strategische Partnerschaft. Themenschwerpunkte sind Energie und Umwelt sowie Gesundheit, insbesondere Infektionskrankheiten. Mit der feierlichen Erneuerung des *Memorandum of Understanding* in der südafrikanischen Botschaft wurde die strategische Partnerschaft erneut bekräftigt:

23. Mai 2023, Berlin, Südafrikanische Botschaft, Tiergartenstraße 18, Berlin
Verlängerung des *Memorandum of Understanding* mit ASSAf

Seit 2001 setzt sich das *Human Rights Committee* (HRC) der Leopoldina weltweit für verfolgte Wissenschaftlerinnen und Wissenschaftler ein. 2023 unterstützte das HRC Wissenschaftlerinnen und Wissenschaftler in China, Iran, Saudi-Arabien und Vietnam. Im Rahmen der internationalen Vernetzung vertrat die Vorsitzende des HRC Jutta Gärtner ML die Leopoldina auf dem 14. Zweijahrestreffen des *International Human Rights Network of Academies and Scholarly Societies* (IHRN) vom 6. bis 8. Juni 2023 in Pretoria (Südafrika):

6.–8. Juni 2023, Pretoria, Südafrika
14th Biannual Meeting of the International Human Rights Network (IHRN)
Mit Teilnahme der Vorsitzenden des *Leopoldina Human Rights Committee*
Jutta Gärtner ML (Göttingen)

Leopoldina aktuell, 2/2023, S. 11:

https://www.leopoldina.org/fileadmin/redaktion/Publikationen/Leopoldina_aktuell/Deutsch/Leopoldina_Newsletter_2_2023_DEU.pdf

Am 19. Juni 2023 fand im Zuge der deutsch-chinesischen Regierungskonsultationen ein Austausch zur wissenschaftlichen Zusammenarbeit der beiden Länder zwischen Vertreterinnen und Vertretern der Allianzorganisationen und dem chinesischen Vize-Wissenschaftsminister ZHANG Guangjun statt. In ihrer Funktion als derzeit Vorsitzende der Allianz der Wissenschaftsorganisationen koordinierte die Leopoldina federführend den Austausch. Außerdem waren Vertreter des BMBF und des Auswärtigen Amts als Gäste geladen. Auf chinesischer Seite waren neben den Vertretern des Wissenschaftsministeriums auch Repräsentanten der chinesischen Botschaft anwesend. Themen des Austauschs waren schwerpunktmäßig die deutsch-chinesische Zusammenarbeit im Kontext neuerer chinesischer Datengesetzte und im Kontext der *civil-military fusion*, die rechtlichen Rahmenbedingungen deutsch-chinesischer Kooperationen generell und insbesondere bzgl. staatlich finanzierter chinesischer Stipendienprogramme (CSC-Stipendien), die studentische/PhD-Mobilität in Richtung China sowie das 2017 in Kraft getretene chinesische NGO-Gesetz, das die Arbeit von Nichtregierungsorganisationen massiv einschränkt. Der Austausch wurde sowohl von chinesischer als auch von deutscher Seite als fruchtbar und positiv wahrgenommen:

19. Juni 2023, Berlin
Treffen der Allianzorganisationen mit dem chinesischem Vize-Wissenschaftsminister und Vertretern des chinesischen Wissenschaftsministeriums (MOST)

Am 28. und 29. Juni 2023 hat die Leopoldina gemeinsam mit der *Korean Academy of Science and Technology* (KAST) das Symposium „Advances in Brain Research" am Hauptsitz der Leopoldina in Halle (Saale) organisiert. 23 renommierte Wissenschaftlerinnen und Wissenschaftler aus Südkorea und Deutschland haben über zwei Tage aktuelle Trends und neueste Ergebnisse der Hirnforschung sowie neue Wege zur Behandlung, Heilung und Vorbeugung von Hirnkrankheiten diskutiert. Aufgegriffen wurden dabei auch Chancen und Grenzen von Hirnorganoiden, zu denen die Leopoldina 2022 eine umfassende Stellungnahme vorgelegt hatte, sowie der Einsatz von künstlicher Intelligenz in der Hirnforschung. Die KAST ist eine der strategischen Partnerakademien der Leopoldina in Asien. Seit 2012 besteht ein Kooperationsabkommen. Am Rande des mittlerweile 7. bilateralen Symposiums von KAST und Leopoldina vereinbarten beide Akademien, ihre gemeinsamen Aktivitäten 2024 auf das Thema Energiewende zu fokussieren:

28.–29. Juni 2023, Leopoldina, Jägerberg 1, Halle (Saale)
7. Bilaterales Symposium der Koreanischen Akademie der Wissenschaften und Technologie (KAST) und der Deutschen Akademie der Naturforscher Leopoldina – Nationale Akademie der Wissenschaften: „Advances in Brain Research"
Wissenschaftliche Koordination:
Hans SCHÖLER ML (Max-Planck-Institut für Molekulare Biomedizin, Münster) für die Leopoldina;
Bong-Kiun KAANG (*Seoul National University*) auf Seiten der KAST.
https://www.leopoldina.org/veranstaltungen/veranstaltung/event/3064/

Leopoldina aktuell, 3/2023, S. 15:
https://www.leopoldina.org/fileadmin/redaktion/Publikationen/Leopoldina_aktuell/Deutsch/Leopoldina-Newsletter_3_2023_DEU.pdf

Tagungsreader:
https://www.leopoldina.org/fileadmin/redaktion/Veranstaltungen/Symposien/Tagungsreader_Advances_in_Brain_Research_A4_2023_web.pdf

Das Format „Science20“ (S20) wurde während der deutschen G20-Präsidentschaft 2017 etabliert, um die Wissenschaft stärker in den G20-Prozess einzubinden. Im Vorfeld des G20-Gipfels in Neu-Delhi (Indien) haben die G20-Akademien die gemeinsame Stellungnahme *Transformative Wissenschaft für eine nachhaltige Entwicklung* veröffentlicht. Darin empfehlen sie konkrete Maßnahmen für eine saubere Energie, ganzheitliche Gesundheit sowie hinsichtlich der Vernetztheit von Wissenschaft, Gesellschaft und Kultur. Die Stellungnahme wurde unter Federführung der *Indian National Science Academy* (INSA) erarbeitet. Die finalen Abstimmungen fanden auf dem S20-Gipfel am 21. und 22. Juli 2023 in Coimbatore (Indien) statt:

21.–22. Juli 2023, Coimbatore, Indien
Science20 – *G20 Science Academies Summit*,
unter Federführung der *Indian National Science Academy* (INSA)
Leopoldina aktuell, 3/2023, S. 14:
https://www.leopoldina.org/fileadmin/redaktion/Publikationen/Leopoldina_aktuell/Deutsch/Leopoldina-Newsletter_3_2023_DEU.pdf

Leopoldina-Präsident Gerald Haug nahm *ad personam* an den Treffen der *Chief Science Advisers* der G7- und G20-Staaten teil. Auf der Agenda des *G20-Chief Science Advisers Roundtable* am 27. und 28. August 2023 in Gandhinagar (Indien) standen Gesundheitsfragen, ein verbesserter Zugang zu Wissen sowie Diversität in der Wissenschaft. Bereits am 4. März 2023 hatte Präsident Haug auf Einladung des Wissenschafts- und Technologieberaters der japanischen Regierung an einem informellen Treffen der *G7 Science and Technology Advisers* in Washington (D.C., USA) teilgenommen.

28. August 2023, Gandhinagar, Gujarat, Indien
G20-Chief Science Advisers Roundtable (G20-CSAR)

Der Berliner Prozess Westbalkan ist eine zwischenstaatliche Initiative zur Unterstützung der Integration der westlichen Balkanländer in die Europäische Union und zur Förderung der regionalen Zusammenarbeit in Südosteuropa. Die Leopoldina hat seit 2015 die Federführung für die jährlich stattfindende Gemeinsame Wissenschaftskonferenz. Bei der 7. Gemeinsamen Wissenschaftskonferenz am 19. und 20. September 2023 an der Akademie der Wissenschaften Albaniens in Tirana standen die Themen Integration in europäische Forschungsprogramme, die Stärkung von wissenschaftlicher Exzellenz und Konzepte für internationale Mobilität und Zusammenarbeit im Mittelpunkt. Beteiligt waren rund 60 Leitungen von Akademien, Universitäten und Forschungseinrichtungen. Die Empfehlungen der Konferenz flossen direkt in das Westbalkan-Gipfeltreffen der Staats- und Regierungschefinnen und -chefs ein. Nach Albanien übernimmt Deutschland 2024 den rotierenden Vorsitz des Berliner Prozesses. Damit findet die nächste Gemeinsame Wissenschaftskonferenz voraussichtlich im Oktober 2024 in Berlin statt:

18.–20. September 2023, Akademie der Wissenschaften Albaniens, Tirana (Albanien)
7. Gemeinsame Wissenschaftskonferenz:
„Partnerschaft für Exzellenz – Partnerschaft für Europa"
Konferenz der nationalen Stakeholder der Bildungs- und Wissenschaftssysteme im Rahmen des Berliner Prozesses für den Westlichen Balkan
https://www.leopoldina.org/veranstaltungen/veranstaltung/event/3109/

Leopoldina aktuell, 3/2023, S. 15:
https://www.leopoldina.org/fileadmin/redaktion/Publikationen/Leopoldina_aktuell/Deutsch/Leopoldina-Newsletter_3_2023_DEU.pdf

Bereits Anfang Oktober traf eine Delegation um Leopoldina-Präsident HAUG mit dem *Science Council of Japan* zusammen. Zugleich galt die Reise dem *Science and Technology in Society forum* (STS forum) in Kyoto (Japan). Hier leitete HAUG am 2. Oktober die Session „Basic Science, Innovation and Policy" zu aktuellen Herausforderungen der Grundlagenforschung im Kontext politischer Agenden. Weitere Mitglieder der Leopoldina-Delegation waren Katrin BÖHNING-GAESE ML sowie die Leiterin der Abteilung Internationale Beziehungen Ruth NARMANN:

1.–3. Oktober 2023, Kyoto, Japan
STS forum – 20th annual Meeting
https://www.stsforum.org/kyoto2023/

Wie die Energiewende konkret gestaltet werden kann, stand im Mittelpunkt des trilateralen Symposiums „Energy Solutions", das die Leopoldina gemeinsam mit der Nationalen Akademie der Wissenschaften der Vereinigten Staaten und der Israelischen Akademie der Wissenschaften am 11. und 12. Oktober 2023 in Berlin und Halle (Saale) veranstaltet hat. 30 Expertinnen und Experten aus Deutschland, den USA und Israel tauschten sich über den Stand der Forschung in Wissenschaft und Industrie sowie über die unterschiedlichen Strategien der Energiewende in den drei Ländern aus. Dabei ging es um alle Teilbereiche des Energiesektors von der Erzeugung über die Speicherung, Umwandlung, Übertragung und Versorgung sowie um die Skalierbarkeit neuer, klimafreundlicher Technologien. Das Programm des Symposiums beinhaltete auch einen Austausch mit Vertretern des Bundesministeriums für Bildung und Forschung (BMBF) in Berlin über förderpolitische Prioritäten im Energiebereich in den drei Ländern und global sowie einen Praxis-Besuch bei der Verbund Netz Gas AG (VNG AG), der Betreibergesellschaft des Energieparks Bad Lauchstädt, einem von derzeit 12 bundesweit vom Bundesministerium für Wirtschaft und Klimaschutz (BMWK) geförderten „Reallabore Energiewende":

11.–12. Oktober 2023, Leopoldina, Jägerberg 1, Halle (Saale)
Trilaterales Symposium der *U.S. National Academy of Sciences*, der *Israel Academy of Sciences and Humanities* und der Deutschen Akademie der Naturforscher Leopoldina – Nationale Akademie der Wissenschaften
„Energy Solutions. Research and Industry-Related Developments in Energy Production, Storage, Conversion, Transmission and Distribution"
https://www.leopoldina.org/veranstaltungen/veranstaltung/event/3107/

Zur Aufzeichnung:
https://www.youtube.com/playlist?list=PLaCuDJ8AkAoPdWe10-m6I2W-pk9hE7mmSq

12. Oktober 2023, Veröffentlichung Stellungnahme der Allianz der Wissenschaftsorganisationen zur aktuellen Situation in Israel
Den Terrorangriff der Hamas auf Israel am 7. Oktober 2023 und seine Auswirkungen hat die Leopoldina in einer gemeinsamen Stellungnahme der Allianz der Wissenschaftsorganisationen aufs Schärfste verurteilt und nachdrücklich ihre Solidarität mit Israel und der dortigen Wissenschaft betont.
https://www.allianz-der-wissenschaftsorganisationen.de/themen-stellungnahmen/stellungnahme-der-allianz-der-wissenschaftsorganisationen-zur-aktuellen-situation-in-israel/

Kann nachhaltige Aquakultur dazu beitragen, die Landnutzung effizienter zu gestalten und die Ernährungssicherheit zu verbessern? Nachwuchswissenschafterinnen und Nachwuchswissenschaftler aus Südamerika und Europa diskutierten diese Frage im Rahmen des Workshops „Sustainable Aquaculture – Environmental Impacts and Food Security“ vom 16. bis 19. Oktober 2023 am Leibniz-Institut für Gewässerökologie und Binnenfischerei in Berlin. Mit der Veranstaltung setzen die Leopoldina und die Brasilianische Akademie der Wissenschaften ihre langjährige Kooperation zum Thema „Water and Regional Development“ fort. Gemeinsam erarbeiteten die Nachwuchswissenschaftlerinnen und -wissenschaftler Lösungsansätze zur Risikominimierung unter Berücksichtigung der Vielfalt der Aquakulturwirtschaft und der gesellschaftlichen Rahmenbedingungen, die 2024 publiziert werden sollen. Im Kontext des Workshops fand eine öffentliche Podiumsdiskussion zum Thema „From Aquafarm to Fork?“ in der brasilianischen Botschaft in Berlin statt. Im Mittelpunkt standen die Herausforderungen und Chancen einer nachhaltigen Aquakultur. Neben der Leiterin der Generaldirektion für Maritime Angelegenheiten und Fischerei der Europäischen Kommission, Charlina Vicheva, nahmen Vertreterinnen und Vertreter der Welternährungsorganisation (FAO), des *Aquaculture Stewardship Council*, IGLO Deutschland und des Bundesministeriums für Ernährung und Landwirtschaft an der Diskussion teil:

16.–19. Oktober 2023, Leibniz-Institut für Gewässerökologie und Binnenfischerei, Müggelseedamm 310, Berlin
Workshop
„Sustainable Aquaculture – Environmental Impacts and Food Security“
in Kooperation mit der *Academia Brasileira de Ciências* (ABC)
Wissenschaftliche Koordination: Adalberto Val (*Academia Brasileira de Ciências*), Evoy Zaniboni Filho (*Federal University of Santa Catarina*), José Galizia Tundisi (*Academia Brasileira de Ciências*), Maria Célia Portella (*Sao Paulo State University* [UNESP]), Werner Kloas (*Leibniz-Institute of Freshwater Ecology and Inland Fisheries* [IGB]) und Klement Tockner ML (*Senckenberg Society for Nature Research*).
https://www.leopoldina.org/veranstaltungen/veranstaltung/event/3091/
Leopoldina aktuell, 3/2023, S. 15:

https://www.leopoldina.org/fileadmin/redaktion/Publikationen/Leopoldina_aktuell/Deutsch/Leopoldina-Newsletter_3_2023_DEU.pdf
Workshop-Reader:
https://www.leopoldina.org/fileadmin/redaktion/Veranstaltungen/Symposien/2023_Leopldina_Reader_Workshop_Aquaculture_web.pdf

17. Oktober 2023, brasilianische Botschaft, Wallstraße 57, Berlin,
Öffentliche *Keynote* und Podiumsdiskussion:
„From Aquafarm to Fork? Sustainable Aquaculture as Part of a Resilient Global Food System"
Gemeinsam organisiert von der Nationalen Akademie der Wissenschaften Leopoldina und der *Academia Brasileira de Ciências* (ABC)
https://www.leopoldina.org/veranstaltungen/veranstaltung/event/3102/

Weitere internationale Aktivitäten

Ukraine: Kontinuierliche Unterstützung und Ausbau der Beziehungen

Unmittelbar nach Kriegsbeginn hatte die Allianz der Wissenschaftsorganisationen den „Koordinierungskreis Ukraine" einberufen, der unter Federführung der Leopoldina weiterentwickelt wurde. An den erweiterten Treffen im März und Oktober 2023 nahmen Förderstiftungen, Bundes- und Landesministerien sowie Akteure der ukrainischen akademischen Diaspora teil. Dies ermöglichte erste vertiefende Überlegungen zu einer mittel- und längerfristigen Ukrainestrategie. Darüber hinaus war der Koordinierungskreis in die 30. Sitzung der Kommission für Wissenschaftlich-Technologische Zusammenarbeit (WTZ) eingebunden. Diese tagte am 9. und 10. November 2023 in Berlin unter der Leitung von Bundesministerin Bettina Stark-Watzinger und ihres ukrainischen Amtskollegen Oksen Lisovyi. Präsident Haug hielt die Eröffnungs-Keynote. Neben dem Engagement im „Koordinierungskreis Ukraine" der Allianz und dem Leopoldina *Ukraine Distinguished Fellowship* hat die Leopoldina 2023 ihre bilateralen Beziehungen zur Nationalen Akademie der Wissenschaften der Ukraine weiter vertieft. Beispiele hierfür sind der gemeinsame Besuch von Präsident Haug mit Bundesministerin Bettina Stark-Watzinger im Februar 2023 in *Kyjiw/ Ukraine* oder das im Mai 2023 unterzeichnete Partnerschaftsabkommen. Außerdem setzt sich die Leopoldina für die Verankerung von Bildung und Forschung beim Wiederaufbau ein, z. B. gemeinsam mit den Nationalen Akademien aus Polen und den USA.

Ausschuss zur Koordinierung der Auslandsbeziehungen (AKA)

Die nationale Abstimmung zu internationalen Themen gewann in den vergangenen Jahren angesichts der komplexen geopolitischen Weltlage zunehmend an Bedeutung. Mit dem Ausschuss zur Koordinierung der Auslandsbeziehungen bietet die Leopoldina eine Plattform, die den informellen innerwissenschaftlichen Austausch über aktuelle Entwicklungen der Auslandskooperation ermöglicht und ein abgestimmtes Vorgehen der Mitglieder fördert. Dementsprechend unterstützt der AKA auch die Allianz bei internationalen Themen, z. B. bei der Erarbeitung gemeinsamer Dokumente oder der Koordinierung gemeinsamer Termine wie das Treffen der Allianz mit dem chinesischen Vizeminister für Wissenschaft anlässlich der deutsch-chinesischen Regierungskonsultationen im Juni 2023. Im AKA, der regelmäßig tagt, sind neben den zehn Mitgliedsorganisationen der Allianz auch die Fulbright-Kommission, die Max-Weber-Stiftung und die Volkswagen-Stiftung auf Arbeitsebene vertreten. Die Geschäftsstelle des AKA liegt bei der Abteilung Internationale Beziehungen der Leopoldina.

Delegationen 2023

19.–20. April 2023, Delegationsbesuch der Königlich Niederländischen Akademie der Wissenschaften (KNAW), Halle (Saale)
Teilnahme: KNAW – Marileen Dogetrom, Präsidentin; Arie Korbijn, *Head Adivsory Function*; Melle Kromhout, *International Relations* / Leopoldina – Gerald Haug ML, Präsident; Franziska Hornig, Generalsekretärin; Ruth Narmann, Internationale Beziehungen

5. Juni 2023, Delegationsreise des Präsidiums der Leopoldina zur *Académie des sciences*, Paris (Frankreich)
Nach dem Ende der weltweiten Pandemiemaßnahmen können wieder persönliche Begegnungen im In- und Ausland zwischen der Leopoldina und ihren internationalen Partnern stattfinden. So wurde unter Leitung von Präsident Gerald Haug ML und unter Beteiligung der Vizepräsidentinnen Ulla Bonas ML und Regina Riphahn ML sowie des Vizepräsidenten Thomas Krieg ML die *Académie des sciences* besucht. In Paris traf die Delegation unter anderem den Präsidenten, Alain Fischer, und den Vizepräsidenten für Internationales der französischen Akademie, Francis-André Wollman. In einem Strategiegespräch ging es um die aktuellen Schwerpunkte der Akademie und um künftige Kooperationsmöglichkeiten.

2.–7. Juli 2023, Antrittsbesuch des Präsidenten Gerald Haug an der *Chinese Academy of Sciences* (CAS), Peking und Dalian (China)

18. Oktober 2023, Gegenbesuch einer CAS-Delegation in Berlin
Vom 3. bis 7. Juli 2023 reiste eine Delegation unter Leitung von Präsident Gerald Haug zur Chinesischen Akademie der Wissenschaften (CAS). Empfangen wurde die Delegation von CAS-Vizepräsident Zhang Tao, einem der Mitbegründer der 2018 gestarteten *Science for Future*-Initiative. Beide Akademien vereinbarten, die gemeinsame Reihe mit einer zweiten Konferenz im Herbst 2024 in Berlin fortzusetzen. Weiterhin wurden zwei CAS-Institute, das *Institute of Atmospheric Physics* in Beijing und das *Dalian Institute of Chemical Physics*, besucht. Seinen chinesischen Amtskollegen Hou Jianguo empfing Haug am 18. Oktober 2023 in Berlin zum Gegenbesuch. Thema des ca. einstündigen Austauschs war insbesondere die Planung der zweiten gemeinsamen *Science for Future*-Konferenz zum Thema „On the Path to Carbon Neutrality".

22. November 2023, Besuch des Diplomatenkollegs, Halle (Saale)
Im Rahmen des Diplomatenkollegs des Auswärtigen Amtes besuchten Diplomatinnen und Diplomaten aus 22 Ländern in Europa, Asien sowie Nord- und Südamerika den Hauptsitz der Leopoldina in Halle (Saale). Dort tauschten sie sich mit der Geschäftsstelle zur Rolle der Akademie im nationalen und internationalen Kontext aus. Auf

der Agenda standen internationale und nationale wissenschaftsbasierte Prozesse der Politikberatung sowie weitere Austauschformate der Leopoldina. Vor allem Fragen zur Wissenschaftskommunikation und Erfahrungen aus der Coronavirus-Pandemie stießen auf reges Interesse. Das Diplomatenkolleg richtet sich an jüngere deutschsprechende Abgesandte, die an den Botschaften in Berlin tätig sind. Ziel ist es, sie mit der Politik Deutschlands, auch im internationalen Gefüge, sowie mit wichtigen deutschen Institutionen bekannt zu machen.

Präsidialbüro

Roundtables „International Perspectives on Evidence-based Policymaking" und „How to strengthen Evidence-based Policymaking? Strategic Positioning within Government" – Veröffentlichung der Veranstaltungsdokumentation

Um gesellschaftliche Herausforderungen wie den Klimawandel, die Energiewende, die Digitalisierung oder Pandemien zu bewältigen, sind klar strukturierte, transparente und faktenbasierte politische Entscheidungsprozesse nötig. Wissenschaftlich fundierte Analysen können die Basis für besser informierte Entscheidungen liefern. Eine internationale Perspektive auf evidenzbasierte Politikgestaltung und *Best-Practice*-Beispiele für Strukturen der wirkungsvollen Kooperation zwischen Politik und Wissenschaft bietet das Leopoldina-Forum „Roundtables ‚International Perspectives on Evidence-based Policymaking' und ‚How to strengthen Evidence-based Policymaking? Strategic Positioning within Government' – Veranstaltungsdokumentation". Das Papier fasst die Ergebnisse zweier Roundtable-Veranstaltungen zusammen, die im Rahmen der 2018 ins Leben gerufenen Leopoldina-Initiative für evidenzbasierte Politikgestaltung stattgefunden haben.
Die „Initiative für evidenzbasierte Politikgestaltung", vertreten durch Vizepräsidentin Regina T. Riphahn ML und Monika Schnitzer ML, setzt sich auf verschiedenen Wegen dafür ein, den Austausch zwischen Wissenschaft und Politik zu stärken. Ziel der Initiative ist es, institutionelle Barrieren zu überwinden und den Weg für mehr Evidenz in politischen Entscheidungsprozessen zu bereiten.
In der Reihe *Leopoldina-Forum* dokumentiert die Nationale Akademie der Wissenschaften Leopoldina vielfältige Perspektiven auf Fragestellungen hoher Relevanz für Wissenschaft und Gesellschaft.
https://www.leopoldina.org/publikationen/detailansicht/publication/roundtables-international-perspectives-on-evidence-based-policymaking-und-how-to-strengthen-evidence-based-policymaking-strategic-positioning-within-government-2023/

Leopoldina-Lectures in Herrenhausen in Kooperation mit der VW-Stiftung

24. Mai 2023, Xplanatorium Schloss Herrenhausen, Herrenhäuser Straße 5, Hannover
[Online- und Präsenzveranstaltung]
24. Leopoldina-Lecture in Herrenhausen in Zusammenarbeit mit der VolkswagenStiftung und mit dem Gemeinsamen Ausschuss der Leopoldina

und der DFG zum Umgang mit sicherheitsrelevanter Forschung.
Mit dem Begriff *Brain-Computer-Interface* bezeichnet man die Schnittstelle zwischen dem menschlichen Gehirn und einem Computer. Mittels nicht-invasivem Elektro-Enzephalogramm (EEG) oder der Implantation von Elektroden im Gehirn können inzwischen Intentionen verschiedenster Art ausgelesen werden. Nicht nur für körperlich beeinträchtigte Personen birgt die Neurotechnologie so bahnbrechendes Potential, Mobilität oder Kommunikation zu verbessern und Fahrzeuge zu steuern. Dank intensiver Forschung verbessert sich die Zuverlässigkeit der Daten fortwährend. Doch was passiert, wenn die Technologie unsere Gedanken erfassen oder sogar beeinflussen kann? Die 24. Leopoldina-Lecture befasste sich mit der Frage, ob die Grenzen zwischen menschlichem Denken und Maschine tatsächlich in naher Zukunft verschwimmen können und was das für Individuum und Gesellschaft bedeuten könnte.
Diskutierende:
Orsolya Friedrich (Institut für Philosophie, Fernuniversität in Hagen);
Helge Ritter (Neuroinformatik, Universität Bielefeld);
Philipp Kellmeyer (Neurologie, Albert-Ludwigs-Universität Freiburg);
Moderation: Thomas Lengauer ML (Max-Planck-Institut für Informatik, Saarbrücken).
https://www.leopoldina.org/veranstaltungen/veranstaltung/event/3052/
https://www.sicherheitsrelevante-forschung.org/veranstaltung-bci2023/

24. Oktober 2023, Xplanatorium Schloss Herrenhausen, Herrenhäuser Straße 5, Hannover [Online- und Präsenzveranstaltung]
25. Leopoldina-Lecture in Herrenhausen in Zusammenarbeit mit der Volkswagen-Stiftung mit dem Gemeinsamer Ausschuss der Leopoldina und der DFG zum Umgang mit sicherheitsrelevanter Forschung
„Internationaler Agrarhandel: Eine grüne EU auf Kosten anderer Länder?"
Diskutierende:
Harald Grethe (Albrecht Daniel Thaer-Institut für Agrar- und Gartenbauwissenschaften, Humboldt-Universität zu Berlin) und
Stephan von Cramon-Taubadel (Department für Agrarökonomie und Rurale Entwicklung, Universität Göttingen);
Moderation: Vera Linss (Journalistin, Deutschlandradio Kultur).
https://www.leopoldina.org/veranstaltungen/veranstaltung/event/3118/

Gemeinsamer Ausschuss der Leopoldina und der Deutschen Forschungsgemeinschaft (DFG) zum Umgang mit sicherheitsrelevanter Forschung

Die Abwägung zwischen der Forschungsfreiheit und möglichen Missbrauchsszenarien stellt hohe Ansprüche an die Eigenverantwortung von Forschenden in allen Wissenschaftsbereichen, vor allem in Zeiten globaler Aufrüstung. Lehrveranstaltungen an Hochschulen werden von den zukünftigen Forschenden, Mitarbeitenden im Wissenschaftsmanagement und weiteren angehenden akademischen Fachkräften besucht, die bezüglich dieser Fragestellungen eine besondere Sensibilisierung und Kompetenz aufbauen sollten. Die Tagung des Gemeinsamen Ausschusses zum Umgang mit sicherheitsrelevanter Forschung behandelte, wie diese Sensibilisierung und der Kompetenzaufbau für sicherheitsrelevante Forschungsfragen, insbesondere den möglichen Missbrauch von Forschung, in die Lehre integriert werden können.

5. Juni 2023, Landesvertretung Sachsen-Anhalt in Berlin, Luisenstraße 18, Berlin
Tagung des Gemeinsamen Ausschusses zum Umgang mit sicherheitsrelevanter Forschung (Dual Use)
„Sensibilisierung und Kompetenzbildung für Ethik sicherheitsrelevanter Forschung in der Lehre – Theorien, Methoden, Good-Practices"
https://www.leopoldina.org/veranstaltungen/veranstaltung/event/3047/
https://www.sicherheitsrelevante-forschung.org/veranstaltung-tagunglehre2023/

Abteilung Presse- und Öffentlichkeitsarbeit

Leopoldina-Nacht 2023 am 7. Juli 2023 in Halle (Saale)

Die Leopoldina-Nacht 2023 auf dem Jägerberg in Halle (Saale) stand ganz im Zeichen der Themen Biodiversität und Energiewende. Ein spannendes und abwechslungsreiches Programm zum Mitmachen, Staunen und Diskutieren erwartete die Besucherinnen und Besucher der Langen Nacht der Wissenschaften.
https://www.leopoldina.org/veranstaltungen/veranstaltung/event/3077/

Das Wissenschafts-Puppentheater „Urania – Wissen macht Theater" zeigte in mehreren Vorstellungen das Stück *Rettet Mortimer!*. Kinder ab vier Jahren und ihre Familien begaben sich mit dem Urania-Puppentheater aus Chemnitz auf eine Wiese zum Apfelbaum Mortimer. Welche Bedeutung der Baum für Bestäuber und damit für die Artenvielfalt von Ökosystemen hat, erfuhren so die Kinder auf spielerische und unterhaltsame Weise.
https://www.leopoldina.org/veranstaltungen/veranstaltung/event/3073/

Eine Führung in der historischen Bibliothek der Akademie (August-Bebel-Straße 50a) bot einen Einblick in die Geschichte der Leopoldina und zeigte die Schätze der Wissenschaftlervereinigung.
https://www.leopoldina.org/veranstaltungen/veranstaltung/event/3090/

Der Bremer Wissenschaftsjournalist Albert Gerdes entführte die Besucherinnen und Besucher mit Filmaufnahmen des Zentrums für Marine Umweltwissenschaften MARUM in die geheimnisvollen Tiefen der Weltmeere. In der Tiefsee-Lounge konnte man in gemütlicher Atmosphäre entspannt im Liegestuhl auf Unterwasserexpedition gehen.
https://www.leopoldina.org/veranstaltungen/veranstaltung/event/3075/

Beim Leopoldina *Science Slam* brachten drei junge Forschende – zwei Nachwuchswissenschaftlerinnen und ein Nachwuchswissenschaftler – ihre Arbeiten verständlich und

zugleich mitreißend auf die Bühne. Hilft das Mineral Olivin gegen den Klimawandel? Wie lassen sich Pflanzen zähmen? Würfeln Götter und verschränken sich Kaninchen? Wer gewinnt, entschied das Publikum.
https://www.leopoldina.org/veranstaltungen/veranstaltung/event/3074/

Die Unterhausdebatte drehte sich um die Transformation des Energiesystems. Die Gäste der Leopoldina-Nacht diskutierten mit Expertinnen und Experten aus der Wissenschaft, darunter Leopoldina-Vizepräsident Robert SCHLÖGL ML, über die Anstrengungen auf nationaler und regionaler Ebene sowie über die Dringlichkeit der Energiewende. Ihre Position in der Diskussion machten alle Beteiligten durch die Wahl und den Wechsel ihres Sitzplatzes sowie Redebeiträge deutlich.
https://www.leopoldina.org/veranstaltungen/veranstaltung/event/3076/

Leopoldina-Journalistenkolleg 2023 vom 5. bis 7. Oktober in Karlsruhe

Das Leopoldina-Journalistenkollegs „Transformation des Energiesystems“ fand vom 5. bis 7. Oktober 2023 am Karlsruher Institut für Technologie (KIT) statt. Eröffnet wurde das Kolleg durch die Vizepräsidenten von KIT und Leopoldina, Oliver KRAFT und Robert SCHLÖGL ML. Ihr Gespräch zum Stand der Forschung und die nachfolgende Unterhausdebatte „Schaffen wir die Energiewende? Jetzt?“ setzten den Rahmen für Impulsvorträge, Diskussionen und Forschungsrundgänge. In diesen ging es um technologische Fragen am Beispiel von Geothermie und Hochleistungsbatterien, um Vernetzung und Systemsteuerung, Stromtrassen und Infrastrukturen sowie um CO_2-Bepreisung und *Carbon Dioxide Removal*. Als weitere Leopoldina-Vertreter nahmen Ottmar EDENHOFER ML und Jürgen JANEK ML am Kolleg teil. Insgesamt waren 14 Wissenschaftlerinnen und Wissenschaftler im Programm vertreten.
Das Kolleg ist als Weiterbildung angelegt und richtete sich an 23 Journalistinnen und Journalisten, die unter anderem für die Medien ARD-aktuell, ZDF, *WirtschaftsWoche* und *Mitteldeutsche Zeitung* sowie MDR, BR, SWR, NDR, Redaktionsnetzwerk Deutschland und Evangelischer Pressedienst vertieft über wissenschaftliche Themen berichten möchten. Das Journalistenkolleg wurde 2012 ins Leben gerufen. Seither fanden mehr als 30 Seminare zu wissenschaftlich und medial gleichermaßen aktuellen Themen statt.

Leopoldina-Zentrum für Wissenschaftsforschung

Das Zentrum für Wissenschaftsforschung initiiert und organisiert eigenständige unabhängige Forschungsvorhaben an der Leopoldina und stellt die hierfür notwendige Infrastruktur bereit. Es unterstützt die Akademie als Forschungsstandort mit Blick auf ihre gegenwärtigen Aufgaben und in der unvoreingenommenen und kritischen Auseinandersetzung mit ihrer Geschichte. Es ist Ansprechpartner für grundlegende Verständigungsprozesse und reflexive Ansätze innerhalb der Wissenschaften und verankert damit die Wissenschaftsforschung institutionell an der Akademie.
Im Jahr 2023 war das Zentrum für Wissenschaftsforschung in den folgenden Bereichen tätig.

Relevanz, Funktionsweise und Rolle der Wissenschaft, so wird seitens der Wissenschaften immer wieder konstatiert, sind in weiten Kreisen nicht hinreichend bekannt. Im Zuge der Bestrebungen des Zentrums, das öffentliche Verständnis für wissenschaftliche Zusammenhänge sowie spezifische Charakteristika wissenschaftlichen Arbeitens zu stärken, diskutierten Wissenschaftlerinnen und Wissenschaftler im Rahmen der ZfW-Frühjahrstagung 2023 unter dem Titel „Wissenschaftsreflexion: Konzepte – Ziele – Perspektiven" wie die veränderte gesellschaftliche Bedeutung der Wissenschaft analysiert und verstanden werden kann. Welche Ziele sollte Forschung über die Wissenschaft und über ihr Verhältnis zur Gesellschaft verfolgen? Welche Forschungsperspektiven hat sie dazu miteinander zu verbinden? Was sind mögliche politische Implikationen wissenschaftsreflexiver Forschung?

29.–30. März 2023, Vortragssaal der Leopoldina, Jägerberg 1, Halle (Saale)
Frühjahrstagung des Leopoldina-Zentrums für Wissenschaftsforschung
„Wissenschaftsreflexion: Konzepte – Ziele – Perspektiven"
Wissenschaftliche Leitung: Eva Barlösius, Nadja Bieletzki und Torsten Wilholt (Forum Wissenschaftsreflexion / Leibniz Forschungszentrum Wissenschaft und Gesellschaft [LCSS] Hannover); Martin Carrier ML und Carsten Reinhardt ML (Leopoldina / *Institute for Interdisciplinary Studies of Science* [I²SoS] Bielefeld) sowie Max-Emanuel Geis und Michael Jungert (Kompetenzzentrum für interdisziplinäre Wissenschaftsreflexion [ZIWIS] der Friedrich-Alexander-Universität Erlangen-Nürnberg)
https://www.leopoldina.org/veranstaltungen/veranstaltung/event/3040/
Inhalte und Ergebnisse der Tagung:
https://www.hsozkult.de/conferencereport/id/fdkn-136293

Zur Frage der Verlässlichkeit und Glaubwürdigkeit der Wissenschaften erschien 2023 der Sammelband *Wissenschaft in der Verlässlichkeitsfalle? Praktiken der Konstruktion von Relevanz und Neutralität*. Der Band analysiert aus verschiedenen Perspektiven Standards der Verlässlichkeit konkurrierender Wissensbestände und Probleme der Glaubwürdigkeit vermeintlich sicheren Wissens. Für die aktuellen Herausforderungen hat wissenschaftliches Wissen eine herausragende Bedeutung, da mögliche Lösungen wissensintensive Ansätze erfordern. Die Beiträge greifen die Verlässlichkeit in der Vielfalt des wissenschaftlichen Wissens in interdisziplinären Zugängen und vielfältigen Kontexten auf.
Zur digitalen Publikation:
https://www.leopoldina.org/fileadmin/redaktion/Publikationen/NAL-historica/NAL-historica_82_web.pdf

Das ZfW engagiert sich zunehmend auch im Bereich der digitalen Geistes- und Sozialwissenschaften. In diesen sich derzeit sehr dynamisch entwickelnden Feldern sind gerade die theoretische und methodische Reflexion, die das Zentrum leisten kann, von besonderer Bedeutung. Die Digitalisierung verändert auch den Wissenschaftsbetrieb als solchen. Fragen des Umgangs mit Forschungsdaten werden drängender. Hier engagiert sich das ZfW in der Nationalen Forschungsdateninfrastruktur (NFDI) im Allgemeinen und

dem Konsortium Text+ im Besonderen. Beide Bereiche – *Digital Humanities* (DH) und NFDI – werden konsequent zusammengedacht, sodass Kontakte und Kooperationen auch außerhalb der Akademie, etwa durch gemeinsame Workshop-Formate, aufgebaut und gestärkt werden können.
In der *Task Area Editions* des NFDI-Konsortiums Text+ wird das Know-how digital und interdisziplinär arbeitender Wissenschaftlerinnen und Wissenschaftler gebündelt mit dem Ziel, die Forschungsdateninfrastruktur für digitale Editionen zu verbessern. Im *FAIR February* widmete sich Text+ einen Monat lang wöchentlich in einer virtuellen Veranstaltung den vier FAIR-Prinzipien *Findability*, *Accessibility*, *Interoperability* und *Reusability*, die sich mit ihrer Veröffentlichung 2016 im Scientific Data zu Leitprinzipien innerhalb der DH etabliert haben. Mehr dazu:

https://events.gwdg.de/event/413/

Im November widmete sich die erste Veranstaltung der Reihe „Gespräche über Digitale Editionen" dem Thema „Digital und/oder gedruckt?". Digital ist *en vogue*. Doch eine digitale Edition ist mehr als bloß eine online verfügbar gemachte Druckedition. Sie nutzt idealerweise die neuen Möglichkeiten, die der Medienwechsel in den digitalen Raum mit sich bringt. Die Podiumsgäste Tessa Gengnagel (*Cologne Center for eHumanities* [CCeH], Köln) und Dieter Burdorf (Lehrstuhl für Neuere deutsche Literatur und Literaturtheorie, Universität Leipzig) diskutierten im ZfW das Für und Wider digitaler und gedruckter Editionen und welche Möglichkeiten sie für die Zukunft des Editierens bereithalten.

16. November 2023, Hybrid-Veranstaltung, Lesesaal, Emil-Abderhalden-Straße 36, Halle (Saale)
Diskussion:
„Kollationen: Gespräche über Editionen – Digital und/oder gedruckt?"
Diskutierende:
Tessa Gengnagel (Mitgeschäftsführerin des *Cologne Center for eHumanities* [CCeH]) und
Dieter Burdorf (Lehrstuhl für Neuere deutsche Literatur und Literaturtheorie an der Universität Leipzig).

https://www.leopoldina.org/veranstaltungen/veranstaltung/event/3117/

Zur Aufzeichnung:
https://www.youtube.com/watch?v=uBs-2DcNvPo

Das ZfW bemüht sich stetig um Kooperationen mit anderen nationalen und internationalen wissenschaftlichen Institutionen und ist in zahlreichen wissenschaftlichen Gremien vertreten. Es versteht sich dabei sowohl als Plattform für Dialog und Austausch als auch als Tor in die Akademie sowie als Kooperationspartner spezieller Projekte und Veranstaltungen.
„Developing Science Policy in Occupied and Liberated Europe, ca. 1930–1960s" lautete der Titel der dritten Tagung im Rahmen der durch das ZfW koordinierten *European Academies Research Initiative*, die im Mai 2023 unter der Leitung von Johannes Feichtinger und Caroline Hofer (beide Wien) an der Österreichischen Akademie der Wissenschaften in Wien stattfand. Ziel der Konferenz war es, einen Überblick über die Entwicklung

der Wissenschaftspolitik im besetzten und im befreiten Europa in den 1930er bis 1960er Jahren zu geben und damit eine Vergleichsgrundlage – zwischen den verschiedenen besetzten Ländern im nationalsozialistischen Europa und zwischen Ost und West des Kalten Krieges – zu schaffen.

31. Mai – 2. Juni 2023, Wien, Österreichische Akademie der Wissenschaften (ÖAW)
The Vienna Conference of the European Academies Research Initiative
„Developing Science Policy in occupied and liberated Europe, ca. 1930–1960s"
Gefördert durch: die Österreichische Akademie der Wissenschaften *National Technical Museum Prague*; *European Academies Research Initiative*,
Leopoldina. Nationale Akademie der Wissenschaften / Zentrum für Wissenschaftsforschung
Zum Programm der Veranstaltung:
https://www.oeaw.ac.at/ikw/detail/events/developing-science-policy-in-occupied-and-liberated-europe-ca-1930s-1960s

Im Oktober 2023 startete die Vortragsreihe „Religion und Naturforschung um 1800" in Kooperation mit dem Interdisziplinären Zentrum für Pietismusforschung (IZP) in Halle. Mit Bezug auf gegenwärtige Fragen der Ökologie, des Anthropozäns und der Entropie sollen sich insgesamt drei Abendvorträge der Schnittmenge von Natur und Religion in historischer Perspektive widmen. Wie lässt sich das Wuchern von Pflanzen in religiöser Literatur und Kunst oder in den Praktiken religiöser Gruppen fassen und kategorisieren? Gibt es eine intrinsische Verbindung zwischen der Liebe zu Gottes Geschöpfen und der Beschäftigung mit der Natur über die bereits ausführlich erforschte Physikotheologie des früheren 18. Jahrhunderts hinaus? Diesen und weiteren Fragen gingen Jana Kittelmann (Halle/Saale) und Diethard Sawicki (Gütersloh) noch im Jahr 2023 und Jenny Haase (Halle/Saale) dann im Januar 2024 auf den Grund.

18. Oktober 2023, Hybrid-Veranstaltung, Francke-Campus, Englischer Saal, Haus 26, Halle (Saale)
in Kooperation mit dem Interdisziplinären Zentrum für Pietismusforschung (IZP)
Jana Kittelmann, Halle (Saale)
„‚Die Welt ein bloßer Garten.' Pflanzenbegegnungen und botanische Reisen des 18. Jahrhunderts als religiöse Erfahrungs- und Erkundungsräume"
https://www.leopoldina.org/veranstaltungen/veranstaltung/event/3120/

13. Dezember 2023, Hybrid-Veranstaltung, Lesesaal, Emil-Abderhalden-Straße 36, Halle (Saale)
in Kooperation mit dem Interdisziplinären Zentrum für Pietismusforschung (IZP)
Diethard Sawicki, Gütersloh
„Wissenskulturen im Widerstreit. Georg Cantor zwischen Metaphysik und Mathematik"
https://www.leopoldina.org/veranstaltungen/veranstaltung/event/3121/

Durch engmaschiges Monitoring der aktuellen Forschungslage in den *Science Studies* und der Reflexion von Wissenschaft und Politik identifiziert das ZfW fortlaufend Themen, die es auch in die Arbeit der Akademie hineinträgt.
Vor diesem Hintergrund kamen im November 2023 am ZfW zwei Forschungsgebiete miteinander ins Gespräch, die einiges eint und auch trennt und die auch für die (Reflexion der) Arbeit der Leopoldina von hoher Relevanz sind. Im Rahmen des Workshops „Transformationsforschung und Wissenschaftsforschung: eine Erkundung" diskutierten Akteurinnen und Akteure aus den beiden Bereichen miteinander, ob und wie ein fruchtbarer Austausch zur wechselseitigen Inspiration und Stärkung gelingen kann. Kann eine integrierte Wissenschaftsforschung zum Schlüsselelement der Entwicklung transformativer Forschung avancieren? Wie können die Werkzeuge der Wissenschaftsforschung der Transformationsforschung dabei helfen, normative und kontextgebundene Ausgangssetzungen und Lösungsversprechen zu reflektieren? Der Workshop diente einer Vernetzung der beiden Bereiche, einer Sensibilisierung für gemeinsame und trennende Fragen und zur Vorbereitung eines Drittmittelantrags zu diesem Thema. Organisiert und moderiert wurde der Workshop von Eva Barlösius (Hannover), Stefan Böschen (Aachen) und Carsten Reinhardt ML (Bielefeld).

Zum Anspruch des ZfW, fachwissenschaftliche und gesellschaftliche Gruppen zielgenau und modern anzusprechen, gehört auch die Bestrebung, neue, innovative Veranstaltungsformate zu entwickeln.
Die Auseinandersetzung mit dem Thema Landwende und der Frage „Wie wollen wir leben?" bot hierfür einen idealen Anlass. Sowohl die globale Erderwärmung als auch der dramatische Verlust an Biodiversität stehen in engem Zusammenhang damit, wie die Landfläche der Erde vom Menschen genutzt wird. Wollen wir diese Prozesse aufhalten, brauchen wir eine „Landwende". Aber: Wie kann es gelingen, die vielfältigen Bedürfnisse und Anforderungen an Landnutzung in Einklang zu bringen? Welche Konflikte müssen wir lösen, um Landnutzung zukunftsfähig zu machen? Wie könnten Auswege aus den Zielkonflikten aussehen und gibt es hier vielleicht bereits Beispiele für tragfähige Lösungen? In Vorbereitung auf die für 2024 geplante Zukunftswerkstatt „Landwende" fand im August 2023 unter der wissenschaftlichen Leitung von Katrin Böhning-Gaese ML (Frankfurt/Main) eine Auftaktveranstaltung statt, in dessen Rahmen Wissenschaftlerinnen und Wissenschaftler aus den Bereichen Biodiversität, Klima, Ernährungssicherung, Ökonomie und Ethik über die spezifischen Anforderungen diskutierten, die sich aus Perspektive ihrer Disziplinen an die Landnutzung stellen, und wie eine gerechte und nachhaltige Landnutzung der Zukunft aussehen könnte.

29. August 2023, Hybrid-Veranstaltung, Leopoldina-Vortragssaal, Jägerberg 1, Halle (Saale)
Kurzvorträge und Podiumsdiskussion:
„Landwende: Wie wollen wir leben?"
Wissenschaftliche Leitung: Katrin Böhning-Gaese ML (Biodiversität und Klima Forschungszentrum, Frankfurt/Main)
https://www.leopoldina.org/veranstaltungen/veranstaltung/event/3095/
Zur Aufzeichnung:
https://www.youtube.com/watch?v=XYB4YP5jTXE

Wissenschaftshistorische Seminare

Alle Videos der Reihe unter:
https://www.youtube.com/playlist?list=PLaCuDJ8AkAoPb8Ts4ENxgOAv1ExV4Qfzq

10. Januar 2023, Hybrid-Veranstaltung, Lesesaal, Emil-Abderhalden-Str. 36, Halle (Saale)
Staffan Müller-Wille, Cambridge (Großbritannien)
„Vom Tagebuch zum Katalog: Wissenstransfer in Carl von Linnés Lappländischer Reise (1732)“
https://www.leopoldina.org/veranstaltungen/veranstaltung/event/3019/

7. Februar 2023, Hybrid-Veranstaltung, Lesesaal, Emil-Abderhalden-Str. 36, Halle (Saale)
Nils Güttler, Wien (Österreich)
„Nach der Natur: Der Frankfurter Flughafen und die Geschichte des Umweltwissens“
https://www.leopoldina.org/veranstaltungen/veranstaltung/event/3020/

7. März 2023, Online-Veranstaltung
Marianne Sommer, Luzern (Schweiz)
„Die Rolle diagrammatischer Sprach-Bilder in der frühen Anthropologie“
https://www.leopoldina.org/veranstaltungen/veranstaltung/event/3050/

18. April 2023, Online-Veranstaltung
Swen Steinberg, Washington (D.C., USA)
„Migrantisches Wissen: Potentiale und Perspektiven eines Forschungsfeldes“
https://www.leopoldina.org/veranstaltungen/veranstaltung/event/3062/

9. Mai 2023, Hybrid-Veranstaltung, Lesesaal, Emil-Abderhalden-Str. 36, Halle (Saale)
Norbert Schappacher, Straßburg (Frankreich)
„Eine ‚der seltenen Ausnahmen‘?
Emmy Noethers Rolle in der Mathematik des 20. Jahrhunderts“
https://www.leopoldina.org/veranstaltungen/veranstaltung/event/3051/

6. Juni 2023, Hybrid-Veranstaltung, Lesesaal, Emil-Abderhalden-Str. 36, Halle (Saale)
Thomas Beddies, Berlin
„Heroinkonsum in Berlin: Zwischen Psychiatriereform
und AIDS-Phobie in den 1970er- und 1980er-Jahren“
https://www.leopoldina.org/veranstaltungen/veranstaltung/event/3061/

11. Juli 2023, Online-Veranstaltung
Fritz Breithaupt, Bloomington (IN, USA)
„Die großen Narrative: Wie wir in Geschichten leben“
https://www.leopoldina.org/veranstaltungen/veranstaltung/event/3063/

10. Oktober 2023, Online-Veranstaltung
Gabriele METZLER, Berlin
„Dr. Strangelove und die Figur des Wissenschaftlers im Kalten Krieg"
https://www.leopoldina.org/veranstaltungen/veranstaltung/event/3112/

7. November 2023, Hybrid-Veranstaltung, Franckesche Stiftungen, Neubauer-Saal, Haus 52, Halle (Saale)
in Kooperation mit den Franckeschen Stiftungen zu Halle
Tanja VAN HOORN, Bochum
„‚Die armseligen 24 Zeichen'? Georg Forster als Nature Writer"
https://www.leopoldina.org/veranstaltungen/veranstaltung/event/3113/

5. Dezember 2023, Hybrid-Veranstaltung, Lesesaal, Emil-Abderhalden-Straße 36, Halle (Saale)
Mitchell G. ASH, Wien (Österreich)
„Eine politische Wissenschaftsgeschichte.
Die Max-Planck-Gesellschaft im Prozess der deutschen Vereinigung"
https://www.leopoldina.org/veranstaltungen/veranstaltung/event/3114/

Sonstige Veranstaltungen

10. September 2023, Leopoldina, Jägerberg 1, Halle (Saale)
Tag des offenen Denkmals
Am bundesweiten Tag des offenen Denkmals öffnete die Nationalakademie ihre Türen für interessierte Besucherinnen und Besucher.
https://www.leopoldina.org/veranstaltungen/veranstaltung/event/3089/

25.–29. Oktober 2023, Halle (Saale)
Internationales Wissenschafts- und Medienfestival SILBERSALZ
„Ich sehe was, was du nicht siehst"
im Rahmen des 6. Internationalen Wissenschaftsfilmfestivals
Mit Beteiligung der Leopoldina:
Ziel des Festivals war es, das zu thematisieren und zu visualisieren, was sich der direkten Wahrnehmung der Besucherinnen und Besucher entzieht und sie so auf eine Entdeckungsreise zwischen Mensch und Natur, Erde und Weltraum, Groß und Klein, Sehen und Verstehen mitzunehmen. Die Leopoldina war erneut Veranstaltungsort hochkarätig besetzter Diskussionen, der Verleihung der Science & Media Awards und einer multimedialen Biodiversitätsshow.
https://www.leopoldina.org/veranstaltungen/veranstaltung/event/3119/

Ausstellungen

15. Juni 2023 bis 16. Mai 2024, Stadtarchiv Plauen, Unterer Graben 1, Plauen
Fotoausstellung
„Aus Neugier auf das Fremde“
Kurt MOTHES (1900–1983), bedeutender Naturwissenschaftler und XXII. Präsident der Leopoldina, wurde vor über 120 Jahren in Plauen geboren und verbrachte hier prägende Kindheits- und Jugendjahre. Etwa 2500 Fotografien aus dem Privatbesitz des deutschen Botanikers dokumentieren diese Zeit (1918–1940), vor allem aber seine Tätigkeit in der Jugendbewegung und die vielfältigen Exkursionen von Lappland bis nach Korsika.
Die Ausstellung wird vom Leopoldina-Archiv kuratiert, das seit 2013 im Besitz der Bildersammlung ist.
https://www.leopoldina.org/veranstaltungen/veranstaltung/event/3069/

Markus Scholz | Leopoldina

3. Veröffentlichungen

Nova Acta Leopoldina – NAL-conference[1]

Herausgegeben von Diethard TAUTZ ML (Plön), *Director Ephemeridum* der Deutschen Akademie der Naturforscher Leopoldina – Nationale Akademie der Wissenschaften. Die Nova Acta Leopoldina werden unter dem Titel „Nova Acta Leopoldina – NAL-conference" fortgesetzt.

(ISSN [Print] 0369-5034, ISSN [Online] 2748-7431, Wissenschaftliche Verlagsgesellschaft Stuttgart, Maybachstraße 8, 70469 Stuttgart, Bundesrepublik Deutschland)

NAL-conference Nr. *429*

Transplantation

Ethics, Techniques, Immunology

Joint meeting of the German Academy of Sciences Leopoldina – National Academy of Sciences and the Deutsche Ophthalmologische Gesellschaft (DOG)
Saarland University, Homburg, 26th to 27th May 2022

Edited by Berthold SEITZ (Homburg)

(2024, 114 pages, 19 figures, 6 tables, 19,00 Euro, ISBN [Print]: 978-3-8047-4560-5)

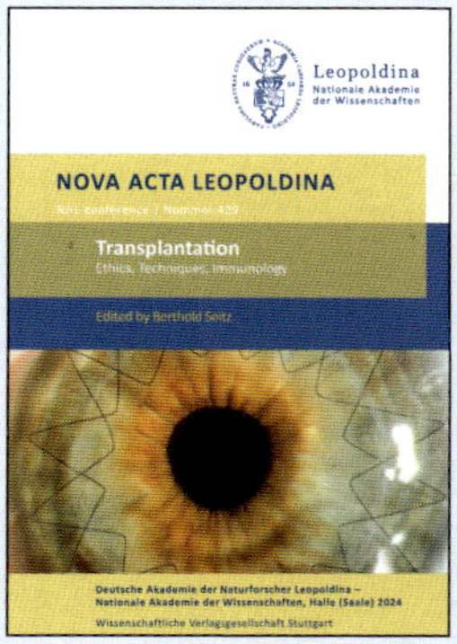

doi:10.26164/leopoldina_10_01197

Today, numerous tissues and organs are transplanted routinely and with increasing success rates, for example bone marrow, cornea, heart valves, skin, kidney, heart, lung, pancreas or liver. Transplantation is also playing an increasingly important role in cancer therapy. Furthermore, transplantation saves people's lives and secures their quality of life. The conditions for successful transplantation have been set since the middle of the 20th century: doctors' intuition, surgical skills, and the identification of effective immunosuppressants were prerequisites for these developments. A pressing current problem in transplantation medicine is the large demand for organs/tissues, compared to the low willingness to donate. Accordingly, the stagnating willingness to donate organs, the importance of saving lives through organ donation, the increasing need for organ donation, and underlying ethical issues are currently being weighed against each other in an intensive social debate with regard to possible legal requirements for organ donation. The realization of strategies that have been used since the turn of the century to grow tissues and whole organs from stem cells and use them as organ substitutes, as well as to create conditions for transferring non-human organs to humans, could defuse this debate in the future.

1 Nachfolgend werden die seit dem Erscheinen des Leopoldina-Jahrbuchs 2022 publizierten Veröffentlichungen referiert. Hier nicht aufgeführte Publikationen der Akademie aus dem Jahr 2023 sind bereits im Jahrbuch 2022 erwähnt und über die digitale Version des Leopoldina-Jahrbuchs erschließbar:
https://www.leopoldina.org/publikationen/detailansicht/publication/jahrbuch-2022/
Mitglieder der Akademie können auf Anfrage alle Publikationen kostenlos erhalten.

NAL-conference Nr. *430*

Global Health

Von Gesundheitsleistungen über Klimawandel
bis zu sozialer Gerechtigkeit

Vorträge anlässlich der Jahresversammlung am
23. und 24. September 2022 in Halle (Saale)

Herausgegeben von Susanne HARTMANN (Berlin),
Thomas C. METTENLEITER (Greifswald – Insel Riems)
und Lothar H. WIELER (Berlin)

(2023, 108 Seiten, 35 Abbildungen, 3 Tabellen, 12 Videos,
19,00 Euro, ISBN: 978-3-8047-4507-0)

doi:10.26164/leopoldina_10_01164

Globale Gesundheit ist ein Bereich der Lehre, Forschung und Praxis, der prioritär auf die Verbesserung von Gesundheit mit gleichem Zugang für alle Menschen weltweit zielt. Es ist bemerkenswert, dass vielfach die menschliche Gesundheit ausschließlich als Domäne der Medizin betrachtet wird, obwohl das psychische und physische Wohlbefinden unserer Mitmenschen zuallererst von Bildungsstand, Lebensstil, Entfaltungsmöglichkeiten und der Umwelt abhängt. Die Leopoldina hat die Gelegenheit ihrer Jahresversammlung genutzt, das breite Themenspektrum der Globalen Gesundheit wissenschaftlich beispielhaft darzulegen und zu diskutieren.

NAL-live

Herausgegeben von Diethard TAUTZ ML (Plön), *Director Ephemeridum* der Deutschen Akademie der Naturforscher Leopoldina – Nationale Akademie der Wissenschaften
NAL-live-Editoren der vier Klassen der Leopoldina:
Gerd LEUCHS ML (Erlangen) – Klasse I: Mathematik, Natur- und Technikwissenschaften,
Alfred WITTINGHOFER ML (Dortmund) – Klasse II: Lebenswissenschaften,
Ulf EYSEL ML (Bochum) – Klasse III: Medizin,
Christine WINDBICHLER ML (Berlin) – Klasse IV: Geistes-, Sozial- und Verhaltenswissenschaften.
(ISSN 2699-8955, www.nal-live.org)

NAL-live ist ein Online-Review Journal im Open Access. Artikel der NAL-live werden *peer-reviewed* und unter der Creative Commons-Lizenz CC-BY 4.0 veröffentlicht. Die Autoren, aber auch andere Wissenschaftlerinnen und Wissenschaftler können sie in einem begutachteten Verfahren weiterentwickeln, indem sie Kommentare und Ergänzungen einfügen. Die Dokumente bilden so eine offene wissenschaftliche Diskussion ab. Durch die ständige Aktualisierung sollen die Texte auch für Politik und Medien eine Informationsgrundlage zum jeweiligen Thema bieten.
Die NAL-live will offene wissenschaftliche Diskussionen anregen, moderieren und dokumentieren. Einmal publizierte Artikel werden als „Living Documents" von der *Scientific Community* fortlaufend aktualisiert. Dadurch gehen neue wissenschaftliche Entwicklungen in die Artikel ein, neue Literatur, neue Methoden und neue Interpretationsmöglichkeiten werden berücksichtigt. So entstehen kommentierte und ergänzte (Version 1.1 etc.) und überarbeitete bzw. aktualisierte (Version 2.0 etc.) Artikel. Alle Versionen, Kommentare und Ergänzungen erhalten eigene *Digital Object Identifier* (DOI), werden vollständig und nachvollziehbar dokumentiert und bleiben so dauerhaft zitierfähig.

Zuletzt erschienen:

NAL-live 2020.1
The New (Old) Genetics, Version 2.0
Diethard TAUTZ ML, R. Guy REEVES and
Luisa F. PALLARES
Editors: Alfred WITTINGHOFER and Herbert JÄCKLE
(2023, 18 pages, 5 figures)

DOI:10.34714/leopoldina_NAL-live_0001_02000
Diesen Artikel diskutieren oder kommentieren:
https://paperhive.org/documents/items/tZKTxne5X8ch

NAL-historica

Herausgegeben von Christina Brandt ML (Jena), Heiner Fangerau ML (Düsseldorf) und Christoph Meinel ML (Regensburg)
Die Schriftenreihe Acta Historica Leopoldina [ISSN 0001-5857] wird ab der Nr. *82* als NAL-historica [2940-6897] fortgeführt.
(Wissenschaftliche Verlagsgesellschaft Stuttgart, Maybachstraße 8, 70469 Stuttgart, Bundesrepublik Deutschland)

NAL-historica Nr. *85*

„Wir und die ‚Anderen'": Intergruppenbeziehungen in interdisziplinärer Perspektive

Herausgegeben von: Gereon Wolters (Konstanz)

(2024, 136 Seiten, 13 Abbildungen, 22,00 Euro, ISBN: 978-3-8047-4543-8)

doi:10.26164/leopoldina_10_01186

„Identität" und „Andersheit" bilden in ihren verschiedenen Ausprägungen zentrale Themen der gegenwärtigen westlichen Kultur. Daraus lassen sich zahlreiche transdisziplinäre Fragestellungen ableiten. Der vorliegende Band behandelt eine breite Palette von Zugängen zu diesem Problemkreis, beginnend mit Gruppenwechsel, Migration und sozialer Integration bei nichtmenschlichen Primaten über die Verhältnisse in menschlichen Gruppen aus anthropologischer und völkerkundlicher Perspektive bis hin zu Aspekten der Bewertung von „Eigenem" und „Fremdem" auf den verschiedenen Diskursebenen. Er umfasst in weiterführenden Betrachtungen zudem philosophische Vergleiche der Verfasstheit unterschiedlicher religiöser Gruppen und deren Beziehungen untereinander sowie historische Beispiele von Abgrenzung, Duldung, Gewalt und Toleranz im Umgang der christlichen Konfessionen miteinander.

NAL-historica Nr. *86*

Politik in der Wissenschaft: Zur Evaluierung von „NS-Belastung“ in wissenschaftlichen Kontexten

Herausgegeben von: Volker Roelcke (Gießen) in Kooperation mit dem Zentrum für Wissenschaftsforschung der Leopoldina

(2024, 280 Seiten, 10 Abbildungen, 1 Tabelle, 26,00 Euro, ISBN: 978-3-8047-4544-5)

doi:10.26164/leopoldina_10_01229

Die Erforschung der NS-Vergangenheit und die Aufarbeitung der „NS-Belastung“ von Behörden, Unternehmen und wissenschaftlichen Institutionen erlebte in den letzten Jahren eine beachtenswerte Konjunktur. Dabei spielte der Begriff der „NS-Belastung“ der historischen Akteure eine zentrale Rolle. Die „Belastung“ wurde dabei oft mit Umfang, Zeitpunkt und Dauer der Mitgliedschaft in NS-Organisationen (NSDAP) gleichgesetzt. Diese Reduktion wird wegen des tendenziell formalen Charakters im Herangehen zunehmend kritisch diskutiert. Der vorliegende Band weitet am Beispiel ausgewählter Gruppen von Akademiemitgliedern (z. B. Psychiatern und Psychologen, Mathematikern u. a.), ausgewählten Biographien und Fallstudien den Blick von individuellen Haltungen und Verhaltensweisen auf strukturelle Bedingungen, die Zwänge und Handlungsspielräume für die Akteure ausmachten. Zudem werden die historische Wandelbarkeit des Begriffs „Belastung“ und die unterschiedlichen Herangehensweisen in Ost und West im Kontext der „Entnazifizierungs“-Prozeduren problematisiert.

Jahrbuch der Akademie

Herausgegeben von Gerald Haug (Halle/Saale), Präsident der Deutschen Akademie der Naturforscher Leopoldina – Nationale Akademie der Wissenschaften
(ISSN [Print] 0949-2364, ISSN [Online] 2748-9477, Wissenschaftliche Verlagsgesellschaft Stuttgart, Maybachstraße 8, 70469 Stuttgart, Bundesrepublik Deutschland)

Deutsche Akademie der Naturforscher Leopoldina
Nationale Akademie der Wissenschaften
Jahrbuch 2023

Leopoldina (Reihe 3), Jahrgang *69* (2023)
Herausgegeben von Gerald Haug (Halle/Saale)
(2024, 291 Seiten, 73 Abbildungen,
30,00 Euro, ISBN: 978-3-8047-4542-1)

Das Jahrbuch enthält den Bericht des Präsidenten der Akademie für das Jahr 2023. Außer über die Jahresversammlung zum Thema „Gesetz(e): Regeln der Wirklichkeit – Regeln für die Wirklichkeit", die einen weitgefassten Gesetzesbegriff unter mannigfaltigen Perspektiven verschiedener Fächer diskutierte, berichtet der Band weiter über eine Anzahl von Veranstaltungen der Sektionen und anderen Struktureinheiten der Akademie, die ein vielfältiges wissenschaftliches Programm im Berichtsjahr widerspiegeln. Es enthält eine Zusammenstellung aller durchgeführten Veranstaltungen, die Hinweise auf weiterführende Inhalte bietet. Diese sind in der Internetversion der Publikation direkt aufrufbar. Die Satzung der Akademie ist in der deutschen und englischen Sprache dokumentiert und wird durch die im Jahr 2023 veränderte Wahlordnung in beiden Versionen vervollständigt. Die Dokumentation des Wirkens der Akademie wird durch Beiträge zur Frühgeschichte der Akademie und zu den Bücherverlusten der Leopoldina-Bibliothek in der Zeit um 1945 sowie die übliche historische Chronologie ergänzt.

Struktur und Mitglieder

Herausgegeben von Gerald HAUG ML (Halle/Saale), Präsident der Deutschen Akademie der Naturforscher Leopoldina – Nationale Akademie der Wissenschaften.
(ISSN [Print] 2569-7528, ISSN [Online] 2749-8352)

Deutsche Akademie der Naturforscher Leopoldina
Nationale Akademie der Wissenschaften
German National Academy of Sciences Leopoldina
HALLE (SAALE)
gegründet | founded 1652 in Schweinfurt
STRUKTUR UND MITGLIEDER
STRUCTURE AND MEMBERS
Stand | updated 30.06.2024
Herausgegeben von Gerald HAUG (Halle/Saale)
(2024, 446 Seiten, 65 Abbildungen, 7 tabellarische Zusammenstellungen)

DOI:10.26164/leopoldina_06_01243

Gesamtverzeichnis der Struktur und der Mitglieder der Deutschen Akademie der Naturforscher Leopoldina – Nationale Akademie der Wissenschaften: Die Publikation enthält Arbeitsgruppen, Fokusgruppen, Wissenschaftliche Kommissionen, Glückwünsche zum 80. Geburtstag, einen Nachruf auf Vizepräsident Harald ZUR HAUSEN, Organisationsstruktur sowie die Angaben zu den neugewählten Mitgliedern des jeweils letzten Jahres. Auf eine aktuelle alphabetische Mitgliederliste mit Adressen wird verzichtet.

Sonderschriften

Leopoldina
Monitoring-Bericht 2023
(Gemäß § 3 Abs. 3 WissFG)
Leopoldina – Nationale Akademie der Wissenschaften
Herausgegeben von Präsident Gerald Haug ML
(Halle/Saale)
(2024, 55 Seiten, 35 Abbildungen)

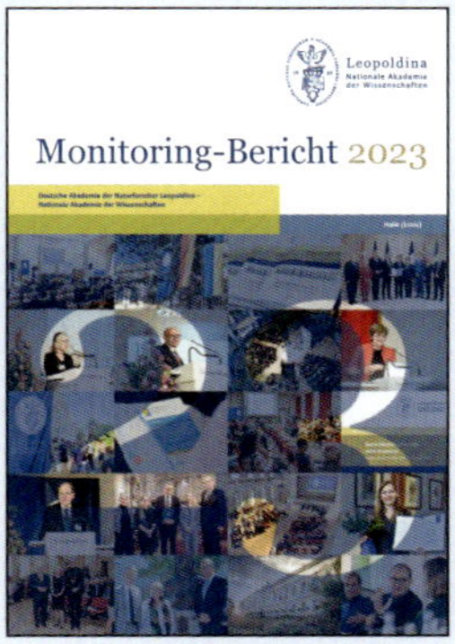

https://www.leopoldina.org/publikationen/detailansicht/publication/leopoldina-monitoring-bericht-2023/

Programm und Kurzfassungen der Vorträge
Gesetz(e):
Regeln der Wirklichkeit – Regeln für die Wirklichkeit
Jahresversammlung
28. bis 29. September 2023
(2023, 32 Seiten, 18 Abbildungen)

https://www.leopoldina.org/fileadmin/redaktion/Veranstaltungen/Jahresversammlung/2023_09_28_29_Kurzfassungsheft_2023.pdf

Leopoldina
Die Nationale Akademie der Wissenschaften
im Überblick
Herausgegeben von Präsident Gerald HAUG ML
(Halle/Saale)
(Oktober 2023, 17 Seiten, 26 Abbildungen)

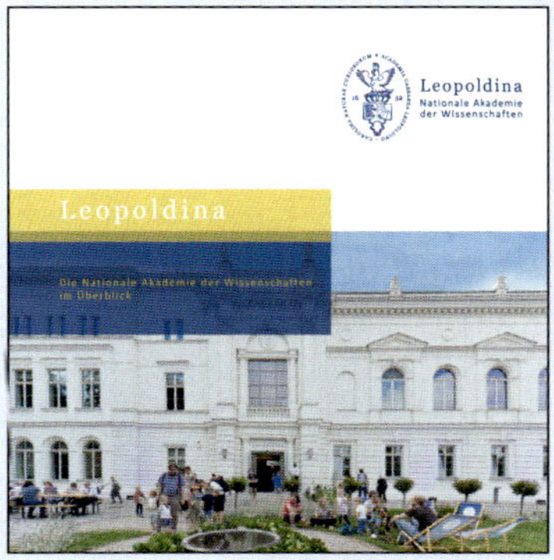

https://www.leopoldina.org/fileadmin/redaktion/Publikationen/Infomaterial/2023_Leopoldina-Infobroschuere_DE_web.pdf

Leopoldina
The German National Academy of Sciences
at a Glance
Herausgegeben von Präsident Gerald HAUG ML
(Halle/Saale)
(Oktober 2023, 17 Seiten, 26 Abbildungen)

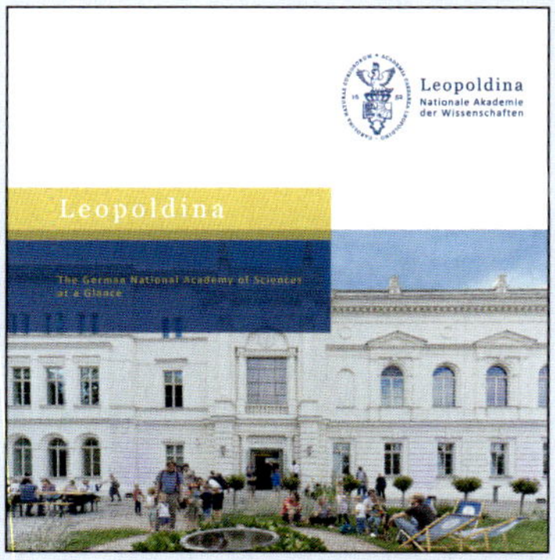

https://www.leopoldina.org/fileadmin/redaktion/Publikationen/Infomaterial/2023_Leopoldina-Infobroschuere_EN_web.pdf

Leopoldina – Nationale Akademie der Wissenschaften
Denkmal und Kunstwerk
Die Büste für den Leopoldina-Gründer
Johann Laurentius Bausch

Herausgeber:
Der Präsident der Deutschen Akademie
der Naturforscher Leopoldina e. V. –
Nationale Akademie der Wissenschaften / Leopoldina
Akademie Freundeskreis e. V.

(2024, 66 Seiten, 52 Abbildungen,
ISBN: 978-3-00-080276-8)

https://www.leopoldina.org/publikationen/detailansicht/publication/sonderpublikation-denkmal-und-kunstwerk/
DOI:10.26164/leopoldina_06_01217

Leopoldina – Nationale Akademie der Wissenschaften
Der Ritualraum des VI. Grades der Freimaurerloge „Zu den drei Degen"
Ein wiederentdeckter Arbeitssaal im Hauptgebäude der Nationalen Akademie der Wissenschaften Leopoldina auf dem Jägerberg in Halle an der Saale

Herausgeber:
Der Präsident der Deutschen Akademie der Naturforscher Leopoldina e. V. – Nationale Akademie der Wissenschaften

(2. Auflage 2024, 83 Seiten, 81 Abbildungen, ISBN: 978-3-8047-3886-7)

Leopoldina aktuell / Leopoldina news

Leopoldina aktuell bzw. *Leopoldina news* können über die Internetseite der Akademie https://www.leopoldina.org/presse/newsletter/ abonniert werden und sind dort auch als PDF-Dateien verfügbar. Nachfolgend sind die im Jahr 2023 erschienenen Ausgaben von *Leopoldina aktuell* bzw. *Leopoldina news* sowie die Ausgaben bis zur Nummer 3/2024 referiert.

Leopoldina aktuell

1/2023 3. März 2023 (22 Seiten, 21 Abbildungen)

https://www.leopoldina.org/fileadmin/redaktion/Publikationen/Leopoldina_aktuell/Deutsch/Leopoldina_Newsletter_1_2023_DEU.pdf

https://newsletter.leopoldina.org/mag/0385475001677742606 (interaktiv)

2/2023 2. Juni 2023 (18 Seiten, 18 Abbildungen)

https://www.leopoldina.org/fileadmin/redaktion/Publikationen/Leopoldina_aktuell/Deutsch/Leopoldina_Newsletter_2_2023_DEU.pdf

https://newsletter.leopoldina.org/leopoldina-aktuell-2-2023/0410368001685538537 (interaktiv)

3/2023 3. November 2023 (27 Seiten, 27 Abbildungen)

https://www.leopoldina.org/fileadmin/redaktion/Publikationen/Leopoldina_aktuell/Deutsch/Leopoldina-Newsletter_3_2023_DEU.pdf

https://newsletter.leopoldina.org/leopoldina-aktuell-3-2023/0160814001698309765 (interaktiv)

1/2024 1. März 2024 (22 Seiten, 20 Abbildungen)

https://www.leopoldina.org/fileadmin/redaktion/Publikationen/Leopoldina_aktuell/Deutsch/Leopoldina_Newsletter_1_2024_DEU.pdf

https://newsletter.leopoldina.org/leopoldina-aktuell-1-2024/0694823001709121570 (interaktiv)

2/2024 3. Juli 2024 (25 Seiten, 28 Abbildungen)

https://www.leopoldina.org/fileadmin/redaktion/Publikationen/Leopoldina_aktuell/Deutsch/Leopoldina_Newsletter_2_2024_DEU.pdf

https://newsletter.leopoldina.org/leopoldina-aktuell-2-2024/0025176001719306562 (interaktiv)

3/2024 25. Oktober 2024 (23 Seiten, 29 Abbildungen)

https://www.leopoldina.org/fileadmin/redaktion/Publikationen/Leopoldina_aktuell/Deutsch/Leopoldina_Newsletter_3_2024_DEU.pdf

https://newsletter.leopoldina.org/mag/0120464001729586548 (interaktiv)

Leopoldina news

1/2023 3 March 2023 (19 pages, 20 images)

https://www.leopoldina.org/fileadmin/redaktion/Publikationen/Leopoldina_aktuell/Englisch/Leopoldina_Newsletter_1_2023_EN.pdf

https://newsletter.leopoldina.org/mag/0767508001677685805 (interaktiv)

2/2023 2 June 2023 (13 pages, 15 images)

https://www.leopoldina.org/fileadmin/redaktion/Publikationen/Leopoldina_aktuell/Englisch/Leopoldina_Newsletter_2_2023_EN.pdf

https://newsletter.leopoldina.org/leopoldina-news-2-2023/0891369001685537138 (interaktiv)

3/2023 3 November 2023 (20 pages, 23 images)

https://www.leopoldina.org/fileadmin/redaktion/Publikationen/Leopoldina_aktuell/Englisch/Leopoldina_Newsletter_3_2023_EN.pdf

https://newsletter.leopoldina.org/leopoldina-news-3-2023/0473450001698828926 (interaktiv)

1/2024 1 March 2024 (14 pages, 16 images)

https://www.leopoldina.org/fileadmin/redaktion/Publikationen/Leopoldina_aktuell/Englisch/Leopoldina_Newsletter_1_2024_EN.pdf

https://newsletter.leopoldina.org/leopoldina-news-1-2024/0955568001709122887 (interaktiv)

2/2024 3 July 2024 (18 pages, 18 images)

https://www.leopoldina.org/fileadmin/redaktion/Publikationen/Leopoldina_aktuell/Englisch/Leopoldina_Newsletter_2_2024_EN.pdf

https://newsletter.leopoldina.org/leopoldina-news-2-2024/0300548001719393871 (interaktiv)

3/2024 25 October 2024 (18 pages, 23 images)

https://www.leopoldina.org/fileadmin/redaktion/Publikationen/Leopoldina_aktuell/Englisch/Leopoldina_Newsletter_3_2024_ENG.pdf

https://newsletter.leopoldina.org/mag/0914492001729589183 (interaktiv)

Stellungnahmen, Diskussionen, Statements

Die Stellungnahmen, Diskussionen und Statements können als PDF-Dateien von der Internetseite der Akademie http://www.leopoldina.org/ heruntergeladen werden. Die bisher im Jahr 2023 erschienenen Stellungnahmen, Diskussionen und Statements sind bereits im Leopoldina-Jahrbuch 2022, S. 290ff. vorgestellt und über die Internetversion des Jahrbuchs erschließbar oder über die oben angegebene Internetadresse aufrufbar.

Nationale Akademie der Wissenschaften Leopoldina
Leopoldina-Forum Nr. 3

Roundtables „International Perspectives on Evidence-based Policymaking“ und „How to strengthen Evidence-based Policymaking? Strategic Positioning within Government“

Herausgeber:
Deutsche Akademie der Naturforscher Leopoldina e. V. –
Nationale Akademie der Wissenschaften
Präsident: Gerald H. Haug

Initiative für evidenzbasierte Politikgestaltung 2023
Lena Diekmann, Regina T. Riphahn, Monika Schnitzer

(2023, 30 Seiten, 1 Abbildung)

https://www.leopoldina.org/fileadmin/redaktion/Publikationen/Leopoldina-Forum/2023_Leopoldina_Forum_Roundtables__Evidenzbasierte_Politikgestaltung.pdf

DOI:10.26164/leopoldina_01_00859

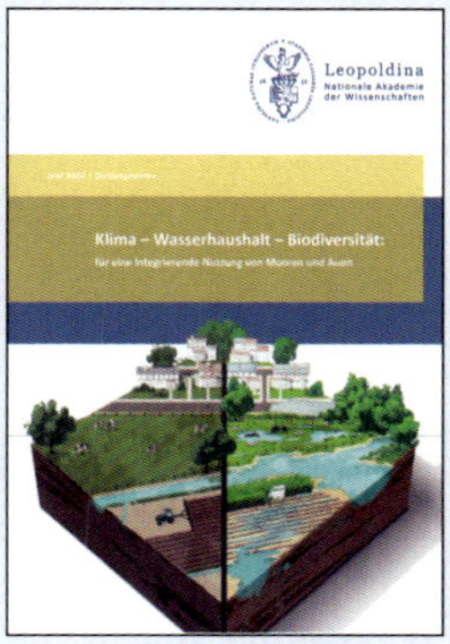

Nationale Akademie der Wissenschaften Leopoldina
Stellungnahme

Klima – Wasserhaushalt – Biodiversität:
für eine integrierende Nutzung von Mooren und Auen

Herausgeber:
Deutsche Akademie der Naturforscher Leopoldina e. V. – Nationale Akademie der Wissenschaften

Mitwirkende:

Sprecher der Arbeitsgruppe:
Klement Tockner und Bernd Hansjürgens

Mitglieder der Arbeitsgruppe:
Daniel Hering, Johannes Kollmann, Jürgen Kreyling, Hermine Mitter, Stefan Möckel, Annette Prochnow, Ortwin Renn, Franziska Tanneberger, Dörthe Tetzlaff, Florian Ziel

(Juni 2024, 132 Seiten, 15 Abbildungen, 2 Tabellen)

https://www.leopoldina.org/fileadmin/redaktion/Publikationen/Nationale_Empfehlungen/2024-06-27_Leopoldina_Stellungnahme_Moore_und_Auen_Web.pdf

DOI:10.26164/leopoldina_03_01185

Nationale Akademie der Wissenschaften Leopoldina
Ad-hoc-Stellungnahme

Vom Medizinforschungsgesetz zur Gesamtstrategie
Biomedizinische Forschung in Deutschland langfristig stärken

Herausgeber:
Deutsche Akademie der Naturforscher Leopoldina e. V. – Nationale Akademie der Wissenschaften

Mitglieder der Arbeitsgruppe
Thomas KRIEG (Leitung der Arbeitsgruppe)
Michael BAUMANN, Leena BRUCKNER-TUDERMAN, Christiane BRUNS, Hartmut DÖHNER, Jutta GÄRTNER, Ralf GOLD, Gerd HASENFUSS, Christof VON KALLE, Sebastian GRAF VON KIELMANSEGG, Christiane KUHL, Michael MANNS, Fruzsina MOLNÁR-GÁBOR, Stefan PFISTER, Daniel STRECH, Urban WIESING, Eva WINKLER, Olaf WITT, Ruth WITT

(2024, 26 Seiten)

https://www.leopoldina.org/fileadmin/redaktion/Publikationen/Nationale_Empfehlungen/2024_Leopoldina_Ad-hoc-Stellungnahme_Medizinforschungsgesetz.pdf

DOI:10.26164/leopoldina_03_01184

Nationale Akademie der Wissenschaften Leopoldina

Stellungnahme

Förderung der Selbstregulationskompetenzen von Kindern und Jugendlichen an Kindertageseinrichtungen und Schulen

Herausgeber:
Deutsche Akademie der Naturforscher Leopoldina e. V. – Nationale Akademie der Wissenschaften

Mitwirkende:

Sprecher und Sprecherin der Arbeitsgruppe:
Johannes BUCHMANN und Herta FLOR

Mitglieder der Arbeitsgruppe:
Klaus-Michael DEBATIN, Jörg M. FEGERT, Corina U. GREVEN, Annette GRÜTERS-KIESLICH, Iryna GUREVYCH, Ralph HERTWIG, Stefan G. HOFMANN, Frauke KREUTER, Ulman LINDENBERGER, Thomas METZINGER, Andreas MEYER-LINDENBERG, Florian SCHMIEDEK, Silvia SCHNEIDER, Wolfgang SCHNEIDER, Ulrich TRAUTWEIN, Michèle WESSA, Alexander WOLL

(September 2024, 100 Seiten, 1 Abbildung, 2 Tabellen)

https://www.leopoldina.org/fileadmin/redaktion/Publikationen/Nationale_Empfehlungen/2024_Stellungnahme_Selbstregulation.pdf

DOI:10.26164/leopoldina_03_01157

Stellungnahme Kurzversion
(September 2024, 6 Seiten)

https://www.leopoldina.org/fileadmin/redaktion/Publikationen/Nationale_Empfehlungen/2024_Stellungnahme_Selbstregulation_kurz.pdf

Nationale Akademie der Wissenschaften Leopoldina
Diskussion Nr. 34

Generative KI – jenseits von Euphorie und einfachen Lösungen

Herausgeber:
Deutsche Akademie der Naturforscher Leopoldina e. V. –
Nationale Akademie der Wissenschaften
Präsident: Gerald H. Haug

Autorinnen:
Judith Simon, Indra Spiecker genannt Döhmann,
Ulrike von Luxburg

(2024, 28 Seiten)

https://www.leopoldina.org/fileadmin/redaktion/Publikationen/Nationale_Empfehlungen/2024_Diskussionspapier_Generative_KI_web.pdf

https://www.leopoldina.org/publikationen/detailansicht/publication/generative-ki-2024/

DOI:10.26164/leopoldina_03_01226

Nationale Akademie der Wissenschaften Leopoldina
Diskussion Nr. 35

Die gemeinsame Verantwortung für das archäologische Erbe

Warum der archäologische Kulturgutschutz besser in die akademische Ausbildung integriert werden muss

Herausgeber:
Deutsche Akademie der Naturforscher Leopoldina e. V. –
Nationale Akademie der Wissenschaften
Präsident: Gerald H. Haug

Autorinnen und Autoren:
Marie-Theres Albert, Constanze Breuer, Peter Funke,
Hans-Joachim Gehrke, Matthias Knaut, Jürgen Kunow

(2024, 90 Seiten, 13 Abbildungen)

https://www.leopoldina.org/fileadmin/redaktion/Publikationen/Diskussionen/2024_Diskussionspapier_Archaeologische_Ausbildung_Kulturgutschutz_web.pdf

https://www.leopoldina.org/publikationen/detailansicht/publication/die-gemeinsame-verantwortung-fuer-das-archaeologische-erbe-2024/

DOI:10.26164/leopoldina_03_01244

Union der deutschen Akademien der Wissenschaften e. V.
(Federführung: Berlin-Brandenburgische Akademie der Wissenschaften)
Nationale Akademie der Wissenschaften Leopoldina

Stellungnahme

Die Zukunft der Arbeit

Sprecherin der Arbeitsgruppe
Jutta Allmendinger

Mitglieder der Arbeitsgruppe
Axel Börsch-Supan, Andreas Eckert, Ute Frevert, Detlev Ganten, Lisa Herzog, Gesche Joost, Jürgen Kocka, Thomas Kruppe, Martin Krzywdzinski, Regine Leibinger, Christoph Markschies, Jutta Mata, Steffen, Mau, Maximilian Mayer, Andreas Mergenthaler Timo Meynhardt, Philipp Misselwitz, Susanne Völter-Mahlknecht, Katharina Wrohlich

(Januar 2024, 124 Seiten, 11 Abbildungen,
ISBN: 978-3-949-455-27-8)

https://www.leopoldina.org/fileadmin/redaktion/Publikationen/Nationale_Empfehlungen/2024_BBAW_Leopoldina_Stellungnahme_Zukunft_der_Arbeit.pdf

Nationale Akademie der Wissenschaften Leopoldina
acatech – Deutsche Akademie der Technikwissenschaften
Union der deutschen Akademien der Wissenschaften

Impuls

(Akademienprojekt „Energiesysteme der Zukunft" [ESYS])

Was ist der freiwillige Kohlenstoffmarkt –
und welchen Beitrag leistet er für den Klimaschutz?

Autorinnen und Autoren:
Miriam Borgmann, Jörn Gierds, Manfred Fischedick, Hans-Martin Henning, Ellen Matthies, Karen Pittel, Jürgen Renn, Dirk Uwe Sauer und Indra Spiecker genannt Döhmann

(November 2023, 36 Seiten, 9 Abbildungen, 2 Tabellen)

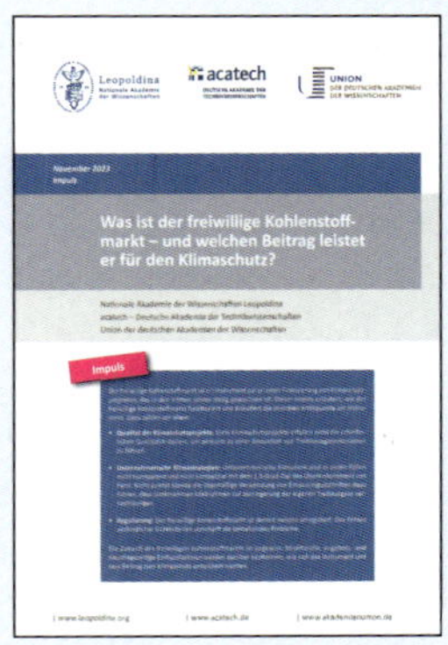

https://energiesysteme-zukunft.de/publikationen/stellungnahme/kohlenstoffmarkt

https://www.leopoldina.org/fileadmin/redaktion/Publikationen/Nationale_Empfehlungen/ESYS_Impuls_Freiwilliger_Kohlenstoffmarkt.pdf

DOI: 10.48669/esys_2023-7

Dazu: Factsheet

https://energiesysteme-zukunft.de/fileadmin/user_upload/Publikationen/PDFs/ESYS_Impuls_Kohlenstoffmarkt_Factsheet.pdf

Nationale Akademie der Wissenschaften Leopoldina
acatech – Deutsche Akademie der Technikwissenschaften
Union der deutschen Akademien der Wissenschaften
Kurz erklärt!
(Akademienprojekt „Energiesysteme der Zukunft“ [ESYS])

Wasserstoff – Welche Bedeutung hat er im Energiesystem der Zukunft?

Autorinnen und Autoren
Sven Wurbs, Philipp Stöcker, Jörn Gierds, Christoph Stemmler, Manfred Fischedick, Hans-Martin Henning, Ellen Matthies, Karen Pittel, Jürgen Renn, Dirk Uwe Sauer Indra Spiecker genannt Döhmann
(Januar 2024, 32 Seiten, 6 Abbildungen)

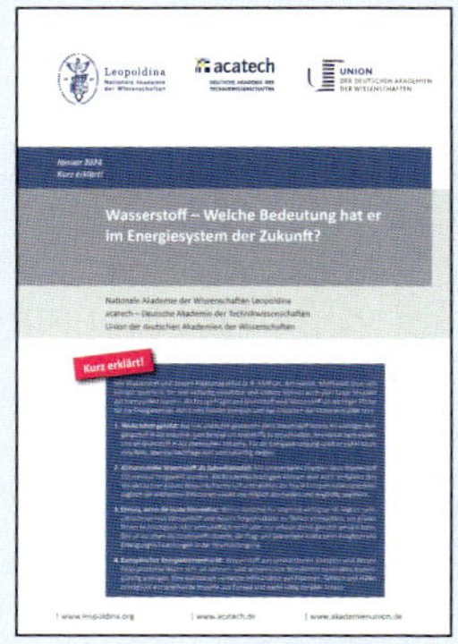

https://energiesysteme-zukunft.de/fileadmin/user_upload/Publikationen/PDFs/ESYS_Kurz_erklaert_Wasserstoff.pdf

https://energiesysteme-zukunft.de/publikationen/stellungnahme/kurz-erklaert-wasserstoff

DOI: 10.48669/esys_2024-1

Nationale Akademie der Wissenschaften Leopoldina
acatech – Deutsche Akademie der Technikwissenschaften
Union der deutschen Akademien der Wissenschaften
Impuls
(Akademienprojekt „Energiesysteme der Zukunft“ [ESYS])

Kohlenstoffmanagement integriert denken: Anforderungen an eine Gesamtstrategie aus CCS, CCU und CDR

Autorinnen und Autoren:
Johannes Pfeiffer, Berit Erlach, Manfred Fischedick, Sabine Fuss, Oliver Geden, Andreas Löschel, Karen Pittel, Mario Ragwitz, Cyril Stephanos, Anke Weidlich
(April 2024, 48 Seiten, 4 Abbildungen, 1 Tabelle)

https://www.leopoldina.org/fileadmin/redaktion/Publikationen/Nationale_Empfehlungen/2024_ESYS_Impuls_Kohlenstoffmanagement.pdf

https://www.leopoldina.org/publikationen/detailansicht/publication/kohlenstoffmanagement-integriert-denken-anforderungen-an-eine-gesamtstrategie-aus-ccs-ccu-und-cdr-2024/

https://energiesysteme-zukunft.de/publikationen/stellungnahme/carbon-management-integriert-denken

DOI:10.48669/esys_2024-5

Dazu: Factsheet
https://energiesysteme-zukunft.de/fileadmin/user_upload/Publikationen/PDFs/ESYS_Kohlenstoffmanagement_Factsheet.pdf

Nationale Akademie der Wissenschaften Leopoldina
acatech – Deutsche Akademie der Technikwissenschaften
Union der deutschen Akademien der Wissenschaften

Impuls

(Akademienprojekt „Energiesysteme der Zukunft“ [ESYS])

Kernfusion als Baustein einer klimaneutralen Energieversorgung?

Chancen, Herausforderungen, Zeithorizonte

Autorinnen und Autoren:
Sven Wurbs, Sonja Dehlwes, Andrea Lübke, Cyril Stephanos, Philipp Stöcker, Manfred Fischedick, Hans-Martin Henning, Andreas Löschel, Ellen Matthies, Karen Pittel, Jürgen Renn, Dirk Uwe Sauer, Indra Spiecker genannt Döhmann

(August 2024, 56 Seiten, 11 Abbildungen, 1 Tabelle)

https://energiesysteme-zukunft.de/fileadmin/user_upload/Publikationen/PDFs/ESYS_Impuls_Kernfusion.pdf

https://energiesysteme-zukunft.de/publikationen/stellungnahme/energiegewinnung-mit-kernfusion

DOI:10.48669/esys_2024-8

Dazu: Factsheet

https://www.leopoldina.org/fileadmin/redaktion/Publikationen/Nationale_Empfehlungen/2024_ESYS_Factsheet_Kernfusion.pdf

Nationale Akademie der Wissenschaften Leopoldina
acatech – Deutsche Akademie der Technikwissenschaften
Union der deutschen Akademien der Wissenschaften

Kurz erklärt!

(Akademienprojekt „Energiesysteme der Zukunft“ [ESYS])

Ist Kernfusion eine Energiequelle der Zukunft?

Autorinnen und Autoren:
Sven Wurbs, Sonja Dehlwes, Andrea Lübke, Cyril Stephanos, Manfred Fischedick, Hans-Martin Henning, Andreas Löschel, Ellen Matthies, Karen Pittel, Jürgen Renn, Dirk Uwe Sauer, Indra Spiecker genannt Döhmann

(September 2024, 21 Seiten, 4 Abbildungen, 1 Tabelle)

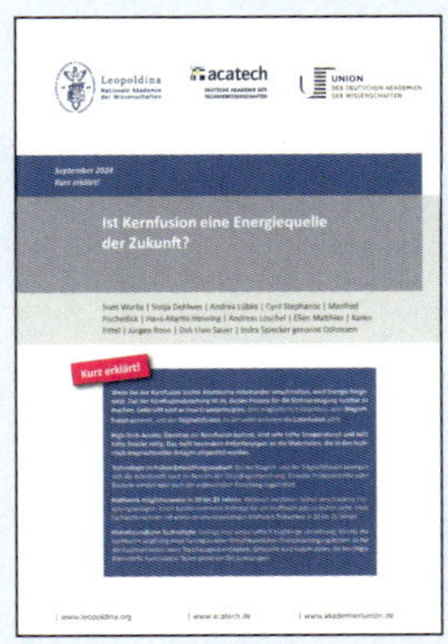

https://energiesysteme-zukunft.de/fileadmin/user_upload/Publikationen/PDFs/ESYS_Kurzerklaert_Kernfusion.pdf

https://energiesysteme-zukunft.de/publikationen/stellungnahme/kernfusion-einfach-erklaert

DOI:10.48669/esys_2024-9

Nationale Akademie der Wissenschaften Leopoldina
Deutsche Forschungsgemeinschaft (DFG)
Ad-hoc-Stellungnahme
Für eine wissenschaftsbasierte Regulierung von mittels neuer genomischer Techniken gezüchteten Pflanzen in der EU
Mitglieder der Arbeitsgruppe:
Ralph Bock, Ulla Bonas, Hans-Georg Dederer, Tina Romeis und Sabine Schlacke
(19. Oktober 2023, 4 Seiten)

https://www.leopoldina.org/fileadmin/redaktion/Publikationen/Nationale_Empfehlungen/2023_10_19_Stellungnahme_DFG_Leopoldina_NGT-1-Pflanzen_EU.pdf

Expertenliste

Nationale Akademie der Wissenschaften Leopoldina
Expertinnen und Experten zum Thema Grüne Gentechnik
(Oktober 2021, aktualisiert Januar 2024, 3 Seiten)

https://www.leopoldina.org/fileadmin/redaktion/Publikationen/Infomaterial/2024_01_ExpertinnenExperten_GrüneGentechnik.pdf

Allianz-Stellungnahmen

Alliance of Science Organisations in Germany / Allianz der Wissenschaftsorganisationen
Statement / Stellungnahme
Statement of the Alliance of Science Organisations in Germany regarding the current situation in Israel /
Stellungnahme der Allianz der Wissenschaftsorganisation zur aktuellen Situation in Israel
(12th of Octobre 2023 / 12. Oktober 2023)

https://www.leopoldina.org/fileadmin/redaktion/Publikationen/Allianz/2023_10_12_Allianz_Stellungnahme_Israel.pdf

Allianz der Wissenschaftsorganisationen
Stellungnahme
Für die Zukunftsfähigkeit unseres Landes müssen wir auf eine offene Gesellschaft und eine starke Demokratie bauen
(2. Februar 2024, 2 Seiten)

https://www.leopoldina.org/fileadmin/redaktion/Publikationen/Allianz/2024_Allianz-Stellungnahme_Offene_Gesellschaft_und_starke_Demokratie_web.pdf

https://www.allianz-der-wissenschaftsorganisationen.de/themen-stellungnahmen/offene-gesellschaft-und-starke-demokratie/

Allianz der Wissenschaftsorganisationen

Stellungnahme

Allianz fordert Beachtung der zentralen Rolle von Grundlagenforschung bei Genehmigungsverfahren für Tierversuche

(2. Februar 2024, 2 Seiten)

https://www.leopoldina.org/fileadmin/redaktion/Publikationen/Allianz/2024_Allianz-Stellungnahme-Grundlagenforschung-Tierversuche-final.pdf

https://www.allianz-der-wissenschaftsorganisationen.de/themen-stellungnahmen/allianz-fordert-beachtung-der-zentralen-rolle-von-grundlagenforschung-bei-genehmigungsverfahren-fuer-tierversuche/

Allianz der Wissenschaftsorganisationen

Stellungnahme

Stellungnahme der Allianz der Wissenschaftsorganisationen zur Studie *Kartierung und Beschreibung der Open-Access-Dienste in Deutschland*

(21. Mai 2024, 2 Seiten)

https://www.leopoldina.org/fileadmin/redaktion/Publikationen/Allianz/2024_Allianz-Stellungnahme-Kartierung-Open-Access.pdf

https://www.allianz-der-wissenschaftsorganisationen.de/themen-stellungnahmen/stellungnahme-zur-studie-kartierung-und-beschreibung-der-open-access-dienste-in-deutschland/

Nationale Empfehlung

Helmholtz-Gemeinschaft Deutscher Forschungszentren e. V.,
Forschungsbereich Erde & Umwelt, SynCom
Nationale Akademie der Wissenschaften Leopoldina

Fact Sheet

Die Klimawirkung von Methan – eine unterschätzte Gefahr

(Oktober 2024, 4 Seiten, 2 Abbildungen)

https://www.leopoldina.org/fileadmin/redaktion/Publikationen/Nationale_Empfehlungen/2024_factsheet_KlimawirkungMethan_web.pdf

Berlin Process Joint Science Conference

Joint Statement
Partnering for Excellence – Partnering for Europe
Albanian Presidency of the Berlin Process 2023
7th Annual Conference of Stakeholders of the Science, Education, Research and Innovation Pillar of the Berlin Process for the Western Balkans
(18th–20th September 2023, 4 pages)

DOI:10.26164/leopoldina_04_00995

Joint Statement
Courage for Future
German Presidency and 10th Anniversary of the Berlin Process 2024
8th Annual Conference of Stakeholders of the Science, Education, Research and Innovation Pillar of the Berlin Process for the Western Balkans
(30th September – 1st October 2024, 4 pages)

DOI:10.26164/leopoldina_04_01246

G7- und G20-Politikberatung

G7 Italia / Science 7 + Social Sciences & Humanities 7 2024
Science for the Future
Challenges, Responsibilities and Opportunities

https://www.leopoldina.org/international/g7-und-g20-politikberatung/g7-stellungnahmen-2024/

Social Inequalities and Poverty. Combatting Increased Vulnerability (2024)
Arbeitsübersetzung
Soziale Ungleichheit und Armut. Bekämpfung von erhöhter Vulnerabilität (2024)
Übersetzung unter Zuhilfenahme maschineller Übersetzungstools aus dem Englischen: „Social Inequalities and Poverty. Combatting Increased Vulnerability Science“, 12. April 2024. Kein offizielles G7- bzw. S7-Dokument.
(2024, 6 bzw. 3 Seiten)

Science and Communication of Cultural Heritage.
Knowledge and Public Awareness of our Collective Roots (2024)
Arbeitsübersetzung
Wissenschaft und Vermittlung von Kulturerbe.
Wissen und öffentliches Bewusstsein über unsere gemeinsamen Wurzeln (2024)
Übersetzung unter Zuhilfenahme maschineller Übersetzungstools aus dem Englischen: „Science and Communication of Cultural Heritage. Knowledge and Public Awareness of our Collective Roots", 12. April 2024. Kein offizielles G7- bzw. S7-Dokument.
(2024, 7 bzw. 3 Seiten)

Nuclear Arms Control (2024)
Arbeitsübersetzung
Nukleare Rüstungskontrolle (2024)
Übersetzung unter Zuhilfenahme maschineller Übersetzungstools aus dem Englischen: „Nuclear Arms Control", 12. April 2024. Kein offizielles G7- bzw. S7-Dokument.
(2024, 5 bzw. 2 Seiten)

Security and Safety of Agricultural Production (2024)
Arbeitsübersetzung
Sicherheit und Schutz der landwirtschaftlichen Produktion (2024)
Übersetzung unter Zuhilfenahme maschineller Übersetzungstools aus dem Englischen: „Security and Safety of Agricultural Production", 12. April 2024. Kein offizielles G7- bzw. S7-Dokument.
(2024, 7 bzw. 4 Seiten)

Policy Recommendations for Health Issues (2024)
Arbeitsübersetzung
Politikempfehlungen zu Gesundheitsfragen (2024)
Übersetzung unter Zuhilfenahme maschineller Übersetzungstools aus dem Englischen: „Policy Recommendations for Health Issues", 12. April 2024. Kein offizielles G7- bzw. S7-Dokument.
(2024, 7 bzw. 3 Seiten)

Artificial Intelligence and Society (2024)
Arbeitsübersetzung
Künstliche Intelligenz und die Gesellschaft (2024)
Übersetzung unter Zuhilfenahme maschineller Übersetzungstools aus dem Englischen: „Artificial Intelligence and Society", 12. April 2024. Kein offizielles G7- bzw. S7-Dokument.
(2024, 6 bzw. 3 Seiten)

G7/G20-Statements

Science20 – G20 Science Academies Summit:

Science for Global Transformation
Science20 Brasil 2024 – Communiqué
(2024, 5 pages)

https://www.leopoldina.org/fileadmin/redaktion/Publikationen/G7-Statements/2024_S20_Communique_Signed_web.pdf

Dazu:

Wissenschaft für globale Transformation
Arbeitsübersetzung
unter Zuhilfenahme maschineller Übersetzungstools aus dem Englischen: „Science for Global Transformation – Science20 Brasil – Communiqué", 30. Juli 2024. Kein offizielles G20- bzw. S20-Dokument.
(2024, 6 Seiten)

https://www.leopoldina.org/fileadmin/redaktion/Publikationen/G7-Statements/2024_S20_Communique_DE_web.pdf

Internationale Zusammenarbeit von Akademien

Joint Announcement of the second *Science for Future*-Conference by the Chinese Academy of Sciences (CAS) and the German National Academy of Sciences Leopoldina:
On the Path to Carbon Neutrality
(29 November 2023, 3 pages)

https://www.leopoldina.org/fileadmin/redaktion/Publikationen/Nationale_Empfehlungen/Leopoldina_Announcement_Carbon_Neutrality_2023.pdf

Dazu:

Übersetzung aus dem Englischen – kein offizielles Dokument
Auf dem Weg zur Kohlenstoffneutralität
(29. November 2023, 3 Seiten)

https://www.leopoldina.org/fileadmin/redaktion/Publikationen/Nationale_Empfehlungen/Leopoldina_Announcement_Kohlenstoffneutralität_Übersetzung.pdf

Global Health Approach for Infectious Diseases – A Proposal for the Next Decade

Conference Brief by the German National Academy of Sciences Leopoldina, the Academy of Science of South Africa (ASSAf), the Académie Nationale des Sciences et Techniques du Sénégal (ANSTS), and the Ethiopian Academy of Sciences (EAS)
(2024, 4 Seiten)

https://www.leopoldina.org/fileadmin/redaktion/Publikationen/2024_ConferenceBrief_GlobalHealthApproach_for_InfectiousDiseases.pdf

Europas Zukunft ist abhängig von einer robusten, offenen und freien Wissenschaft und Bildung (2024)

Offener Brief der nationalen Akademien der Wissenschaften der Mitgliedstaaten der Europäischen Union an die Kandidatinnen und Kandidaten für die Wahlen zum Europäischen Parlament 2024
Herausgegeben von den nationalen Akademien der Wissenschaften der Mitgliedstaaten der Europäischen Union
(2024, 2 Seiten)

https://www.leopoldina.org/fileadmin/redaktion/Publikationen/Nationale_Empfehlungen/2024_Statement_EU_de_web.pdf

Leopoldina Fokus

In der Reihe „Leopoldina Fokus“ erscheinen Policy Briefs, die aktuelle Themen aus wissenschaftlicher Perspektive einordnen. Sie basieren auf Gesprächen des Präsidenten der Nationalen Akademie der Wissenschaften Prof. (ETHZ) Dr. Gerald Haug mit ausgewiesenen Expertinnen und Experten.

Nationale Akademie der Wissenschaften Leopoldina

Fokus 1

Kernfusion: eine Option für Energiesicherheit und Klimaschutz in Deutschland?

Herausgeber:
Deutsche Akademie der Naturforscher Leopoldina e. V. –
Nationale Akademie der Wissenschaften
Präsident: Gerald H. Haug

Expertin und Experten:
Sibylle Günther, Thomas Klinger und Wim Leemans

(Oktober 2023, 3 Seiten)

https://levana.leopoldina.org/servlets/MCRFileNodeServlet/leopoldina_derivate_00698/2023_Leopoldina_Leopoldina_Fokus_Kernfusion.pdf

DOI: 10.26164/leopoldina_03_00965

Nationale Akademie der Wissenschaften Leopoldina

Fokus 2

Das Forschungsdatengesetz:
Für exzellente Forschung, effektivere Governance und evidenzbasierte Politik
Warum benötigen wir ein Forschungsdatengesetz?

Herausgeber:
Deutsche Akademie der Naturforscher Leopoldina e. V. –
Nationale Akademie der Wissenschaften
Präsident: Gerald H. Haug

Expertin und Experten:
Regina T. Riphahn, Roland Eils und Jürgen Kühling

(Mai 2024, 4 Seiten)

https://www.leopoldina.org/fileadmin/redaktion/Publikationen/Nationale_Empfehlungen/2024_Leopoldina_Fokus_Forschungsdatengesetz.pdf

DOI:10.26164/leopoldina_03_01163

Digitale Dossiers

15 Antworten auf 15 Fragen zur Biodiversität (2024)
Digitales Dossier
Herausgegeben von der Nationalen Akademie der Wissenschaften Leopoldina (2024)

https://interaktiv.leopoldina.org/biodiversitaetsfakten/

Moore und Auen: Vom Wandel nasser Landschaften (2024)
Digitales Dossier
Herausgegeben von der Nationalen Akademie der Wissenschaften Leopoldina (2024)

https://interaktiv.leopoldina.org/mooreundauen/

Podcasts

Podcast zum Leopoldina-Nachhaltigkeitsdialog 2023

https://www.leopoldina.org/publikationen/detailansicht/publication/podcast-zum-nachhaltigkeitsdialog-2023/

Energy Solutions: Forschung und industrierelevante Entwicklungen in der Energieproduktion, -speicherung, -konversion, -übertragung und -versorgung (2023)

https://www.leopoldina.org/publikationen/detailansicht/publication/energy-solutions/

Nasse Moore! Klimaschutz, Naturschutz und Nutzungsperspektiven (2023)

https://www.leopoldina.org/publikationen/detailansicht/publication/nasse-moore-klimaschutz-naturschutz-und-nutzungsperspektiven-2023/

Mehr, größere oder bessere Schutzgebiete? Wie Deutschland die biologische Vielfalt besser schützen kann (2023)

https://www.leopoldina.org/publikationen/detailansicht/publication/mehr-groessere-oder-bessere-schutzgebiete-wie-deutschland-die-biologische-vielfalt-besser-schuetzen-kann-2023/

Die kybernetische Revolution: symbolische, statistische und kausale künstliche Intelligenz (2023)

https://www.leopoldina.org/publikationen/detailansicht/publication/die-kybernetische-revolution-symbolische-statistische-und-kausale-kuenstliche-intelligenz-2023/

Zukunftswerkstatt Landwende: Wie wollen wir leben? (2024)

https://www.leopoldina.org/publikationen/detailansicht/publication/zukunftswerkstatt-landwende-wie-wollen-wir-leben-2024/

Die neue Abnehmspritze – von der Entstehung bis zur Anwendung (2024)

https://www.leopoldina.org/publikationen/detailansicht/publication/die-neue-abnehmspritze-von-der-entstehung-bis-zur-anwendung-2024/

Veränderung initiieren: Ein globaler Gesundheitsansatz im Lichte von Pandemien (2024)

https://www.leopoldina.org/publikationen/detailansicht/publication/veraenderung-initiieren-ein-globaler-gesundheitsansatz-im-lichte-von-pandemien-2024/

CAR-T-Zelltherapie bei nicht-malignen Erkrankungen (2024)

https://www.leopoldina.org/publikationen/detailansicht/publication/car-t-zelltherapie-bei-nicht-malignen-erkrankungen-2024/

Jagd auf das Chamäleon: Fortschritte bei der Diagnose und Behandlung von Endometriose (2024)

https://www.leopoldina.org/publikationen/detailansicht/publication/jagd-auf-das-chamaeleon-fortschritte-bei-der-diagnose-und-behandlung-von-endometriose-2024/

4. Satzung

Markus Scholz | Leopoldina

Satzung

Deutsche Akademie der Naturforscher Leopoldina – Nationale Akademie der Wissenschaften e. V.

(Stand: 23. September 2022)

Der Senat der Akademie hat am 5. April 1991 auf der Grundlage der letzten Satzung aus dem Jahre 1942 eine den heutigen Bedingungen angepasste Satzung für die selbstlos und gemeinnützig tätige Gelehrtengesellschaft beschlossen. Diese Satzung wurde in Mitgliederversammlungen am 26. April 1993, 9. April 1995, 8. Dezember 1998, 19. Oktober 2003, 8. Dezember 2009, 17. September 2015, 21. September 2018 und 23. September 2022 in einigen Passagen geändert. Die Satzung hat nunmehr folgende Fassung:

§ 1
Name und Sitz

Die Akademie führt den Namen „Deutsche Akademie der Naturforscher Leopoldina" und trägt seit 2008 zusätzlich die Bezeichnung „Nationale Akademie der Wissenschaften". Sie ist eine internationale Gemeinschaft von Gelehrten, hat ihren Sitz in Halle an der Saale und ist in das Vereinsregister des dafür zuständigen Amtsgerichtes in Stendal eingetragen.

1652 in Schweinfurt als *Academia Naturae Curiosorum* gegründet, 1687 von Kaiser Leopold I. mit Privilegien ausgestattet und 1742 durch Kaiser Karl VII. bestätigt, ist die Akademie in ununterbrochener Existenz mit der vormaligen „Kaiserlich Leopoldinisch-Carolinischen Deutschen Akademie der Naturforscher" identisch.

§ 2
Wesen, Zweck und Aufgaben

1. Die Deutsche Akademie der Naturforscher Leopoldina (im Folgenden Akademie genannt) ist aufgrund ihrer Tradition eine überwiegend naturwissenschaftlich-medizinische Gelehrtengesellschaft. Sie hat sich seit der Deutschen Wiedervereinigung geöffnet und nimmt seither auch Wissenschaftlerinnen und Wissenschaftler aus den Geistes-, Sozial- und Verhaltenswissenschaften sowie den Technikwissenschaften auf.
   Die Mitglieder der Akademie stammen traditionell aus Deutschland, Österreich und der Schweiz. Durch eine große Zahl von Mitgliedern außerhalb dieser Länder ist sie jedoch auch weltweit verankert.
2. Ihre Aufgabe ist die Förderung der Wissenschaften durch nationale und internationale Zusammenarbeit, ihrer Tradition nach „zum Wohle des Menschen und der Natur".

Leopoldina-Jahrbuch 2023, 228–232 (2024)

Zu diesem Zweck führt sie wissenschaftliche Veranstaltungen durch, setzt Kommissionen ein und veröffentlicht die erarbeiteten Ergebnisse. Sie verleiht Auszeichnungen und Preise und fördert junge Wissenschaftlerinnen und Wissenschaftler.
Mit der Ernennung zur Nationalen Akademie der Wissenschaften übernimmt die Leopoldina offiziell die Vertretung der deutschen Wissenschaftlerinnen und Wissenschaftler in den internationalen Gremien, in denen andere nationale Akademien der Wissenschaften vertreten sind, und sie bringt sich in die wissenschaftsbasierte Beratung von Öffentlichkeit und Politik ein. Die Aufgaben und Tätigkeiten der Deutschen Forschungsgemeinschaft, der Max-Planck-Gesellschaft und der anderen Mitglieder der Allianz werden dadurch nicht berührt.

3. Zur Wahrnehmung dieser Aufgaben unterhält die Akademie die erforderlichen Einrichtungen, darunter eine Geschäftsstelle, ein wissenschaftliches Archiv und eine wissenschaftliche Bibliothek.
4. Die Akademie ist selbstlos tätig. Sie verfolgt ausschließlich und unmittelbar gemeinnützige Zwecke im Sinne des Abschnitts „Steuerbegünstigte Zwecke" der Abgabenordnung und nicht eigenwirtschaftliche Zwecke.
   Die Mittel der Akademie dürfen nur für die satzungsgemäßen Zwecke verwendet werden. Die Mitglieder erhalten in dieser Eigenschaft keine Zuwendungen aus Mitteln der Akademie. Es darf keine Person durch Ausgaben, die dem Zweck der Akademie fremd sind, oder durch unverhältnismäßig hohe Vergütung begünstigt werden.

§ 3
Mitglieder, Ehrenmitglieder und Ehrenförderer

1. Zu Mitgliedern werden Wissenschaftlerinnen und Wissenschaftler gewählt, die sich durch bedeutende wissenschaftliche Leistungen auszeichnen. Ihre Wahl erfolgt durch das Präsidium, das sich dazu nach einer vom Senat zu beschließenden Wahlordnung erweitern kann.
   Alle neuen Mitglieder werden als Ordentliche Mitglieder in die Akademie aufgenommen. Sie haben die Pflicht der aktiven Mitarbeit in der Akademie und haben aktives wie passives Wahlrecht.
   Die Annahme der Wahl gilt zugleich als Beitrittserklärung im vereinsrechtlichen Sinn.
   Alle Personen, die beim In-Kraft-Treten dieser Satzung bereits Mitglied sind und sich zu einer aktiven Mitarbeit nicht in der Lage sehen, können auf Antrag den Status eines Korrespondierenden Mitgliedes erhalten. Über den Antrag befindet das Präsidium.
   Auf Antrag kann ein Mitglied zeitlich befristet oder auf Dauer entpflichtet werden. Über die Annahme des Antrags entscheidet das Präsidium. Damit erlöschen sämtliche Wahlrechte und Pflichten.
   Bei gröblichem, das Ansehen der Akademie schädigendem Verhalten kann ein Mitglied aus der Akademie ausgeschlossen werden. Die Verfahrensweise dazu wird in der Wahlordnung geregelt.
2. Die Ehrenmitgliedschaft ist die höchste Auszeichnung, die die Akademie an Mitglieder vergibt, die sich um Akademie und Wissenschaft herausragende Verdienste erworben haben. Sie haben Sitz und beratende Stimme im Senat.

3. Als Ehrenförderer zeichnet die Akademie Nichtmitglieder aus, die sich in ihrem Wirkungskreis besondere Verdienste erworben und das Wohl der Akademie in hohem Maße gefördert haben.

§ 4
Sektionen, Klassen und Adjunktenkreise

Die Mitglieder gehören einerseits der ihnen fachlich nahe stehenden Sektion und andererseits in Österreich und der Schweiz dem entsprechenden Adjunktenkreis an. Jede Sektion ist zudem einer Klasse zugeordnet.

Die Mitglieder der Sektionen, der Klassen und der Adjunktenkreise wählen ihre Sprecherinnen und Sprecher (Obleute, Klassensprecherin bzw. Klassensprecher, Adjunkten).

Das Nähere über die Gliederung nach Satz 1 und die Zugehörigkeit der Mitglieder zu einer Sektion, Klasse und einem Adjunktenkreis bestimmt eine vom Senat zu beschließende Ordnung.

§ 5
Organe

Die Organe der Akademie sind der Vorstand, das Präsidium, der Senat, die Mitgliederversammlung und die Generalsekretärin/der Generalsekretär als besondere Vertreterin/besonderer Vertreter des eingetragenen Vereins.

Vorbehaltlich einer gesonderten Satzungsbestimmung wird die Organtätigkeit grundsätzlich ehrenamtlich ausgeübt.

§ 6
Vorstand, Präsidium und Generalsekretärin/Generalsekretär

1. Die Präsidentin/der Präsident und die Vizepräsidentinnen/Vizepräsidenten bilden den Vorstand im Sinne des Gesetzes. Zur Abgabe rechtsverbindlicher Erklärungen ist die Mitwirkung zweier Mitglieder des Vorstandes erforderlich und ausreichend.
2. Das Präsidium besteht aus der Präsidentin/dem Präsidenten, bis zu vier Vizepräsidentinnen/Vizepräsidenten, vier Sekretarinnen/Sekretaren und bis zu drei weiteren Mitgliedern. Die Präsidiumsmitglieder werden vom Senat in geheimer schriftlicher Abstimmung mit einfacher Mehrheit gewählt. Die Amtsdauer der Präsidiumsmitglieder beträgt fünf Jahre. Einmalige Wiederwahl ist zulässig. Die Präsidiumsmitglieder bleiben nach Ablauf der Amtszeit bis zur Wahl ihrer Nachfolgerinnen/Nachfolger kommissarisch im Amt.
3. Die Präsidentin/Der Präsident leitet die Geschäfte der Akademie. Sie/Er führt den Vorsitz in den Sitzungen des Vorstandes, des Präsidiums, des Senates und in der Mitgliederversammlung. Das Amt der Präsidentin/des Präsidenten kann hauptamtlich wahrgenommen werden. Der Anstellungsvertrag wird mit Einwilligung des zuständigen Bundesministeriums in der Regel durch die amtierende Präsidentin/den am-

tierenden Präsidenten und ein weiteres Mitglied des Präsidiums unterschrieben. Den ehrenamtlich tätigen Mitgliedern des Vorstands kann auf Beschluss des Präsidiums und nach Genehmigung durch die Zuwendungsgeber für ihre Vorstandstätigkeit eine angemessene Aufwandsentschädigung gezahlt werden.

4. Die hauptamtliche Generalsekretärin/Der hauptamtliche Generalsekretär wird auf Vorschlag der Präsidentin/des Präsidenten vom Vorstand bestellt. Sie/Er ist in Unterstützung des Präsidiums für die Führung der Geschäfte zuständig und nimmt mit beratender Stimme an den Sitzungen des Vorstandes und des Präsidiums teil. Die Generalsekretärin/Der Generalsekretär ist besondere Vertreterin/besonderer Vertreter im Sinne des § 30 BGB und zur Wahrnehmung aller wirtschaftlichen, verwaltungsmäßigen und personellen Angelegenheiten der Akademie befugt. Bei der Ausübung ihrer/seiner Tätigkeit ist sie/er an die Beschlüsse der Organe gebunden.

§ 7
Senat

1. Der Senat wird gebildet aus
   a) einer Obperson jeder Sektion;
   b) je einem Adjunkt aus Österreich und der Schweiz;
   c) bis zu 10 weiteren Personen, um die sich der Senat durch Zuwahl selbst ergänzen kann, die nicht Mitglieder der Akademie sein müssen.
   Die unter a) und b) genannten Senatorinnen und Senatoren können in den Senatssitzungen durch gewählte Stellvertreterinnen oder Stellvertreter vertreten werden.
   Der Senat vertritt die Mitglieder vor dem Präsidium und ist für das Präsidium ein beratendes Gremium. Er wählt die Mitglieder des Präsidiums und die Ehrenmitglieder, prüft den Rechenschaftsbericht des Vorstandes und beschließt über dessen Entlastung. Er beschließt über die Wahlordnung der Mitglieder, der Obleute und Adjunkten, der Klassensprecherinnen und Klassensprecher, der Senatorinnen und Senatoren und ihrer Stellvertreterinnen und Stellvertreter, des Präsidiums sowie über die Strukturordnung für die Sektionen, Klassen und Adjunktenkreise und beschließt über den Ausschluss eines Mitglieds.
2. Die Sitzungen des Senates werden von der Präsidentin bzw. vom Präsidenten oder von der Stellvertreterin bzw. vom Stellvertreter einberufen und geleitet, die Mitglieder des Präsidiums nehmen an den Sitzungen mit beratender Stimme teil. Entscheidungen des Senates können auch schriftlich eingeholt werden. Über die Beschlüsse des Senates ist ein Protokoll zu fertigen und von der Präsidentin bzw. vom Präsidenten und einem weiteren Mitglied des Präsidiums zu unterzeichnen.
3. Der Senat beschließt die Vergabe von Akademie-Auszeichnungen.

§ 8
Mitgliederversammlung

1. Die Mitgliederversammlung tritt zusammen, soweit dies nach Gesetz oder Satzung erforderlich ist. Zu ihr muss die Präsidentin bzw. der Präsident unter Angabe der Tagesordnung schriftlich mit einer Frist von mindestens 4 Wochen einladen.
2. Jede ordnungsgemäß anberaumte Mitgliederversammlung ist beschlussfähig. Sie beschließt über Anträge mit einfacher Mehrheit, soweit die Satzung nichts anderes bestimmt.
3. Die Teilnahme an der Mitgliederversammlung ist auch ohne Anwesenheit am Versammlungsort möglich, sofern die Ausübung der Mitgliederrechte im Wege der elektronischen Kommunikation sichergestellt ist.
4. Über die Mitgliederversammlung und deren Beschlüsse ist ein Protokoll zu fertigen, das von der Präsidentin bzw. vom Präsidenten zu unterschreiben und von einem anderen Präsidiumsmitglied gegenzuzeichnen ist.

§ 9
Geschäftsstelle

Die Geschäftsstelle erledigt die laufenden Geschäfte der Akademie und unterstützt ihre Organe. Sie wird von einer Generalsekretärin bzw. einem Generalsekretär geleitet. Näheres bestimmt die Geschäftsordnung des Präsidiums.

§ 10
Satzungsänderungen

Satzungsänderungen müssen vom Senat vorbereitet und beschlossen werden. Sie bedürfen einer Mehrheit von drei Vierteln der in der Mitgliederversammlung anwesenden Mitglieder.

§ 11
Auflösung der Akademie

1. Die Auflösung der Akademie kann nur von einer zu diesem Zweck einberufenen außerordentlichen Mitgliederversammlung mit einer Mehrheit von zwei Dritteln aller Mitglieder, deren Voten auch schriftlich eingeholt werden können, beschlossen werden.
2. Im Falle der Auflösung oder der Aufhebung der Akademie oder bei Wegfall ihrer bisherigen Zwecke fällt das Vermögen der Akademie der Alexander von Humboldt-Stiftung zu, die es unmittelbar und ausschließlich für gemeinnützige Zwecke zu verwenden hat.

Statutes

German Academy of Sciences Leopoldina – National Academy of Sciences, rec. Ass.

(Status: 23rd September 2022)

On the 5th April 1991, and on the basis of the previous Statutes of 1942, the Senate of the Academy passed Statutes adapted to today's conditions for the scholars' society, which acts in a charitable, non-profit capacity. Some of the passages of these Statutes were modified at the Members' General Assemblies on the 26th April 1993, the 9th April 1995, the 8th December 1998, the 19th October 2003, the 8th December 2009, the 17th September 2015, the 21st September 2018 and the 23rd September 2022. The following version of the Statutes now applies:

§ 1
Name and Seat

The Academy is named "German Academy of Sciences Leopoldina", and since 2008, it has additionally borne the title "National Academy of Sciences". It is an international community of scholars that is seated in Halle an der Saale, where it has been registered in the list of associations of the responsible Local Court in Stendal.

Founded in Schweinfurt in 1652, and vested with privileges by Emperor Leopold I in 1687 that were confirmed by Emperor Karl VII in 1742, the Academy is identical with and constitutes the uninterrupted continuation of its predecessor, the "Imperial Leopoldina Carolina German Academy of Natural Scientists".

§ 2
Nature, Purpose and Mission

1. The German Academy of Sciences Leopoldina (referred to as the Academy in the following) has traditionally been a mainly natural science and medicine scholars' society. Since German reunification, it has adopted a broader remit in terms of membership and now also addresses scientists from the humanities, the social and behavioural sciences and the engineering sciences.
   The Academy's members traditionally come from Germany, Austria and Switzerland. However, thanks to a large number of members outside these countries, it has also become established world-wide.
2. Its mission is that of promoting science in national and international co-operation, traditionally "for the benefit of humankind and nature".

For this purpose, it runs academic events, appoints commissions, and publishes the results obtained. It awards honours and prizes and promotes junior scientists.
With its appointment as National Academy of Sciences, the Leopoldina officially assumes the representation of German scientists in the international committees in which other Academies of Sciences are represented, and it contributes to the science-based consulting of the public and politics. This does not affect the missions or activities of the German Research Foundation, the Max Planck Society or the other members of the alliance.
3. The Academy runs the necessary facilities to pursue these tasks, including its Secretariat, scientific archives and a scientific library.
4. The Academy operates in a charitable capacity. It exclusively pursues immediately non-profit purposes in the sense of the section on "tax-privileged purposes" in the tax code as opposed to profitable activities.
The Academy's assets may only be used for purposes stipulated in the Statutes. The members receive no subsidies from Academy assets in their role as members. No person may benefit from expenditure that does not serve the Academy's purpose or from a disproportionately high level of remuneration.

§ 3
Members, Honorary Members and Honorary Sponsors

1. Scientists are elected as members who have distinguished themselves by academic achievements of excellence. They are elected by the Presidium, which may be extended for this purpose in accordance with ballot regulations to be passed by the Senate.
All new members are adopted to the Academy as Full Members. They have the duty to actively collaborate with the Academy and enjoy the right of voting and being elected. Accepting the result of the ballot simultaneously acts as a declaration of membership in the sense of the law of associations.
All persons who are already members when these statutes enter into force and do not feel that they are in a position to actively collaborate may apply for the status of a Corresponding Member. The Presidium rules on the application.
A member may apply to retire from her or his duties for a limited or unlimited period. The Presidium decides on the acceptance of the application. All rights to vote and all duties then expire.
In the event of gross misconduct that is damaging to the Academy's reputation, a member can be expelled from the Academy. The corresponding procedures are governed by the election regulations.
2. Honorary membership is the greatest honour the Academy awards to members who have distinguished themselves by their Academy and academic achievements. They have a seat and a consultative voice in the Senate.
3. The Academy declares non-members honorary sponsors in honour of their having demonstrated special achievements in their areas of activity and having promoted the development of the Academy to a considerable degree.

§ 4
Sections, Classes and District Circles

The members belong, on the one hand, to the section relevant to their subject and on the other, in Austria and Switzerland, to the respective district circle. Additionally, each section is assigned to a class.

The members of the sections, classes and districts elect their spokespersons (Section representatives, Class spokespersons, Regional head).

Details on structuring in accordance with Clause 1 and the members' belonging to a section, class and district circle are stipulated in regulations to be approved by the Senate.

§ 5
Organs

The Academy's organs are the Executive Board, the Presidium, the Senate, the Members' General Assembly and the Secretary General as special representative of the registered association.

Unless regulated by a separate clause in the Statutes, the activities of the organs are carried out in an honorary capacity.

§ 6
Executive Board, Presidium and Secretary General

1. The President and the Vice-Presidents form the executive board in the legal sense. Legally binding statements require the participation of two executive board members.
2. The Presidium consists of the President, up to four Vice-Presidents, four Secretaries and up to three further members. The members of the Presidium are elected by the Senate with a simple majority in a secret written ballot. The period in office of the members of the Presidium is five years. Re-election is permitted once. The members of the Presidium remain temporarily in office until their successors have been elected.
3. The President heads the Academy's affairs. She/he chairs the meetings of the Executive Board, the Presidium and the Senate as well as the Members' General Assembly. The presidential office can be exercised on a full-time basis. With the responsible Federal Ministry's consent, the employment contract will usually be signed by the office-holding president and another member of the Presidium. By decision of the Presidium, and with approval of the funding bodies, an appropriate expense allowance can be paid to those members of the Executive Board who act in an honorary capacity.
4. The Secretary General, who works as a salaried employee, is appointed by the Executive Board on the recommendation of the President. She/he supports the Presidium in heading the Academy's affairs and attends meetings of the Executive Board and the Presidium with a consultative voice. The Secretary General is a special representative within the meaning of § 30 BGB and is authorised to deal with all economic, administrative and personnel matters of the Academy. She/he is bound by the resolutions of the Academy's organs in the performance of her/his activities.

§ 7
Senate

1. The Senate comprises
   a) a representative for each section;
   b) one Regional head from Austria and one from Switzerland;
   c) up to ten further persons with whom the Senate can be supplemented by additional balloting who do not have to be Academy members.
   The Senators referred to in a) and b) can be represented in the Senate meetings by elected deputies.
   The Senate represents the members in the Presidium and acts as its advisory committee. It elects the members of the Presidium and the honorary members, reviews the accountability report of the Executive Board and decides on its discharge. It approves the election regulations for members, section representatives, Class spokespersons, Regional heads, the Senators and their deputies, the Presidium and the structural regulations for the sections, classes and districts and rules on the expulsion of members.
2. The meetings of the Senate are announced and headed by the President or her or his Deputy, and the members of the Presidium attend the meetings with a consultative voice. Decisions made by the Senate can also be obtained in written form. Minutes are to be written of the decisions made by the Senate and are to be signed by the President and a further member of the Presidium.
3. The Senate decides on the award of Academy honours.

§ 8
Members' General Assembly

1. The members meet in the Members' General Assembly according to the need to do so as stipulated by law or the Statutes. The President is required to invite members to the General Assembly, stating the agenda, and with at least four weeks' notice.
2. Each Members' General Assembly that has been correctly announced is qualified to decide by vote. Decisions on applications are taken with a simple majority, unless required otherwise by the Statutes.
3. Participation in the Members' General Assembly is also possible without being present at the place of the meeting, provided that the exercise of members' rights is ensured by means of electronic communication.
4. Minutes are to be written of the Members' General Assembly and its resolutions that are to be signed by the President and countersigned by another member of the Presidium.

§ 9
Secretariat

The Secretariat handles the Academy's day-to-day affairs and supports its organs. It is headed by the Secretary General. Details are specified in the rules and regulations for the Presidium.

§ 10
Alterations of the Statutes

Alterations of the Statutes have to be prepared and adopted by the Senate. They require a three-quarter majority of the members attending the Members' General Assembly.

§ 11
Dissolution of the Academy

1. The dissolution of the Academy can only be resolved by an extraordinary Members' General Assembly specially announced for this purpose with a majority of two thirds of all members, the votes of whom can also be obtained in written form.
2. In the case of the dissolution or the suspension of the Academy or in the event of its existing purposes being annulled, the assets of the Academy go to the Alexander von Humboldt Foundation, which is required to use them immediately and exclusively for non-profit purposes.

Wahlordnung

Deutsche Akademie der Naturforscher Leopoldina – Nationale Akademie der Wissenschaften e. V.

(Stand 28. September 2023)

Die Deutsche Akademie der Naturforscher Leopoldina e. V., die zugleich Nationale Akademie der Wissenschaften ist (im Folgenden: die Akademie), gibt sich auf der Grundlage und in Ergänzung ihrer Satzung nachfolgende Wahlordnung. Diese Wahlordnung wurde zuletzt am 19. September 2013, 17. September 2015 und 28. September 2023 in einigen Passagen geändert und durch den Senat beschlossen.

Erster Abschnitt
Die Zuwahl neuer Mitglieder

Die Aufnahme neuer Mitglieder in die Akademie, d. h. die Zuwahl von Wissenschaftlerinnen und Wissenschaftlern, verfolgt den Zweck, die in der Satzung festgelegten Aufgaben der Nationalen Akademie jederzeit wahrnehmen zu können.

§ 1 Das Zuwahlpotential

1. Im Benehmen mit dem Senat legt das Präsidium die Zahl der Mitglieder unter 75 Jahren für jede Klasse fest (Richtgröße). Mit Vollendung des 75. Lebensjahres wird der Platz eines Mitglieds frei und kann neu besetzt werden. Die Rechte dieser Mitglieder bleiben davon unberührt.
2. Darüber hinaus können pro Jahr maximal fünf vom Findungsausschuss nominierte Kandidatinnen/Kandidaten zugewählt werden.

§ 2 Interessenkonflikte im Kontext der Zuwahl

Zur Offenlegung und Berücksichtigung möglicher Interessenkonflikte im Zuwahlprozess werden insbesondere folgende Kriterien für Befangenheitsumstände definiert:

1. Verwandtschaft, enge persönliche Bindungen oder persönliche Konflikte
2. Bestehende, geplante oder vor kurzem abgeschlossene, enge wissenschaftliche Kooperationen, z. B. Durchführung gemeinsamer Projekte bzw. gemeinsame Publikation innerhalb der letzten 5 Jahre
3. Angehörigkeit zur selben wissenschaftlichen Einrichtung (Institut/Fakultät) oder bevorstehender Wechsel des Mitglieds an die betreffende Einrichtung

Leopoldina-Jahrbuch 2023, 238–248 (2024)

4. Dienstliche Abhängigkeits- oder Betreuungsverhältnisse (z. B. Lehrer-Schüler-Verhältnis) innerhalb der letzten 6 Jahre; Doktorvater/Doktormutter-Verhältnis ohne Zeitbegrenzung
5. Eigene wirtschaftliche Interessen an der Entscheidung über die Nominierung

§ 3 Nominierungsverfahren

1. Kandidatinnen und Kandidaten können auf zwei Wegen für die Zuwahl nominiert werden. Für beide Wege gelten die folgenden Grundsätze:

   a. Die zur Zuwahl Nominierten sollen sich durch bedeutende wissenschaftliche Leistungen auszeichnen. Die Kandidatinnen/Kandidaten sollen auf keiner Stufe des Zuwahlverfahrens über eine Nominierung informiert werden.
   b. Ausführlich schriftlich begründete Nominierungen können von jedem Leopoldina-Mitglied eingereicht werden. Eine Nominierung muss von mindestens drei Mitgliedern unterzeichnet werden, von denen mindestens zwei der Sektion angehören müssen, zu der die Zuwahl erfolgen soll.
   c. Die Nominierenden erklären im Nominierungsformular ihre eventuelle Befangenheit aufgrund der Punkte 1–5 in § 2. Für eine wirksame Nominierung sollte bei keinem der nominierenden Mitglieder eines der in § 2 genannten Kriterien für Befangenheitsumstände erfüllt werden. Für den Fall, dass ein oder mehrere Kriterien bei einer nominierenden Person erfüllt sind, müssen die erfüllten Kriterien in der Beratung der Sektionsarbeitsgruppe sowie in der zweiten und dritten Lesung hinsichtlich ihrer Auswirkungen auf die Nominierung eingeschätzt werden. Diese Einschätzung muss in den Sitzungsprotokollen festgehalten werden.
   d. Eine Einreichung ist an das Generalsekretariat zu richten und umfasst ein vollständiges und unterschriebenes Nominierungsformular, eine Laudatio, einen kurzen Lebenslauf sowie ein vollständiges Publikationsverzeichnis der Kandidatin bzw. des Kandidaten. Sie sollte nur nach Rücksprache mit den Obpersonen erfolgen.

2. Nominierung über die Sektionen der Akademie

   a. Jede Sektion richtet eine Arbeitsgruppe ein, der neben der Obperson und ihrer Stellvertreterin/ihrem Stellvertreter in der Regel mindestens zwei weitere Mitglieder der Sektion angehören. Diese Arbeitsgruppe tagt mindestens einmal im Jahr. Sie bereitet für die Sektion u. a. sämtliche Nominierungen entsprechend § 4 Abs. (1) dieser Wahlordnung vor und leitet das Sitzungsprotokoll an das Generalsekretariat weiter.
   b. Die Mitglieder der Sektionsarbeitsgruppe legen im Sitzungsprotokoll alle Interessenkonflikte gemäß § 2 dieser Wahlordnung offen und dürfen bei Befangenheit an allen Diskussionen teilnehmen, sich aber nicht an Entscheidungen beteiligen.

3. Nominierung über den vom Präsidium eingesetzten Findungsausschuss

   a. Das Präsidium kann einen Findungsausschuss einsetzen, der den Auftrag hat, geeignete Zuwahlkandidatinnen und -kandidaten in interdisziplinären Wissenschaftsbereichen, die von den Sektionen nicht ausreichend abgedeckt werden, oder Kandidatinnen/Kandidaten, die über ihre wissenschaftliche Leistung hinaus sich durch ihr herausragendes Engagement für das Wissenschaftssystem ausgezeichnet haben, zu identifizieren.
   b. Die Zusammensetzung des Findungsausschusses, dessen Verfahrensweise, Formvorschriften und Befangenheitsregelungen orientieren sich am regulären Nominierungsverfahren über die Sektionen. Die Einzelheiten ergeben sich aus der Geschäftsordnung des Findungsausschusses des Präsidiums der Leopoldina.
   c. Der Findungsausschuss legt dem Präsidium seine Nominierungen vor, die von den Mitgliedern des Ausschusses mehrheitlich in geheimer Abstimmung unterstützt werden müssen. Die Sitzungen sind zu protokollieren.

§ 4 Ablauf des Wahlverfahrens

Der Ablauf des Wahlverfahrens gliedert sich in drei Lesungen. In der Ersten Lesung erfolgt eine schriftliche Bewertung der Nominierungen durch die Sektionsmitglieder. In der folgenden Zweiten Lesung werden in einer Klassensitzung alle Zuwahlkandidatinnen und -kandidaten auf Grundlage der Bewertungen besprochen und in eine Rangfolge gebracht. Den letzten Schritt des Wahlverfahrens bildet die Dritte Lesung. Hierzu erweitert sich das Präsidium um die zuständige Klassensprecherin/den zuständigen Klassensprecher und die zuständige Obperson und entscheidet über die Zuwahl. Nominierungen des Findungsausschusses werden direkt in der Dritten Lesung behandelt.

1. Erste Lesung

   a. Das Generalsekretariat leitet alle Nominierungen, nach der Diskussion und Beurteilung in der Sektionsarbeitsgruppe, zur Bewertung an alle Mitglieder der betroffenen Sektion weiter.
   b. Die Mitglieder einer Sektion bewerten die Kandidatinnen/die Kandidaten nach einem Punktsystem und unter Angabe von Gründen:
      - 5 (Aufnahme mit höchster Priorität)
      - 4 (Aufnahme mit hoher Priorität)
      - 3 (Aufnahme mit mittlerer Priorität)
      - 2 (Aufnahme mit niedriger Priorität)
      - 1 (Aufnahme mit niedrigster Priorität)
      - Ablehnung (Gründe für eine Ablehnung sind in jedem Fall zu benennen)

      Enthaltungen sind nicht möglich.
   c. Jede Sektion muss das Zuwahlquorum von zwei Dritteln aller Mitglieder der Sektion, die das 75. Lebensjahr noch nicht vollendet haben, erreichen, um ihre Nominierungen in die Zweite Lesung einbringen zu können.

d. Die Sektionsmitglieder legen bei ihrer Bewertung alle Interessenkonflikte aufgrund § 2 offen und dürfen bei Befangenheit ein Wort-Urteil zur/zum Nominierten, aber keine Bewertung abgeben. Die Stimme eines befangenen Mitglieds wird dennoch auf das Zuwahlquorum angerechnet.
e. Die Mitglieder übermitteln ihre Bewertungen einschließlich der Begründung innerhalb der angegebenen Zeit an das Zuwahlbüro der Akademie.
f. Die Bewertungen einschließlich der Begründungen werden im Zuwahlbüro gesammelt und sind in der ursprünglichen Form nur dem Zuwahlbüro, der Präsidentin/dem Präsidenten sowie der Sekretarin/dem Sekretar der Klasse und der jeweils zuständigen Obperson sowie ihrer Stellvertretung zugänglich.
g. Die anderen Obpersonen und ihre Stellvertreterinnen/Stellvertreter sowie die Klassensprecherin/der Klassensprecher und sein/seine/ihre/ihr Stellvertreterin/Stellvertreter und die Mitglieder des Präsidiums erhalten eine anonymisierte Übersicht der Bewertungen.

2. Zweite Lesung

In der Zweiten Lesung findet eine mündliche Aussprache zu allen Kandidatinnen und Kandidaten statt. Die Klasse erarbeitet aufgrund der zur Verfügung stehenden Plätze und der für sinnvoll gehaltenen wissenschaftlichen Ausrichtung der Sektion und der Klasse eine Rangfolge der Kandidatinnen und Kandidaten. Die endgültige Abstimmung darüber erfolgt geheim; jede Sektion hat eine Stimme. Sektionen, die bei einer Zweiten Lesung nicht vertreten oder befangen sind, haben keine Stimme.

a. Die zuständigen Obpersonen tragen Nominierung und Sachlage zur Abstimmung in der Zweiten Lesung vor. Eine Vertretung von Obpersonen durch Stellvertretende oder Mitglieder der jeweiligen Sektion ist möglich. In der Zweiten Lesung sind alle Obpersonen der Sektionen, in die die Zuwahl erfolgen soll, und ihre Stellvertreterinnen/Stellvertreter anwesend. Den Vorsitz führt die/der gewählte Klassensprecherin/Klassensprecher, bei deren/dessen Verhinderung die Stellvertreterin/der Stellvertreter.
b. Zu der Zweiten Lesung lädt das Generalsekretariat die zuständige Sekretarin/den zuständigen Sekretar, die Generalsekretärin/den Generalsekretär und ggf. die jeweils zuständige Referentin/den jeweils zuständigen Referenten der Geschäftsstelle als Gäste ein. Die Zweite Lesung ist zu protokollieren.
c. Eine etwaige Befangenheit ist dem Generalsekretariat im Vorfeld zu melden. Bei Kenntnis über unberechtigte Teilnahme an der Abstimmung muss die Wahl überprüft werden.
d. Alle Teilnehmenden der Zweiten Lesung legen spätestens in der Sitzung alle Interessenkonflikte aufgrund § 2 offen und dürfen bei Befangenheit an allen Diskussionen teilnehmen, aber nicht die Vorstellung der Kandidatinnen/Kandidaten übernehmen und sich auch nicht an den Abstimmungen beteiligen. Trotzdem abgegebene Stimmen sind unwirksam.

e. Die Zuordnung der Sektionen zu den Klassen ist im Anhang I zu dieser Wahlordnung zu finden.

3. Dritte Lesung

a. Das Präsidium entscheidet in einer erweiterten Sitzung in der Regel einmal pro Jahr für jede Klasse über die Zuwahl der einzelnen über die betreffende Klasse nominierten Kandidatinnen/Kandidaten. Bei Bedarf kann das Präsidium Gutachten einholen. Zudem entscheidet das Präsidium in der Regel einmal pro Jahr über die Zuwahl der vom Findungsausschuss vorgeschlagenen Kandidatinnen/Kandidaten in einer erweiterten Sitzung.

b. Eine etwaige Befangenheit ist dem Generalsekretariat im Vorfeld zu melden. Bei Kenntnis über unberechtigte Teilnahme an der Abstimmung muss die Wahl überprüft werden.

c. Alle Mitglieder des erweiterten Präsidiums legen spätestens in der Sitzung alle Interessenkonflikte aufgrund § 2 offen und dürfen bei Befangenheit an allen Diskussionen teilnehmen, aber nicht die Vorstellung der Kandidatinnen/Kandidaten übernehmen und sich auch nicht an den Abstimmungen beteiligen. Trotzdem abgegebene Stimmen sind unwirksam.

d. In der Regel erfolgt die Abstimmung nach Diskussion aller Kandidatinnen/Kandidaten einer Sektion bzw. der Kandidatinnen/Kandidaten des Findungsausschusses in einem gemeinsamen Wahlgang.

e. In der Wahlsitzung mit dem Findungsausschuss tragen die/der Vorsitzende des Findungsausschusses und die Stellvertretungen die Bewertungen des Ausschusses vor. Als Gäste sind alle weiteren Mitglieder des Findungsausschusses einzuladen.

f. Die Abstimmung erfolgt für jede einzelne Kandidatin/jeden einzelnen Kandidaten geheim. Dabei muss für jede Kandidatin/jeden Kandidaten über Zuwahl, Ablehnung oder Zurückstellung entschieden werden. Jede Zuwahl benötigt die Zustimmung von zwei Dritteln aller anwesenden und nicht befangenen Stimmberechtigten.

g. Für die Zurückstellung einer Kandidatin/eines Kandidaten ist mehr als die Hälfte der Stimmen, für die Ablehnung mindestens die Hälfte aller Stimmen nötig.

h. Ist in der ersten Abstimmung keine Entscheidung über die drei Kategorien Zuwahl, Rückstellung und Ablehnung möglich, schließt sich eine zweite Abstimmung an, bei der nur noch für Zurückstellung oder Ablehnung gestimmt werden kann.

i. Stimmberechtigt sind die Präsidiumsmitglieder, die/der zuständige Klassensprecherin/Klassensprecher (oder deren/dessen Stellvertreterin/Stellvertreter oder ein Mitglied der Sektionen der betreffenden Klasse) und die zuständige Obperson der Sektion, in die eine Kandidatin/ein Kandidat aufgenommen werden soll (oder deren/dessen Stellvertreterin/Stellvertreter oder ein anderes Mitglied der betreffenden Sektion) bzw. die/der Vorsitzende des Findungsausschusses und deren/dessen Stellvertreterin/Stellvertreter (oder in deren Vertretung andere Mitglieder des Findungsausschusses).

j. Das Gremium ist beschlussfähig, wenn mindestens sieben Präsidiumsmitglieder, die Klassensprecherin/der Klassensprecher oder die Stellvertreterin/der Stellvertreter und eine Vertreterin/ein Vertreter der betreffenden Sektion bzw. eine Vertreterin/ein Vertreter des Findungsausschusses anwesend sind.
k. Von den sieben oder mehr anwesenden Präsidiumsmitgliedern müssen mindestens sechs einer Zuwahl zustimmen, damit diese gültig ist. Hinsichtlich etwaiger Befangenheit gilt § 4 Abs. 3 b.).

4. Wahlbenachrichtigung und Wahlvollzug

a. Die Präsidentin/Der Präsident benachrichtigt die gewählten Kandidatinnen und Kandidaten schriftlich über ihre Zuwahl, wobei diese ausführlich über Ziele, Strukturen und Aufgaben der Leopoldina informiert und zugleich gefragt werden, ob sie bereit sind, an den Aufgaben der Akademie aktiv mitzuarbeiten, und welcher Sektion sie angehören wollen.
b. Für alle Mitglieder ist eine Zweitmitgliedschaft in einer weiteren Sektion möglich. In dieser Sektion hat das Mitglied kein Stimmrecht, aber eine beratende Funktion. Die Aufnahme einer Zweitmitgliedschaft ist dem Generalsekretariat formlos mitzuteilen.
c. Die Zuwahl ist vollzogen, wenn die Kandidatin/der Kandidat ihre/seine schriftliche Zustimmung zur Annahme der Wahl gegeben hat. Die Wahl gilt als nicht angenommen, wenn keine schriftliche Zustimmung innerhalb der angegebenen Frist erfolgt. Die Klassensprecherin/Der Klassensprecher, die Obpersonen und die Nominierenden werden über das Ergebnis informiert. Ist die Kandidatin/der Kandidat über den Findungsausschuss vorgeschlagen worden, ist dieser zu informieren.

Zweiter Abschnitt
Wahl von Obpersonen, Klassensprechern/Klassensprecherinnen und von Adjunkten/Adjunktinnen

§ 1 Wahl von Obpersonen

1. Alle Mitglieder einer Sektion wählen in geheimer Abstimmung ein Mitglied ihrer Sektion zur Obperson. Wählbar und einmal wieder wählbar sind alle Mitglieder unabhängig vom Lebensalter. Die Amtszeit beträgt vier Jahre. Die Ausübung des Wahlrechts orientiert sich in formeller Hinsicht an den Bestimmungen der Satzung. Eine Abstimmung durch Briefwahl ist möglich.
2. Die Wahl wird vom Generalsekretariat eingeleitet, indem dieses den Mitgliedern der Sektion die Wahlnotwendigkeit begründet und die zur Wahl stehenden Mitglieder kommuniziert. Dazu können Wahlscheine verwendet werden.
3. Die Bereitschaft zur Kandidatur als Obperson oder als stellvertretende Obperson muss durch das jeweilige Sektionsmitglied gegenüber dem Generalsekretariat erklärt werden.

4. Alle Sektionsmitglieder wählen ihre Obperson aus dem Kreis der Kandidatinnen/Kandidaten durch eindeutige Kennzeichnung des Namens und Übermittlung der Entscheidung an das Generalsekretariat binnen vier Wochen. Als Obperson ist gewählt, wer die meisten Stimmen auf sich vereinigt. Bei Stimmengleichheit entscheidet das Präsidium. Die Wahl zur Stellvertreterin/zum Stellvertreter erfolgt analog zur Wahl der Obperson in einem gesonderten Wahlgang. Beide Wahlgänge können zusammengefasst durchgeführt werden.
5. Die Kontrolle des Wahlvorganges obliegt dem Präsidium, das die Ordnungsmäßigkeit der Wahl prüft und die gewählten Obpersonen bestätigt.

§ 2 Wahl von Klassensprecherinnen und Klassensprechern

1. Jede Sektion gehört entsprechend ihrer fachlichen Ausrichtung einer Klasse an (siehe Anhang I dieser Wahlordnung). Die Klasse ist die Struktureinheit, in der die Obpersonen und ihre Stellvertreterinnen/Stellvertreter einmal pro Jahr in der 2. Lesung eine Rangfolge der von den Sektionen (1. Lesung) vorgeschlagenen neuen Mitglieder vornehmen.
2. Alle Obpersonen einer Klasse und ihre Stellvertreterinnen/Stellvertreter wählen in geheimer Abstimmung ein Mitglied der in der jeweiligen Klasse angesiedelten Sektionen zur Sprecherin/zum Sprecher der Klasse. Die Amtszeit beträgt vier Jahre. Einmalige Wiederwahl ist möglich. Die Ausübung des Wahlrechts orientiert sich in formeller Hinsicht an den Bestimmungen der Satzung. Eine Abstimmung durch Briefwahl ist möglich.
3. Die Wahl wird vom Generalsekretariat eingeleitet, indem dieses den Mitgliedern die Wahlnotwendigkeit begründet und die zur Wahl stehenden Mitglieder kommuniziert (siehe Abschn. 2, § 2, 2). Dazu können Wahlscheine verwendet werden.
4. Die Bereitschaft zur Kandidatur als Klassensprecherin/Klassensprecher oder als stellvertretende Klassensprecherin/stellvertretender Klassensprecher muss durch das jeweilige Mitglied gegenüber dem Generalsekretariat erklärt werden.
5. Die Wahl erfolgt durch eindeutige Kennzeichnung des Namens und Übermittlung der Entscheidung an das Generalsekretariat binnen vier Wochen. Als Klassensprecherin/Klassensprecher ist gewählt, wer die meisten Stimmen auf sich vereinigt. Bei Stimmengleichheit entscheidet das Präsidium. Die Wahl zur Stellvertreterin/zum Stellvertreter erfolgt analog zur Wahl der Klassensprecher in einem gesonderten Wahlgang. Beide Wahlgänge können zusammengefasst durchgeführt werden.
6. Die Kontrolle des Wahlvorganges obliegt dem Präsidium, das die Ordnungsmäßigkeit der Wahl prüft und die gewählte Klassensprecherin/den gewählten Klassensprecher bestätigt.

§ 3 Wahl von Adjunktinnen und Adjunkten (Regionalvorständen)

1. Die Akademie gliedert sich in Österreich und der Schweiz in je einen Adjunktenkreis.
2. Die dem jeweiligen Adjunktenkreis angehörenden Mitglieder wählen in geheimer Abstimmung, die in der Regel als Briefwahl durchgeführt wird, ein Ordentliches Mitglied ihres Adjunktenkreises zur Adjunktin/zum Adjunkten. Das Präsidium holt im Vorfeld der Wahl das Einverständnis der wählbaren Mitglieder ein, die im Falle ihrer Wahl das Amt auch annehmen werden.
3. Die Wahl der Adjunktinnen/der Adjunkten und ihrer Stellvertreterinnen/Stellvertreter verläuft sinngemäß in gleicher Weise wie die der Obpersonen.

Dritter Abschnitt
Wahl von Senatorinnen/Senatoren und Mitgliedern des Präsidiums

§ 1 Wahl von Senatorinnen/Senatoren

1. Die gewählte Obperson einer Sektion ist gleichzeitig Senatorin/Senator (§7 Abs. 1a der Satzung).
2. Die beiden Adjunktinnen/Adjunkten für Österreich bzw. für die Schweiz sind zugleich Senatorinnen/Senatoren (§7 Abs. 1b der Satzung).
3. Bis zu zehn zusätzlichen Senatorinnen/Senatoren (§7 Abs. 1c der Satzung) werden auf Vorschlag des Präsidiums vom Senat für vier Jahre gewählt. Einmalige Wiederwahl ist möglich.
4. Fünf dieser letztgenannten Senatorinnen/Senatoren sollen als Vertreterinnen/Vertreter der wissenschaftsnahen Öffentlichkeit, weitere fünf *ex officio* als präsidiale Vertreterinnen/Vertreter folgender Einrichtungen Sitz und Stimme im Senat der Leopoldina haben:
   - Deutsche Forschungsgemeinschaft
   - Max-Planck-Gesellschaft
   - Hochschulrektorenkonferenz
   - Alexander von Humboldt-Stiftung
   - Union der deutschen Akademien der Wissenschaften.

§ 2 Wahl von Präsidiumsmitgliedern

1. Der nach § 7 der Satzung und Abschn. 3 §1 dieser Wahlordnung gebildete Senat wählt das Präsidium gemäß §6 Satz 1 der Satzung. Wählbar sind alle Mitglieder unabhängig vom Lebensalter. Die Amtszeit beträgt fünf Jahre, einmalige Wiederwahl ist möglich.
2. Die Wahl der Präsidentin/des Präsidenten und der Vize-Präsidentinnen/Vize-Präsidenten wird von einer Findungskommission vorbereitet, die vom Präsidium eingesetzt wird.

Der Findungskommission gehören an:

- die Präsidentin/der Präsident (nicht in Findungskommission für Präsidentschaftskandidatinnen und -kandidaten) und die Vize-Präsidentinnen/Vize-Präsidenten (bei deren Wahl übernimmt der dem Gebiet der/des zu Wählenden nächst stehende Sekretarin/Sekretar diese Aufgabe),
- die vier Sprecherinnen/Sprecher der Klassen und
- die beiden Präsidiumsmitglieder aus Österreich und der Schweiz bzw. zwei weitere Leopoldina-Mitglieder.
- Im Falle der Wahl der Präsidentin/des Präsidenten gehören der Findungskommission zusätzlich drei *ex officio*-Senatorinnen/Senatoren an.
- Die Generalsekretärin/Der Generalsekretär gehört der Findungskommission mit beratender Stimme an.
- Den Vorsitz führt die Präsidentin/der Präsident bzw. die dienstälteste Vize-Präsidentin/der dienstälteste Vize-Präsident.
- Bei Stimmgleichhheit in der Findungskommission entscheidet das Präsidium mit einfacher Mehrheit.

3. Vorschlagsberechtigt zur Aufstellung von Kandidatinnen/Kandidaten sind alle Senatorinnen/Senatoren sowie die Mitglieder des Präsidiums.
4. Die Vorschläge werden an die Findungskommission gerichtet. Diese erarbeitet einen Vorschlag und gibt ihn rechtzeitig vor dem Wahlgang den Mitgliedern des Senats schriftlich zur Kenntnis. Für jeden Sitz im Präsidium ist ein eigener Wahlgang erforderlich, Blockwahl ist unzulässig.
5. Die Findungskommission für die übrigen Präsidiumsmitglieder ist das Präsidium.
6. Der Senat ist wahl- und beschlussfähig, wenn mehr als die Hälfte der Senatorinnen und Senatoren anwesend ist (oder an der Wahl schriftlich teilnimmt). Gewählt ist, wer mehr als die Hälfte der abgegebenen Stimmen auf sich vereinigt. Erreicht keine/keiner der Kandidatinnen/Kandidaten mehr als die Hälfte der abgegebenen Stimmen, so findet ein zweiter Wahlgang statt, in dem nur die beiden Kandidatinnen/Kandidaten, die im ersten Wahlgang die meisten Stimmen erhalten haben, aufgestellt werden. Gewählt ist die Kandidatin/der Kandidat mit der einfachen Mehrheit der Stimmen, bei Stimmengleichheit entscheidet das Los.

Vierter Abschnitt
Entpflichtung und Beendigung der Mitgliedschaft

§ 1 Entpflichtung

Auf Antrag kann ein Mitglied zeitlich befristet oder auf Dauer entpflichtet werden. Über die Annahme des Antrags entscheidet das Präsidium. Damit erlöschen alle Wahlrechte und Pflichten. Bei Entpflichtung auf Lebenszeit wird der Platz für ein neues Mitglied frei.

§ 2 Beendigung der Mitgliedschaft

Die Mitgliedschaft endet durch:

1. Tod des Mitgliedes.
2. Schriftlich gegenüber der Präsidentin/dem Präsidenten erklärten Austritt aus der Akademie. Die Präsidentin/Der Präsident ist berechtigt nach den Beweggründen für die Austrittserklärung des Mitglieds zu fragen.
3. Ausschluss aus der Akademie. Voraussetzung für die Einleitung eines Verfahrens zum Ausschluss eines Mitglieds ist, dass mindestens zehn Mitglieder den Ausschluss bei der Präsidentin/beim Präsidenten mit einer ausführlichen schriftlichen Begründung beantragen. Die Präsidentin/Der Präsident hat die Umstände zu prüfen. Einzuholen ist eine schriftliche Stellungnahme der zuständigen Obperson und gegebenenfalls der Adjunktin/des Adjunkten. Die Präsidentin/Der Präsident trägt die Angelegenheit dem Präsidium vor, das zu prüfen hat, ob und in welcher Weise der Akademie Schaden entstanden ist. Das betroffene Mitglied soll schriftlich – oder auf seinen Wunsch hin auch mündlich – dem Präsidium ihre/seine Stellungnahme erläutern. Sollte das Präsidium mehrheitlich hinreichende Gründe für einen Ausschluss feststellen, so ist der Antrag auf Ausschluss mit ausführlicher Begründung dem Senat kundzugeben, der gemäß § 7 Abs. 1 der Satzung über den Ausschluss in einem schriftlichen Abstimmungsverfahren mit einfacher Mehrheit entscheidet. Gegen diese Entscheidung sind Rechtsmittel ausgeschlossen.

Schlussbestimmung

Diese Wahlordnung tritt nach Beschlussfassung durch den Senat am 28. September 2023 in Kraft und ersetzt die Wahlordnung vom 27. November 2015.

Anhang I zur Wahlordnung der Leopoldina

Zuordnung der Sektionen zu den vier Klassen

Klasse	Sektions-Nr.	Bezeichnung der Sektion
I:	1.	Mathematik
	2.	Informationswissenschaften
	3.	Physik
	4.	Chemie
	5.	Geowissenschaften
	27.	Technikwissenschaften
II:	6.	Agrar- und Ernährungswissenschaften
	8.	Organismische und Evolutionäre Biologie
	9.	Genetik / Molekularbiologie und Zellbiologie
	10.	Biochemie und Biophysik
	13.	Mikrobiologie und Immunologie
	14.	Humangenetik und Molekulare Medizin
	15.	Physiologie und Pharmakologie / Toxikologie
III:	7.	Global Health
	11.	Anatomie und Anthropologie
	12.	Pathologie und Rechtsmedizin
	16.	Innere Medizin und Dermatologie
	17.	Chirurgie, Orthopädie und Anästhesiologie
	18.	Gynäkologie und Pädiatrie
	19.	Neurowissenschaften
	20.	Ophthalmologie, Oto-Rhino-Laryngologie und Stomatologie
	21.	Radiologie
	22.	Veterinärmedizin
IV:	23.	Wissenschafts- und Medizingeschichte
	24.	Wissenschaftsphilosophie
	25.	Ökonomik und Empirische Sozialwissenschaften
	26.	Psychologie und Kognitionswissenschaften
	28.	Kulturwissenschaften

Election Regulations

German Academy of Natural Scientists Leopoldina – German National Academy of Sciences, reg. Ass.

(Status 28 September 2023)

The German Academy of Natural Scientists Leopoldina (Deutsche Akademie der Naturforscher Leopoldina e.V.), which is also the German National Academy of Sciences (hereinafter: the Academy), adopts the following Election Regulations on the basis of and as a supplement to its Statutes. These Election Regulations were last amended in certain passages on 19 September 2013, 17 September 2015 and 28 September 2023 and adopted by the Senate.

Chapter One
The election of new members

The purpose of admitting new members to the Academy, i.e. the election of scientists, is to be able to perform the tasks of the National Academy set out in the Statutes at any time.

§ 1 The potential for election

1. In consultation with the Senate, the Presidium determines the number of members under 75 years of age for each Class (guideline figure). Upon reaching the age of 75, a member's seat becomes vacant and may be filled. The rights of these members remain unaffected.
2. In addition, a maximum of five candidates nominated by the Member Selection Committee may be elected per year.

§ 2 Conflicts of interest in the context of election

In the interest of transparency and in order to take possible conflicts of interest in the election procedure into account, the following conflict of interest criteria are defined in particular:

1. Kinship, close personal ties or personal conflicts
2. Existing, planned or recently concluded close scientific collaborations, e.g. implementation of joint projects or joint publication within the last five years
3. Affiliation with the same scientific institution (institute/faculty) or imminent transfer of the member to the respective institution

4. Employment dependency or supervisory relationship (e.g. teacher-student relationship) within the last six years; doctoral supervisor relationship without time limit
5. Own economic interests in the nomination decision

§ 3 Nomination procedure

1. Candidates can be nominated for election in two ways. The following principles apply to both ways:

   a. The nominees for election should distinguish themselves through significant scientific achievements. Candidates must not be informed of a nomination at any stage of the election procedure.
   b. Nominations with detailed written reasons can be submitted by any Leopoldina member. A nomination must be signed by at least three members, at least two of whom must belong to the Section to which the election is to be made.
   c. The nominating persons declare in the nomination form their possible conflicts of interest pursuant to points 1–5 set out in § 2. For a nomination to be effective, none of the nominating members should meet any of the criteria for conflicts of interest set out in § 2. In the event that one or more criteria are met by a nominating person, the criteria met must be assessed for their impact on the nomination in the deliberation of the Section's Working Group and in the Second and Third Readings. This assessment must be recorded in the minutes of the meetings.
   d. A submission must be addressed to the General Secretariat and must include a complete and signed nomination form, a laudatory text, a short curriculum vitae and a complete list of publications by the candidate. It should only be done after consultation with the Section representatives.

2. Nomination via the Sections of the Academy

   a. Each Section sets up a Working Group which, in addition to the Section representative and his/her deputy, normally includes at least two other members of the Section. This Working Group meets at least once a year. It shall, inter alia, prepare all nominations for the Section in accordance with § 4 (1) of these Regulations and shall forward the minutes of the meeting to the General Secretariat.
   b. The members of the Section Working Group declare any conflict of interest as set out in § 2 of these Election Regulations in the minutes of the meeting and, in the event of a conflict of interest, may participate in all discussions but may not take part in decisions.

3. Nomination via the Member Selection Committee appointed by the Presidium

   a. The Presidium may appoint a Member Selection Committee with the task of identifying suitable candidates for election in interdisciplinary scientific fields that are not sufficiently covered by the Sections, or candidates who have distinguished themselves beyond their scientific achievements by their outstanding commitment to the scientific system.

b. The composition of the Member Selection Committee, its procedures, formalities and rules on conflicts of interest are based on the regular nomination procedure via the Sections. The details are set out in the Rules of Procedure of the Member Selection Committee of the Presidium of the Leopoldina.

c. The Member Selection Committee submits its nominations to the Presidium, which must be supported by a majority of the members of the Committee by secret ballot. The meetings must be minuted.

§ 4 The election procedure

The election procedure is divided into three Readings. In the First Reading, a written assessment of the nominations is made by the Section members. In the following Second Reading, all candidates for election are discussed and ranked in a Class meeting on the basis of the assessments. The final step of the election procedure is the Third Reading. Hereby, the Presidium extends itself to include the responsible Class Spokesperson and the responsible Section representative and decides on the election. Nominations by the Member Selection Committee are handled directly in the Third Reading.

1. *First Reading*

a. Following discussion and assessment in the Section Working Group, the Office of the Secretary General forwards all nominations to all members of the Section concerned for evaluation.

b. The members of a Section evaluate the candidates according to a points system and by giving reasons:

- 5 (highest priority admission)
- 4 (high priority admission)
- 3 (medium priority admission)
- 2 (low priority admission)
- 1 (lowest priority admission)
- Rejection (reasons for rejection must be given in each case)

Abstentions are not possible.

c. Each Section must achieve the quorum of two-thirds of all members of the Section who have not yet reached the age of 75 in order to be able to submit its nominations to the Second Reading.

d. The Section members must disclose any conflicts of interest pursuant to § 2 in their evaluation and, in the event of a conflict of interest, may give a verbal assessment on the nominee, but not an evaluation. The vote of a member who expressed a conflict of interest is nevertheless counted towards the quorum for the election.

f. The members submit their evaluations, including the justification, to the Academy's Elections Office within the specified time.
g. The evaluations, including the reasons, are collected in the Elections Office and are only accessible in their original form to the Elections Office, the President and the secretary of the Class and the respective Section representative and his/her deputy.
h. The other Section representatives and their deputies as well as the Class Spokesperson and his/her deputy and the members of the Presidium receive an anonymised overview of the evaluations.

2. *Second Reading*

In the Second Reading, there is an oral discussion on all candidates. The Class compiles a ranking of candidates on the basis of the places available and the scientific orientation of the Section and the Class deemed appropriate. The final vote on this is by secret ballot; each Section has one vote. Sections that are not represented or have a conflict of interest at a Second Reading do not have a vote.

a. The responsible Section representatives present the nomination and the facts for the vote in the Second Reading. It is possible to have deputies or members of the respective Section represent the Section representative. At the Second Reading, all representatives of the Sections to which the election is to take place and their deputies are present. The meeting is chaired by the elected Class Spokesperson or, if the Class Spokesperson is unable to attend, by the deputy Class Spokesperson.
b. The Office of the Secretary General invites the responsible secretary, the Secretary General and, if applicable, the responsible scientific officer as guests to the Second Reading. The Second Reading must be minuted.
c. Any conflict of interest must be reported to the Office of the Secretary General in advance. In the event of knowledge of unauthorised participation in voting, the election must be reviewed.
d. The attendees of the Second Reading must disclose any conflicts of interest pursuant to § 2 at the meeting at the latest and, in the event of a conflict of interest, may participate in all discussions but may not introduce the candidates or participate in the voting. Votes cast in spite of this are invalid.
e. The allocation of Sections to classes is provided in Appendix I to these Election Regulations.

3. *Third Reading*

a. In an extended meeting, which is usually held once a year, the Presidium decides for each Class on the election of the individual candidates nominated for that Class. If necessary, the Presidium may obtain expert opinions. In addition, the Presidium usually decides once a year in an extended meeting on the election of the candidates proposed by the Member Selection Committee.

b. Any conflict of interest must be reported to the Office of the Secretary General in advance. In the event of knowledge of unauthorised participation in voting, the election must be reviewed.
c. All members of the extended Presidium must disclose any conflicts of interest pursuant to § 2 at the meeting at the latest and, in the event of a conflict of interest, may participate in all discussions but may not introduce the candidates or take part in the voting. Votes cast in spite of this are invalid.
d. Voting usually takes place after discussion of all candidates of a Section or the candidates of the Member Selection Committee in a joint ballot.
e. In the election meeting with the Member Selection Committee, the chairperson of the Member Selection Committee and the deputies present the evaluations of the Committee. All other members of the Member Selection Committee must be invited as guests.
f. Voting must be by secret ballot for each individual candidate. For each candidate, a decision must be made on whether to accept, reject or defer the election. Any election requires the consent of two- thirds of all those present and entitled to vote who do not have a conflict of interest.
g. For the deferral of a candidate more than half of the votes, for the rejection at least half of all votes are required.
h. If no decision on the three categories of election, deferral and rejection is possible in the first vote, a second vote follows in which only deferral or rejection can be voted on.
i. The members of the Presidium, the responsible Class Spokesperson (or his/her deputy or a member of the Sections of the respective Class) and the responsible Section representative of the Section in which a candidate is to be admitted (or his/her deputy or another member of the respective Section) or the chairperson of the Member Selection Committee and his/her deputy (or, in their place, other members of the Member Selection Committee) are entitled to vote.
j. The committee is quorate if at least seven members of the Presidium, the Class Spokesperson or the deputy and a representative of the relevant Section or a representative of the Member Selection Committee are present.
k. Of the seven or more Presidium members present, at least six must agree to an election for it to be valid. With regard to any conflict of interest, § 4 (3) b) applies.

4. *Election notification and execution of the election*

a. The President notifies the elected candidates of their election in writing, informing them in detail about the aims, structures and tasks of the Leopoldina and at the same time asking them whether they are prepared to actively participate in the tasks of the Academy and to which Section they wish to belong.
b. Secondary membership in another Section is possible for all members. In this Section, the member has no voting rights, but holds an advisory function. The Office

of the Secretary General must be informed informally of the commencement of a secondary membership.

c. The election is completed when the candidate has accepted the election in writing. The election is deemed not to have been accepted if no written consent is given within the specified period. The Class Spokesperson, the Section representatives and the nominators will be informed about the result. If the candidate has been proposed through the Member Selection Committee, the latter shall be informed.

Chapter Two
Election of Section representatives, Class Spokespersons and adjuncts

§ 1 Election of Section representatives

1. All members of a Section elect a member of their Section as Section representative by secret ballot. All members, regardless of age, are eligible for election and may be re-elected once. The term of office is four years. The formal procedure for exercising the right to vote is based on the provisions of the Statutes. Voting by postal ballot is possible.
2. The election is initiated by the Office of the Secretary General, which justifies the need for the election to the members of the Section and communicates the members standing for election. Ballot papers can be used for this purpose.
3. The willingness to stand for election as Section representative or deputy representative must be declared by the respective Section member to the Office of the Secretary General.
4. All Section members elect their Section representative from among the candidates by clearly marking the name and sending the decision to the General Secretariat within four weeks. The person who receives the most votes is elected as Section representative. In the event of a tie, the Presidium has the casting vote. The election of the deputy takes place analogously to the election of the Section representative in a separate ballot. Both ballots can be held together.
5. The Presidium is responsible for monitoring the election process, verifying the regularity of the election and confirming the elected Section representatives.

§ 2 Election of Class Spokespersons

1. Each Section belongs to a Class according to its disciplinary orientation (see Appendix I of these Election Regulations). The Class is the structural unit in which the Section representatives and their deputies rank the new members proposed by the Sections (First Reading) once a year in the Second Reading.

2. All the Section representatives of a Class and their deputies elect by secret ballot one member of the Sections located in the respective Class as Class Spokesperson. The term of office is four years. Re-election is permitted once. The formal procedure for exercising the right to vote is based on the provisions of the Statutes. Voting by postal ballot is possible.
3. The election is initiated by the Office of the Secretary General, which justifies the need for the election to the members and communicates the members standing for election (see Section Two, § 2 (2)). Ballot papers can be used for this purpose.
4. The willingness to stand for election as Class Spokesperson or deputy Class Spokesperson must be declared by the respective member to the Office of the Secretary General.
5. The election is made by clearly marking the name and sending the decision to the Office of the Secretary General within four weeks. The person who receives the most votes is elected as Class Spokesperson. In the event of a tie, the Presidium has the casting vote. The election of the deputy takes place analogously to the election of the Class Spokesperson in a separate ballot. Both ballots can be held together.
6. The Presidium is responsible for monitoring the election process, verifying the regularity of the election and confirming the elected Class Spokesperson.

§ 3 Election of adjuncts (Regional Executive Boards)

1. In Austria and Switzerland, the Academy is organised into two Adjunct Circles.
2. The members belonging to the respective Adjunct Circle elect one full member of their Adjunct Circle as adjunct in a secret ballot, which is usually conducted as a postal ballot. Prior to the election, the Presidium obtains the consent of the eligible members who, if elected, will also accept the office.
3. The election of the adjuncts and their deputies is conducted in the same way as the election of the Section representatives.

Chapter Three
Election of senators and members of the Presidium

§ 1 Election of senators

1. The elected Section representative is also a senator (§ 7 (1) a) of the Statutes).
2. The two adjuncts for Austria and Switzerland are also senators (§ 7 (1) b) of the Statutes).
3. Up to ten additional senators (§ 7 (1) c) of the Statutes) are elected by the Senate for four years on the proposal of the Presidium. Re-election is permitted once.

4. Five of these latter senators are to have seats and votes in the Senate of the Leopoldina as representatives of the scientifically interested public, and a further five *ex officio* as presidential representatives of the following institutions:
    - German Research Foundation
    - Max Planck Society
    - German Rectors' Conference
    - Alexander von Humboldt Foundation
    - Union of the German Academies of Sciences and Humanities.

§ 2 Election of Presidium members

1. The Senate formed in accordance with § 7 of the Statutes and Section Three § 1 of these Election Regulations elects the Presidium in accordance with § 6 sentence 1 of the Statutes. All members, regardless of age, are eligible for election. The term of office is five years, re-election is possible once.
2. The election of the President and Vice-Presidents must be prepared by a finding committee appointed by the Presidium. The members of the finding committee are:
    - the President (not in the finding committee for presidential candidates) and the Vice-Presidents (if elected, the secretary closest to the area of the person to be elected takes over this task),
    - the four Class Spokespersons and
    - the two Presidium members from Austria and Switzerland or two other Leopoldina members.
    - In the case of the election of the President, the finding committee also includes three *ex officio* senators.
    - The Secretary General is part of the finding committee in an advisory capacity.
    - The committee is chaired by the President or the longest-serving Vice-President.
    - In the event of a tie, the Presidium decides by simple majority.
3. All senators and the members of the Presidium are entitled to nominate candidates.
4. Proposals are addressed to the finding committee. The latter draws up a proposal and submits it in writing to the members of the Senate in good time before the ballot. A separate ballot is required for each seat on the Presidium; block voting is not permitted.
5. The finding committee for the other Presidium members is the Presidium.
6. The Senate is quorate if more than half of the senators are present (or participate in the ballot in writing). The person who receives more than half of the votes cast is elected. If none of the candidates obtains more than half of the votes cast, a second ballot is held in which only the two candidates who obtained the most votes in the first ballot are nominated. The candidate is elected with a simple majority of votes; in the event of a tie, the decision is made by a draw.

Chapter Four
Discharge and termination of membership

§ 1 Discharge

Upon application, a member may be discharged from duty for a limited period of time or permanently. The Presidium decides on the acceptance of the application. All electoral rights and duties lapse thereby. In the event of discharge for life, the place is vacated for a new member.

§ 2 Termination of membership

The membership ends upon:

1. Death of the member.
2. Resignation from the Academy declared in writing to the President. The President is entitled to ask for the reasons for the resignation of the member.
3. Expulsion from the Academy. A prerequisite for the initiation of proceedings for the expulsion of a member is that at least ten members apply for expulsion to the President with detailed written reasons. The President must examine the circumstances. A written statement of the Section representative in charge and, if applicable, of the adjunct must be obtained. The President brings the matter to the attention of the Presidium, which examines whether and in what way the Academy has suffered damage. The member concerned shall issue his/her statement to the Presidium in writing – or, at his/her request, orally. Should the Presidium determine by majority vote that there are sufficient grounds for exclusion, the motion for exclusion with detailed reasons must be announced to the Senate, which decides on the exclusion in a written voting procedure with a simple majority in accordance with § 7 (1) of the Statutes. Appeals against this decision are excluded.

Miscellaneous

These Election Regulations enter into force on 28 September 2023 after adoption by the Senate and replace the Election Regulations of 27 November 2015.

Appendix I to the Election Regulations

Sections in each of the four Classes

Class	Section No	Name of Section
I:	1.	Mathematics
	2.	Informatics
	3.	Physics
	4.	Chemistry
	5.	Earth Sciences
	27.	Engineering Sciences
II:	6.	Agricultural and Nutritional Sciences
	8.	Organismic and Evolutionary Biology
	9.	Genetics / Molecular Biology and Cell Biology
	10.	Biochemistry and Biophysics
	13.	Microbiology and Immunology
	14.	Human Genetics and Molecular Medicine
	15.	Physiology and Pharmacology / Toxicology
III:	7.	Global Health
	11.	Anatomy and Anthropology
	12.	Pathology and Forensic Medicine
	16.	Internal Medicine and Dermatology
	17.	Surgery, Orthopaedics and Anaesthesiology
	18.	Gynaecology and Paediatrics
	19.	Neurosciences
	20.	Ophthalmology, Oto-Rhino-Laryngology and Stomatology
	21.	Radiology
	22.	Veterinary Medicine
IV:	23.	History of Science and Medicine
	24.	Philosophy of Science
	25.	Economics and Empirical Social Sciences
	26.	Psychology and Cognitive Sciences
	28.	Cultural Sciences

5. Anhang

Markus Scholz | Leopoldina

Chronik 2023

„In einer Welt, die sich geopolitisch tiefgreifend verändert, versteht sich die Leopoldina als offener Kooperationspartner für alle Akteure, die denselben wissenschaftlichen Werten folgen. Evidenzbasierte Beratung auf Exzellenzniveau benötigt angesichts der Länder und Kontinente übergreifenden gesellschaftlichen Herausforderungen eine hochgradige Internationalität der Institutionen, die sie durchführen – gerade angesichts zunehmender ideologischer Abschottung und kriegerischer Auseinandersetzung."

Aus dem Vorwort des XXVII. Präsidenten der Nationalen Akademie der Wissenschaften Leopoldina Gerald Haug zum *Monitoring-Bericht 2023 der Leopoldina*, S. 3.

1. Januar

Die Leopoldina übernimmt für ein Jahr die Federführung in der Allianz der Wissenschaftsorganisationen, dem Zusammenschluss der bedeutendsten Wissenschaftsorganisationen in Deutschland, der regelmäßig Stellung zu wichtigen Fragen der Wissenschaftspolitik Stellung bezieht.

1. Februar

Joint Academy Day der Österreichischen Akademie der Wissenschaften (ÖAW) und der Leopoldina mit Verabschiedung von „Wiener Thesen zur wissenschaftsbasierten Beratung von Politik und Gesellschaft". Die Thesen widerspiegeln Erfahrungen beider Akademien, die während der Coronavirus-Pandemie gewonnen wurden.

7. und 8. März

Im Rahmen der japanischen G7-Präsidentschaft lag die Federführung für den S7-Prozess 2023 beim *Science Council of Japan*. Unter Beteiligung von Mitgliedern der Leopoldina wurden drei Stellungnahmen zu Handlungsoptionen zur Bewältigung multipler Krisen, zur Verbesserung der Gesundheit älterer Menschen und zum Schutz der Biodiversität der Meere erarbeitet. Die gemeinsam von den Akademien formulierten wissenschaftsbasierten Empfehlungen wurden in Tokio (Japan) im Rahmen einer G7-Wissenschaftskonferenz öffentlich vorgestellt, diskutiert und dem japanischen Premierminister Fumio Kishida von den S7-Präsidentinnen und -Präsidenten der Akademien persönlich übergeben.

29. bis 30. März

Frühjahrstagung des Zentrums für Wissenschaftsforschung „Wissenschaftsreflexion – Konzepte, Ziele, Perspektiven", organisiert von Forscherinnen und Forschern der Philosophie, Soziologie, Geschichte und Rechtswissenschaft mit interdisziplinärem Anspruch und bezogen auf theoretische Überlegungen zur Lebenswelt und Beachtung von Popularisierungs- und Leugnungstendenzen von Wissenschaft in der Gesellschaft.

19. April

Im Rahmen der Leopoldina-Vorlesung der Klasse II „Lebenswissenschaften" von Katalin Karikó ML (Mainz): „Developing mRNA for Therapy" erfolgte auch die Verleihung der Schleiden-Medaille 2023 an den Biochemiker F. Ulrich Hartl ML (Martinsried).

Leopoldina-Jahrbuch 2023, 260–262 (2024)

15. und 16. Mai

Der Klimawandel und seine Auswirkungen in Europa waren Thema der *European Climate Conference*, organisiert von der Polnischen Akademie der Wissenschaften und der Leopoldina in Warschau.

5. Juni

Zur Sensibilisierung und Kompetenzbildung für Ethik sicherheitsrelevanter Forschung in der Lehre fand eine gemeinsame Tagung von Leopoldina und Deutscher Forschungsgemeinschaft in Berlin statt.

7. Juli

Einen niedrigschwelligen Zugang zum Thema „Energiewende" bot im Rahmen der Langen Nacht der Wissenschaften in Halle (Saale) die öffentliche Unterhausdebatte „Alles Wasserstoff! Oder was?". Akteurinnen und Akteure vom Umweltbundesamt, vom Fraunhofer-Zentrum für Chemisch-Biotechnologische Prozesse CBP Leuna und der Leopoldina engagierten sich in der öffentlichen Debatte. Weiterer Schwerpunkt der Veranstaltung war das Thema „Biodiversität".

28.–29. September

Die Leopoldina-Jahresversammlung „Gesetz(e): Regeln der Wirklichkeit – Regeln für die Wirklichkeit" behandelte das breite Spektrum von Natur- und Gottesgesetzen, Gesetzen und Gesetzmäßigkeiten, Regeln und Normen. Im Rahmen der Eröffnungssitzung der Jahresversammlung wurde Andreas Barner (Ingelheim) zum Ehrensenator der Leopoldina ernannt und der Physiker Jürgen Troe ML (Göttingen) mit der Verleihung der Cothenius-Medaille geehrt.

2. Oktober / 4. Oktober

Bekanntgabe der Nobelpreise für 2023: Zwei aus Ungarn stammende Leopoldina-Mitglieder werden mit Nobelpreisen ausgezeichnet: Katalin Karikó ML (*1955, *Szeged-University* und *Perelman School of Medicine*, *University of Pennsylvania*) erhielt den Nobelpreis für Physiologie oder Medizin gemeinsam mit Drew Weissmann (*1959, *Perelman School of Medicine*, *University of Pennsylvania* und *Penn Institute for RNA Innovations*).

Ferenc Krausz ML (*1962, Ludwig-Maximilians-Universität München und Max-Planck-Institut für Quantenoptik) wurde wie Anne L'Huillier (*1958, Universität Lund) und Pierre Agostini (*1941, *Ohio State University* in Columbus) mit dem Physik-Nobelpreis geehrt.

22. bis 24. November 2023

Symposium „Die Autorität der Wissenschaften auf dem Prüfstand": Die wissenschaftliche Veranstaltung beschäftigte sich besonders mit Fragen wie die Wissenschaften es schaffen können, bei den Menschen Anspruch auf Geltung zu erheben und beleuchtete besonders auch die Bereiche, die in modernen Gesellschaften besonders umstritten sind.

7. Dezember

Bernhard SCHÖLKOPF ML hält Leopoldina-Weihnachtsvorlesung „Die kybernetische Revolution: symbolische, statistische und kausale künstliche Intelligenz“

2023

Im Verlauf des Jahres wurden in die vier Klassen der Akademie gewählt: Klasse I (Mathematik, Natur- und Technikwissenschaften): acht Männer und sieben Frauen; Klasse II (Lebenswissenschaften): neun Männer und acht Frauen; Klasse III (Medizin): acht Männer und fünf Frauen; Klasse IV (Geistes-, Sozial- und Verhaltenswissenschaften): fünf Männer und zwei Frauen. Damit verzeichnete die Leopoldina zum Jahresende 2023 1676 Mitglieder aus mehr als 30 Ländern in ihrer Matrikel.

Vor 350 Jahren

1673

- Mit Christian Adolph BALDUIN (1632–1682) wird ein in Regensburg und Großenhain (Sachsen) wirkender Alchemist Mitglied der Akademie. Er ist für die Entdeckung einer phosphoreszierenden Substanz (*Balduins Phosphor*) bekannt. Die lange Zeit in den Historien der Akademien für das Jahr verzeichneten Aufnahmen der Ärzte Gottfried SCHUBART (1634–1691) und Gottfried Christian WINCKLER (1635–1684) aus Brieg (Schlesien, heute Brzeg, Polen) könnten laut *Protocollum* auch bereits 1672 erfolgt sein.
- Der Versuch, den in Jena wirkenden Mathematiker und Erfinder Erhard WEIGEL (1625–1699) für die Leopoldina zu gewinnen, scheitert.

vor 300 Jahren
1723

- Zugewählt werden der Mediziner und Physiker Wilhelm Bernhard NEBEL (1699–1748), der später an der Universität Heidelberg (Rektor 1737/1738 und 1745/1746) tätig war und um den Kampf gegen die Blattern verdient ist, mit dem Beinamen *Achilles III.* auf Empfehlung seines Vaters, des Mediziners und Botanikers Daniel NEBEL (1664–1733, ML 1687, mit dem Beinamen *Achilles II.*); der in Berlin und Halle wirkende Mediziner und seit 1721 als Physikus des Oberbarnimschen Kreises mit Amtssitz in Wriezen tätige Johann Daniel GOHL (1674–1731), der für seine Bemühungen um die Medizinalstatistik bekannt ist; und der in Basel wirkende Anatom, Botaniker und Professor der praktischen Medizin sowie mehrfache Rektor der dortigen Universität Johann Rudolph ZWINGER (1692–1777) mit dem Beinamen *Avicenna II.*, dessen Vater Theodor ZWINGER (1658–1724, ML 1685, Beinamen *Aristoteles I. Stagirites*) ebenfalls der Akademie angehörte.
- Der IV. Präsident Lucas SCHROECK (1646–1730, ML 1677, Amtszeit 1693–1730) lässt auf eigene Kosten die Zenturien 9 und 10 der Ephemeriden in Augsburg drucken, da sich kein Buchhändler zur Übernahme bereitfand. Der Leibarzt Andreas FACKH (um 1652–1727, ML 1714) übergibt das Werk Kaiser KARL VI. (1685–1740), der darüber sein großes Wohlgefallen zum Ausdruck bringt.

vor 250 Jahren
1773

- Der zur Leipziger Frühjahrsmesse erschienene Band V der *Nova Acta* wird von Leibarzt Anton Frhr. VON STÖRCK (1731–1803, ML 1773) dem Kaiser JOSEPH II. (1741–1790) überreicht. Als Dank erhält die Akademie zwei Silbermünzen, die zum Gedenken an den kaiserlichen Leibarzt und Reformer der Wiener Medizinischen Fakultät Gerard VAN SWIETEN (1700–1772, ML 1754) geprägt worden waren. Im selben Jahr wird der van-Swieten-Schüler VON STÖRCK, der auch Dekan der Medizinischen Fakultät (1766) und *Rector magnificus* der Wiener Universität (1768) war, in die Leopoldina aufgenommen. Der Band wird zudem durch den Leibarzt Johann Anton VON

WOLTTER (1709–1787, ML 1754) an den Protektor der Akademie, den bayerischen Kurfürsten MAXIMILIAN III. JOSEPH (1727–1777), übergeben, der ihn ebenfalls freundlich annimmt.

- Der Physikus zu Lucca Giuseppe BENVENUTI (1728–1810, ML 1756) erbittet und erhält die nach dem Tode des berühmten Pathologen Giovanni Battista MORGAGNI (1682–1771, ML 1708) freie Adjunktur für Italien.
- In die Leopoldina werden außerdem gewählt: der Leibarzt des Papstes CLEMENS XIV. (1705–1774) und Professor der Chemie an der Päpstlichen Universität Sapienza in Rom Pasquale (Paschal) ADINOLFI (ADINOPLHI; †1799); weiterhin aus Italien der Arzt und Dichter Annibale (Hannibal) MARIOTTI (1738–1801) aus Perugia und der Physikus zu Lucca Sebastian PAULI (Lebensdaten unbekannt); aus Lucca stammte auch der Diplomat in preußischen Diensten und Philosoph Girolamo LUCCHESINI (1751–1825), der dann wieder in Lucca und Florenz lebte. Weiterhin werden aufgenommen der Chemiker und Leibarzt der französischen Prinzessinen Louis-Claude BOURDELIN (1696–1777) aus Paris; der französische Chirurg François (Franz) DUJARDIN (DU JARDAIN, 1738–1775) aus Paris, der eine *Histoire de la chirurgie depuis son origine jusqu'à nos jours* [Geschichte der Chirurgie von ihren Anfängen bis in unsere Tage] (1774) verfasste; der spanische (katalanische) Arzt, Botaniker und Mathematiker Antoni(o) (Anton) CAPDEVILA (CAP DE VILA, 1722–1777), der als Verteidiger der Pockenimpfung bekannt wurde; der Leibarzt des Herzogs von Medina-Sidonia und Medikus in Madrid Luiz (Ludwig) José (Joseph) PEREIRA (1724–1774); der Hofrat des Fürsten von Hohenlohe, der Archivar und Archäologe Christian Ernst HANSELMANN (HANSSELMANN, 1699–1776) aus Öhringen; der van-Swieten-Schüler Johann Georg HASENÖHRL VON LANGUSIUS [LAGUSIUS] (1729–1796), Leibarzt von LEOPOLD (II., 1747–1792), Erzherzog von Österreich und Großherzog von Toscana, später Kaiser des Heiligen Römischen Reichs deutscher Nation (1790–1792) zu Florenz, dann Wien, später auch Leibarzt von Kaiser FRANZ II. (1768–1835); der in Moskau und Kiel wirkende Chemiker und Medizinprofessor Johann Christian KERSTENS (1713–1802); der Theologe und Mediziner Johann Gottlob LEIDENFROST (1715–1794), der auch über Physik und Chemie las, mehrfach Rektor der Universität Duisburg war und für den Leidenfrost-Effekt (auf heißem Untergrund springende Wassertropfen) bekannt ist; der Professor für Anatomie und Chirurgie in Ingolstadt und Leibarzt des Fürstbischofs von Freising Heinrich Palmaz (Palmatius) VON LEVELING (1742–1798) sowie der Chirurg und Geburtshelfer Hermann SCHÜTZER VON SCHÜTZERKRANTZ (1713–1802) aus Stockholm (Schweden).

vor 200 Jahren
1823

- Zugewählt werden der französische Anatom und Zoologe Gilbert BRESCHET (1784–1845) aus Paris, der sich mit vergleichender Anatomie und zoonotischen Krankheiten beschäftigte; der französische Militär, Statistiker und Molluskenforscher Andréas Étienne FÉRUSSAC D'AUDEBARD (1786–1836); der Zoologe und Anatom Johann Moritz HEROLD (1790–1862) aus Marburg; der preußische Militärarzt und Chirurg Carl Ferdinand VON GRAEFE (1787–1840) aus Berlin; der in Braunschweig und Kiel tätige Anatom und Geburtshelfer Christian Rudolph Wilhelm WIEDEMANN (1770–1840) sowie ein in München wirkender Leibarzt VON HARZ.

Leopoldina-Jahrbuch 2023, 263–273 (2024)

- Aus der von Präsident Christian Gottfried Daniel NEES VON ESENBECK (1776–1858, ML 1816, Amtszeit 1818–1858) besonders bevorzugten Botanik kommen in die Akademie der Botaniker David DON (1799/1800–1841), Professor am *King's College* in London und Bibliothekar der *Linnean Society of London*; der belgische Botaniker Alexander [Alexandre Louis Simon] LEJEUNE (1779–1858), der u. a. an einer Flora von Belgien beteiligt war; der französische Apotheker, Zoologe und Botaniker Joseph Antoine [Anton] RISSO (1777–1845) aus Nizza, der u. a. eine *Flore de Nice* veröffentlichte; der französische Botaniker und Forschungsreisende Auguste François DE SAINT-HILAIRE (1779–1853), der vor allem das Hinterland Brasiliens erforschte und eine dreibändige *Flora Brasiliae meridionalis* (1824–1833) veröffentlichte; der Mykologe Karl Friedrich Wilhelm WALLROTH (1792–1857), Arzt und Kreisphysikus in Nordhausen; der russlanddeutsche Botaniker Johanas [Johann] Fri(y)drichas [Friedrich] VOLFGANGAS [WOLFGANG] (1776–1859) aus Łozowe (Podolien, Litauen-Polen, heute Polen), dann Professor in Wilna (Vilnius, Litauen). Botaniker und Arzt ist auch der neuaufgenommene, in Pavia und Wien wirkende Franz Xaver VON HILDENBRAND (1789–1849), der als Flechtenforscher und Bekämpfer der Cholera Verdienste erwarb. Als Begründer der Paläobotanik gilt der Geologe und Paläontologe Ernst Friedrich VON SCHLOTHEIM (1764–1832) aus Gotha, der u. a. eine *Beschreibung merkwürdiger Kräuter-Abdrücke und Pflanzen-Versteinerungen* sowie *Beyträge zur Naturgeschichte der Versteinerungen in geognostischer Hinsicht* publizierte und später Oberhofmarschall des Herzogtums Sachsen-Coburg und Gotha wurde.
- Aus der Geologie und Mineralogie werden gewählt der Mineraloge und Geologe Johann Friedrich Ludwig HAUSMANN (1782–1859), Professor in Göttingen und mit der geologischen Erforschung des Harzes sowie Bodenkunde beschäftigt; der Berghauptmann Franz Wilhelm Werner VON VELTHEIM (1785–1839) aus Halle, der auch Präsident des *Thüringisch-Sächsischen Geschichtsvereins* war; und der französische Bergingenieur Antoine Héron DE VILLEFOSSE (1774–1852), der u. a. in Paris und im Harz wirkte und das Werk *Über den Mineral-Reichthum. Betrachtungen über die Berg-, Hütten- und Salzwerke verschiedener Staaten, sowohl hinsichtlich ihrer Production und Verwaltung, als auch des jetzigen Zustandes der Bergbau- und Hüttenkunde* verfasste.
- Aus dem Gebiet der Chemie wird aufgenommen Leopold GMELIN (1788–1853), Professor in Heidelberg und Herausgeber eines wichtigen Handbuchs der Chemie; aus der Physik und Mathematik wird der Benediktiner Placidus HEINRICH [Joseph HEINRICH] (1758–1825) aus Regensburg, der sich vor allem mit Astronomie und Meteorologie beschäftigte, in die Matrikel eingereiht.

vor 150 Jahren
1873

- Mit der Leopoldina unter dem Präsidium des XIV. Präsidenten Wilhelm Friedrich Georg BEHN (1808–1878, ML 1848, Amtszeit 1870–1878) konkurrierende Vereinigungen in Verbindung zu dem im Reformprozess der Akademie als Präsidentschaftskandidat unterlegenen Ludwig (Heinrich Gottlieb) REICHENBACH (1793–1879, ML 1820) legen Statutenentwürfe vor und versuchen Einfluss zu erlangen, scheitern aber.

- Präsident BEHN nimmt die im Reformprozess ausgesetzten Zuwahlen wieder auf. Gewählt werden der Physiker und Industrielle Ernst ABBE (1840–1905) aus Jena, der viele optische Instrumente entwickelte; der Mathematiker Carl [Karl] Maximilian VON BAUERNFEIND (1818–1894) aus München, der u. a. als Geodät und Bau-Ingenieur (besonders im Brückenbau) wirkte; der Physiker Wilhelm (VON) BEETZ (1822–1886) aus München, der sich vor allem mit Elektrizitätslehre beschäftigte; der Geologe und Pfarrer Oscar Friedrich FRAAS (1824–1897), der für seine Steinsammlungen berühmt war und am Königlichen Naturalienkabinett in Stuttgart wirkte; der Chemiker Johann Georg Anton GEUTHER (1833–1889) aus Jena, der u. a. ein *Lehrbuch der Chemie* verfasste; der Botaniker Christoph Friedrich HEGELMAIER (1833–1906) aus Tübingen, der sich vor allem mit den Wasserlinsengewächsen beschäftigte; der Physiologe Rudolf HEIDENHAIN (1834–1897) aus Breslau (Schlesien; heute Wrocław, Polen), der durch Kombination von Mikroskopie und Histologie, von physiologischen Experimenten und chemischen Analysen zu vielen Gebieten, wie Muskelphysiologie und Neurophysiologie, wichtige Beiträge lieferte; der Physiologe Victor HENSEN (1835–1924) aus Kiel, der sich vor allem Verdienste um die Meeresbiologie, insbesondere die Erforschung des Planktons, erwarb; der Chemiker August Wilhelm VON HOFMANN (1818–1892), der in London und Berlin wirkte, für die Erforschung der Anilinfarbstoffe bekannt ist und zu den Begründern der Deutschen Chemischen Gesellschaft gehörte; der Botaniker Leopold KNY (1841–1916) aus Berlin, der die Pflanzenphysiologie ausbaute und sich besonders für Kryptogamen (vor allem Pilze) interessierte; der Botaniker Hubert LEITGEB (1835–1888) aus Graz, der über Lebermoose forschte; der Physiker Ernst MACH (1838–1916), der in Prag und Wien wirkte und auch als Philosoph und Wissenschaftstheoretiker reüssierte; der Physiker Friedrich Eduard VON REUSCH (1812–1891), der in Stuttgart und Tübingen tätig war und sich mit Fragen der Technik auseinandersetzte; der Anthropologe Hermann SCHAAFFHAUSEN (1816–1893) aus Bonn, der sich u. a. mit der Kulturgeographie, aber auch mit dem Neandertal-Fund beschäftigte; der Mediziner Oskar Eduard SCHÜPPEL (1837–1881) aus Tübingen, der Fragen der Pathologischen Anatomie behandelte; der Agrarwissenschaftler Hermann SETTEGAST (1819–1908) aus Proskau, dessen Forschungsfeld die Tierzucht war; der Botaniker Eduard STRASBURGER (1844–1912), der in Jena und Bonn wirkte, u. a. die Mitose bei Pflanzen entdeckte und der mit Kollegen das wohl einflussreichste Botaniklehrbuch in deutscher Sprache begründete; der Lehrer und Naturforscher Karl WIEBEL (1808–1888), Präsident des Naturwissenschaftlichen Vereins in Hamburg; der Physiker Adolph WÜLLNER (1835–1908), der über spezifsche Wärme, Elektrizitätslehre und Optik arbeitete und zu den Begründern der späteren Rheinisch-Westfälischen Technischen Hochschule (RWTH) Aachen zählt; der im Finanz- und Katasterwesen tätige Gustav Hermann VON ZELLER (1812–1884), der als Hobbyforscher u. a. Algensammlungen bestimmte; und der in Dresden und Erlangen tätige Pathologe Friedrich Albert VON ZENKER (1825–1898), der u. a. die Trichinose erfroschte. Hinzu kommt noch der Wiener Dermatologe Ferdinand VON HEBRA (1816–1880).
- Unter den Vorgeschlagenen findet sich auch der Arzt Robert MAYER (1814–1878) aus Heilbronn, auf den der Energieerhaltungssatz zurückgeht. Die Wahl wurde aber nicht abgeschlossen. Das ist in jenen Jahren unmittelbar nach der tiefgehenden Akademiekrise durchaus nicht so selten.

vor 100 Jahren
1923

- Finanzielle Schwierigkeiten der Inflationszeit zwingen die Akademie zur Einstellung des Mitteilungsblattes *Leopoldina. Amtliches Organ* mit dem Heft LVIII, Nr. 7–12 (Juli 1922–August 1923).
- Zugewählt werden unter dem XVIII. Präsidenten, dem Mathematiker August GUTZMER (1860–1924, ML 1900, Amtszeit 1921–1924), insbesondere herausragende Mathematiker. Das sind der Mathematiker Otto BLUMENTHAL (1876–1944) aus Aachen, der sich mit der Theorie der komplexen Funktionen in der Zahlentheorie befasste (er wurde 1937 als Jude aus der Matirkel gestrichen und verstarb im Konzentrationslager Theresienstadt; von der Leopoldina auf ihrer Gedächtnisstele geehrt); der Mathematiker Richard VON MISES (1883–1953) aus Berlin, der sich vor allem mit Angewandter Mathematik beschäftigte (er wurde ebenfalls 1937 in der Akademie gestrichen; emigrierte bereits 1933 zunächst nach Istanbul [Türkei], dann nach Cambridge [MA, USA]); der Mathematiker Ernst NEUMANN (1875–1955) aus Marburg, der sich mit Problemen der Potentialtheorie beschäftigte (er ist 1938 in der Leopoldina ebenfalls als Jude gestrichen worden, obwohl dies nicht zutraf); der Mathematiker, Physiker und Philosoph Hermann WEYL (1885–1955) aus Göttingen, der sich vor allem mit den mathematischen Grundlagen der Relativitätstheorie auseinandersetzte (auch er wurde 1937 in der Leopoldina – wegen seiner jüdischen Ehefrau – gestrichen; er ging nach Princeton [NJ, USA]); die drei italienischen Mathematiker Guido CASTELNUOVO (1865–1952), Federigo ENRIQUES (1871–1946) und Francesco SEVERI (1879–1961), die alle drei in Rom wirkten und als Vertreter der italienischen Schule der algebraischen Geometrie gelten (während CASTELNUOVO und ENRIQUES von antisemitischen Gesetzen in Italien betroffen waren, näherte sich SEVERI zunächst den italienischen Faschisten an; in der Leopoldina waren die Verhältnisse dieser italienischen Mitglieder unbekannt); außerdem der US-amerikanische Mathematiker William OSGOOD (1864–1943) von der *Harvard University* in Cambridge (MA, USA), der u. a. ein dreibändiges Lehrbuch der Funktionentheorie schrieb.
- Aus den biologischen Disziplinen werden aufgenommen der Zoologe Hjalmar BROCH (1882–1969) aus Oslo (Norwegen), der sich mit niederen marinen Organismen, der Fischbiologie und Fragen des Naturschutzes beschäftigte; der Zoologe und Tiermediziner Ernst JOEST (1873–1926), der in Dresden und dann in Leipzig wirkte und über Fragen der Veterinärpathologie arbeitete; der Zoologe Ludwig BRÜEL (1871–1949) aus Halle (Saale), der sich inbesondere um die Säugetiersammlungen kümmerte; und der Botaniker Hans KNIEP (1881–1930) aus Würzburg, dann in Berlin, der vor allem pflanzenphysiologische Probleme untersuchte.
- Aus dem Bereich von Geologie und Geographie werden gewählt der Geologe Hans [Johannes] KLOSE (1880–1963) aus Berlin, der sich früh für Fragen des Naturschutzes engagierte und später führender Naturschutzfunktionär während der Zeit des Nationalsozialismus wurde; und der Geograph Otto SCHLÜTER (1872–1959) aus Halle (Saale), der sich mit Problemen der Anthropogeographie und der Waldverteilung auseinandersetzte, ab 1942 Vizepräsident unter dem XX. Präsidenten Emil ABDERHALDEN (1877–1950, ML 1912, Amstzeit 1932–1945 [1950]) war, dessen Vertretung er nach dessen Weggang im Sommer 1945 übernehmen musste und der 1952–1953 dann schließlich XXI. Akademiepräsident wurde).

- Aus der Chemie kommen in die Akademie der Chemiker und Lehrer Emil Löwenhardt (1858–1941) aus Halle (Saale), der vor allem als Schulbuchautor Bedeutung hatte; der Chemiker Ernst Weitz (1883–1954), der in Halle (Saale) und später Gießen wirkte und Fragen an der Grenze von Anorganik und Organik analysierte; sowie der Physikochemiker Carl Tubandt (1878–1942) aus Halle (Saale), der sich mit Elektrochemie befasste (er wurde 1938 in der Leopoldina gelöscht; da nur seine Frau Jüdin war, sollte er nach seinem Tod wieder geführt werden).
- Zudem wird noch der Pathologe Christian Georg Schmorl (1861–1932) aus Dresden aufgenommen, der sich besonders für Probleme am Skelett interessierte.
- Von den Nobelpreisträgern des Jahres werden später in die Akademie aufgenommen Robert Millikan (1868–1953, ML 1932, Nobelpreis für Physik), Frederick Grant Banting (1891–1941, ML 1932, Nobelpreis für Physiologie oder Medizin) und John MacLeod (1876–1935, ML 1925, Nobelpreis für Physiologie oder Medizin).

vor 50 Jahren
1973

- Die Akademie verliert durch den Tod ihren halleschen Vizepräsidenten Erwin Reichenbach (1897–1973, ML 1950), einen Stomatologen, der fast 20 Jahre lang als wichtigster Mitarbeiter von Präsident Kurt Mothes (1900–1983, ML 1940, Amtszeit 1954–1974) die Leopoldina mitgeprägt hatte, sowie unter ihren Mitgliedern fünf Nobelpreisträger: den Physiologen Walter Rudolf Hess (1881–1973, ML 1925, Nobelpreis für Physiologie oder Medizin 1949) aus Zürich; den Physiker J. Hans D. Jensen (1907–1973, ML 1964, Nobelpreis für Physik 1963) aus Heidelberg, den Biochemiker Artturi Ilmari Virtanen (1895–1973, ML 1963, Nobelpreis für Chemie 1945) aus Helsinki (Finnland), den Mikrobiologen Selman Waksman (1888–1973, ML 1932, Nobelpreis für Physiologie oder Medizin 1952) aus New Brunswick (NJ, USA); und den Chemiker Karl Ziegler (1898–1973, ML 1938, Nobelpreis für Chemie 1963) aus Mülheim (Ruhr).
- Die vom 11. bis 14. Oktober 1973 in Halle tagende Jahresversammlung „Evolution", auf der der Physiker Walther Gerlach (1889–1979, ML 1940) den Festvortrag „Die Evolution des Denkens über die Natur" hält, behandelt die Komplexe „Kosmos und Erde" (Evolution von Kosmos, Erde, Galaxien, Sternen und Planetensystemen), „Evolution des Lebens", „Mensch und Evolution" sowie „Aspekte der Evolution menschlicher Kultur". Am Programm sind u. a. Feodor Lynen (1911–1979, ML 1959, Nobelpreis für Physiologie oder Medizin 1964), Ulf Svante von Euler (1905–1983, ML 1962, Nobelpreis für Physiologie oder Medizin 1970), Konrad Lorenz (1903–1989, ML 1957, Nobelpreis für Physiologie und Medizin 1973), Ernst Mayr (1904–2005, ML 1972) und Erwin Chargaff (1905–2002, ML 1971) sowie Benno Parthier (1932–2019, ML 1974, XXIV. Präsident, Amtszeit 1990–2003) beteiligt. Unter den teilnehmenden Studenten, die von dieser Jahresversammlung besonders beeindruckt wurden, sind auch Jörg Hacker (*1952, ML 1998, XXVI. Präsident, Amtszeit 2010–2020) und Bärbel Friedrich (*1945, ML 1994, Vizepräsidentin 2005–2015).
- Der niederländische Astronom Jan Hendrik Oort (1900–1992) aus Leiden, der sich mit der Erforschung des Milchstraßensystems beschäftigt und nach dem der Asteroid 1691 benannt ist, wird als Ehrenmitglied in die Leopoldina aufgenommen.

- Die Cothenius-Medaille erhält der Astrophyiker Albrecht Unsöld (1905–1995, ML 1962) aus Kiel, der u. a. zu Sternatmosphären forschte; eine Carus-Medaille geht an den in Göttingen und München wirkenden Astronomen Rudolf Kippenhahn (1926–2020, ML 1972), der über Aufbau und Entwicklung von Sternen arbeitete und auch Verfasser populärwissenschaftlicher Bücher zur Astronomie war; eine zweite Carus-Medaille erhält der hallesche Physiker Heinz Bethge (1919–2001, ML 1964), der mit Elektronenmikroskopie die Struktur von Kristalloberflächen studierte und zur Grenzflächenphysik forschte, 1974–1990 ist er XXIII. Präsident der Akademie; eine Schleiden-Medaille erhält der schwedische Genetiker und Zellbiologe Torbjörn Caspersson (1910–1997, ML 1970) aus Stockholm, der über Nukleinsäuren- und Proteinstoffwechsel arbeitete; eine zweite Schleiden-Medaille geht an die britische Botanikerin Irene Manton (1904–1988, ML 1967) aus Leeds, die sich u. a. mit Chromosomenuntersuchungen an Farnen und Algen beschäftigte und von 1973 bis 1976 als erste Frau Präsidentin der *Linnéan Society of London* war; die Mendel-Medaille erhält der aus Östereich stammende, in den USA wirkende Biochemiker Erwin Chargaff, der die Zusammensetzung der Desoxyribonucleinsäure (DNA) bei verschiedenen Organismen erforschte und kritische Essays zu Entwicklungen in den Biowissenschaften verfasste.
- Zugewählt werden für die Mathematik: der italienische Mathematiker Gætano Fichera (1922–1996) aus Rom, der sich in der Analysis u. a. mit Variationsrechnung, Funktionalanalysis, Approximationstheorie, partiellen Differentialgleichungen, Potentialtheorie, Maß- und Integrationstheorie, Funktionentheorie (einer und mehrerer Variabler), Numerischer Analysis und Differentialformen sowie der Anwendungen dieser Gebiete, z. B. in der Elastizitätstheorie, widmete; und der Mathematiker Helmut Thiele (1926–2003) aus Berlin (Ost), der vor allem auf dem Gebiet der Mathematischen Kybernetik sowie im Grenzbereich von Mathematik und Informatik forschte.
- Die Physik verstärken: der Astrophysiker Reimar Lüst (1923–2020, Ehrenmitglied 1997), der vor allem in Hamburg und München wirkte und sich mit extraterrestrischer Physik beschäftigte (der Asteroid 4386 ist nach ihm benannt) und der als Präsident der Max-Planck-Gesellschaft (1972–1984) und als Generaldirektor der *European Space Agency* (ESA, 1984–1990) wissenschaftspolitisch bedeutsame Ämter bekleidete; und der Geophysiker Peter Mauersberger (1928–2007) aus Berlin (Ost), dessen Arbeitsschwerpunkte in der Physik des Erdkörpers (Geomagnetismus, Physik des Schwerefeldes), der Kosmischen Physik und der physikalischen Hydrologie (Hydroökologie, Grundwasserbewegungen, Wasser und Klima) lagen.
- Im Bereich der Chemie wählt die Akademie zum Mitglied: den in München und Berlin tätigen Chemiker Heinz Gerischer (1919–1994) aus Berlin (West), der u. a. über Elektrochemie arbeitete; den Chemiker Herbert Grunze (1923–1998) aus Berlin (Ost), der in der Anorganischen Chemie, insbesondere über die Chemie der Phosphorverbindungen, forschte; den Chemiker Roland Mayer (1927–2013) aus Dresden, der über organische Schwefelchemie (Synthesen zur Herstellung sowie Charakterisierung neuartiger organischer Schwefelverbindungen) arbeitete; den sowjetischen Chemiker Jurij Anatolevič Ovčinnikov (1934–1988) aus Moskau, der Fragen der Naturstoffchemie, der Peptid- und Proteinchemie und der Stereochemie behandelte

und u. a. über die Chemie der Tetracycline und zur Funktionsweise von Membranen forschte; den Chemiker Wilhelm PRITZKOW (1928–2013) aus Merseburg, der sich mit der Oxidation von Kohlenwasserstoffen und der Chemie der organischen Nitrosoverbindungen befasste sowie kinetische und mechanistische Probleme chemischer Reaktionen untersuchte; den italienischen Physikochemiker Guido SARTORI (1909–1981) aus Rom, der sich den Grundlagen der Chemie der Koordinationsverbindungen widmete; den US-amerikanische Chemiker und Kernphysiker Glenn T. [Theodore] SEABORG (1912–1999) aus Berkeley (CA, USA), der an der Entdeckung von chemischen Elementen (Plutonium, Americium, Curium, Berkelium, Californium, Einsteinium, Fermium, Mendelevium, Nobelium und des nach ihm benannten Seaborgium) beteiligt war und 1951 den Nobelpreis für Chemie erhielt; und den Pharmazeuten und Chemiker Günther WAGNER (1925–1999) aus Leipzig, der u. a. zur Synthese von heterozyklischen Verbindungen forschte und sich der Entwicklung der pharmazeutischen Analytik (Papier-, Dünnschicht- und Gaschromatographie) widmete.

– Für die Vertretung der Geowissenschaften in der Akademie werden gewonnen: der französische Geologe André [Paul] CAILLEUX (1907–1986), der in Paris, aber auch in Quebec (Kanada) und Rio de Janeiro (Brasilien) zur Geomorphologie forschte und die Antarktis und Grönland in seine Untersuchungen einbezog; der Geologe und Paläontologe Heinrich Karl ERBEN (1921–1997) aus Bonn, dessen Forschungen u. a. Paläobiologie und Evolutionsforschung umfassten und Nord- und Südamerika, den vorderen Orient, Teile Russlands, Afghanistan, Südostasien und Japan betrafen und der in Kooperation der Universität Bonn mit der Universität in Kabul dort ein Geologisch-Paläontologisches Institut gründete, das allerdings während der Herrschaft der Taliban geschlossen wurde; der österreichische Geograph Franz FLIRI (1918–2008) aus Innsbruck, der sich mit Themen Alpengeographie, der Klimatologie und vor allem der Quartärforschung auseinandersetzte; der polnische Geograph Rajmund GALON (1906–1986) aus Toruń, der sich für klimatische Probleme, Geomorphologie und regionale Geographie interessierte; der Geologe Henning ILLIES (1924–1982) aus Karlsruhe, der sich Fragen der Geodynamik und Plattentektonik bzw. der Geologie des Oberrheingrabens und der Geologie Chiles widmete; der Geograph Heinz KLIEWE (1918–2009), in Jena und Greifswald tätig, der sich mit der Küstenforschung, Fragen zu Fluss- und Talentwicklungen sowie der Quartärforschung beschäftigte; der Geologe Karl-Armin TRÖGER (1931–2019) aus Freiberg, der sich für Fragen der theoretischen und praktischen Stratigraphie sowie insbesondere die Paläontologie mariner Fossilien der Kreidezeit interessierte; und der Geograph Herbert WILHELMY (1910–2003) aus Tübingen, dessen Gebiete die Humangeographie (Bevölkerungs- und Siedlungsgeographie) sowie Physische Geographie (Klima- und Vegetationsgeographie, Geomorphologie) waren.
– Zugewählt werden aus den Biowissenschaften: der sowjetische Biochemiker Aleksandr Aleksandrovič BAJEV (1904–1994) aus Moskau (heute Russland), der über Enzymologie und Molekularbiologie arbeitete und Probleme des Zellstoffwechsels, vor allem des Stickstoff- und Phosphor-Metabolismus, sowie die Biochemie des Nukleotidstoffwechsels analysierte; der Biophysiker Walter BEIER (1925–2016) aus Leipzig, der Biophysik für Mediziner und Biologen lehrte und Fragen zum Fließgleichgewicht bzw. zu Systemeigenschaften von Organismen behandelte; der belgische Biochemi-

ker und Zellforscher Christian DE DUVE (1917–2013), der in Louvain, New York (NY, USA), später in Brüssel arbeitete und sich vor allem mit der Struktur und Funktion der Zelle und insbesondere mit Lysosomen und Peroxisomen befasste sowie 1974 den Nobelpreis für Physiologie oder Medizin erhielt; der sowjetische Biologe Merkurij Sergeevič GHILAROV (1912–1985), der in Kiew und Moskau wirkte und sich u. a. der Bodenkunde (Fragen der Zusammensetzung von Böden) und der Bodenbiologie (Bodenzoologie) sowie der Evolutionsmorphologie zuwandte; der US-amerikanische Biochemiker Albert L. LEHNINGER (1917–1986) aus Baltimore (MD, USA), der vor allem über biochemische Vorgänge in Mitochondrien arbeitete und eines der international einflussreichsten Lehrbücher zur Biochemie publizierte; der US-amerikanische Biochemiker rumänischer Abstammung George E. PALADE (1912–2008), der in New Haven (CT, USA) und San Diego (CA, USA) wirkte, 1974 den Nobelpreises für Physiologie oder Medizin erhielt und als Mitbegründer der Zellbiologie vor allem für seine Untersuchungen von Zellstrukturen wie Ribosomen, Mitochondrien, Chloroplasten und Golgi-Apparat bekannt wurde und 1985 auch mit der Schleiden-Medaille der Leopoldina geehrt wurde; der in Frankfurt (Main), Bochum und Stuttgart tätige Biochemiker Gerhard PFLEIDERER (1921–2008), der sich Fragen der Enzymdiagnostik und der immunologischen Methodik (u. a. in der Krebsdiagnostik) sowie den biochemischen Grundlagen von Herzkrankheiten zuwandte; der Biophysiker Helmut RUSKA (1908–1973) aus Düsseldorf, der gemeinsam mit seinem Bruder Ernst RUSKA (1906–1988, ML 1966) entscheidend an der Entwicklung der Elektronenmikroskopie beteiligt war und sich insbesondere für die Grundlagen des Einsatzes des Elektronenmikroskops in Medizin und Biologie interessierte; der Biochemiker und Biophysiker Herbert RÖLLER (1927–2019) aus College Station (TX, USA), der sich der Endokrinologie und Entwicklungsphysiologie widmete und sich u. a. mit der Biochemie des Juvenilhormons bei Insekten beschäftigte; die sowjetische Evolutionsbiologin Lydija [Lydia] K. TITOVA (1912–1978) aus Leningrad (heute St. Petersburg, Russland), die mit Methoden der Evolutionsphysiologie, Zytophysiologie, Zytochemie und Zytomorphologie vor allem die Geruchs- und Hörorgane bei Wirbeltieren und Wirbellosen untersuchte; der japanische Mikrobiologe Hamao UMEZAWA (1914–1986) aus Tokyo, der sich der Identifikation und Anwendung medizinisch-relevanter antimikrobieller Substanzen widmete und an der Entwicklung von Antibiotika und Krebsmedikamenten beteiligt war; der sowjetische Evolutionsbiologe Jakob [Jakov] Abrahamovič VINNIKOV (1910–1997) aus Leningrad (heute St. Petersburg, Russland), der sich mit der Physiologie der Sinnesorgane (Geruch, Geschmack, Gehör) unter Verwendung von Methoden der Zytophysiologie, Zytochemie und Zytomorphologie beschäftigte und eine zytochemische Gehörtheorie entwickelte; der Anthropologe und Humangenetiker Friedrich VOGEL (1925–2006) aus Heidelberg, der u. a. über Pharmakogenetik, Mutationsforschung und Populationsgenetik arbeitete, für den Ausbau der humangenetischen Familienberatung eintrat und erfolgreich für die Erneuerung des Ansehens der deutschen Humangenetik nach dem Zweiten Weltkrieg wirkte; und die deutsch-US-amerikanische Biochemikerin Annemarie WEBER (1923–2012) aus Philadelphia (PA, USA), die vor allem zur Biochemie des Muskels (Myosin) forschte.

– Aufgenommen werden in die Leopoldina aus dem Bereich der Medizin: der finnische Psychiater Kalle A. ACHTÉ (1928–2019) aus Helsinki, der u. a. über Schizophrenie, die Auswirkungen von Hirnverletzungen und die Bedeutung von Suiziden arbeitete; der in Heidelberg und Tübingen tätige Hygieniker und Mikrobiologe Richard-Ernst Bader (1912–1996), der Fragen der Bakteriologie, Epidemiologie und Wasserhygiene untersuchte; der in Marburg und Heidelberg wirkende Pädiater Horst Bickel (1918–2000), der sich u. a. mit der angeborenen Stoffwechselerkrankung Phenylketonurie und der Diät zu deren Behandlung beschäftigte; der französische Dermatologe Jean Civatte (1922–2020) aus Paris, der zur Klinik der Hautkrankheiten forschte und als Chefredakteur der *Annales de dermatologie* tätig war; der Internist Ludwig Demling (1921–1995) aus Erlangen, der sich mit gastroenterologischer Diagnostik und Therapie beschäftigte und als Pionier der Endoskopie mit der klinischen Erprobung neuer endoskopischer Verfahren und der Entwicklung sonographischer Techniken Verdienste erwarb; der österreichische Internist Erwin Deutsch (1917–1992) aus Wien, der sich für die Erforschung der Blutgerinnung und die Biochemie der Gerinnungsfaktoren interessierte; der Arzt und Pathologe George G. Glenner (1927–1995) aus Washington (DC, USA), dann in San Diego (CA, USA), der sich mit der Natur und der Pathogenese von Erkrankungen des Proteinmetabolismus beschäftigte und vor allem zu den Ursachen der Alzheimer-Erkrankung forschte; der französische Radiologe Charles-Marie Gros (1910–1984) aus Strasbourg, der sich der Diagnostik und Therapie von Brusterkrankungen, vor allem der Mammographiediagnostik, widmete; der Internist Rudolf Gross (1917–2008) aus Köln, der auf den Gebieten der Hämatologie und Onkologie tätig war und mit Kollegen ein wichtiges Lehrbuch der Inneren Medizin herausgab; der finnische Pädiater Niilo O. B. Hallman (1916–2011) aus Helsinki, der zu Nierenerkrankungen sowie Gasteroenterologie der Neugeborenen arbeitete; der Schweizer Internist Fritz Koller (1906–1999) aus Basel, der sich auf den Gebieten Hämatologie (Therapie der Hämophilie), Thromboseforschung und Knochenmarktransplantation betätigte; der tschechische Gynäkologe und Geburtshelfer Alfred [Alfréd] Kotásek (1911–1991) aus Prag, der sich u. a. um die Behandlung von Früh- und Spätgestosen kümmerte; der Pädiater Wilhelm Künzer (1919–2011) aus Freiburg (i. Br.), der neben klinischen Fragen der Kinderheilkunde vor allem Probleme aus der Hämostasologie behandelte; der sowjetische Anatom Vasilij Vasilijevič Kuprijanov (1912–2006) aus Moskau, der insbesondere als Morphologe wirkte; der Veterinärmediziner Jürg Eilhard Mitscherlich (1913–2002) aus Göttingen, der sich u. a. mit Fragen der Tierseuchenbekämpfung beschäftigte; der Schweizer Orthopäde und Chirurg Maurice E. Müller (1918–2009) aus Bern, der als Pionier der Osteosyntheseforschung und der Biomechanik vor allem über neue Methoden der Knochenbruchbehandlung und zur Entwicklung von Implantaten und Kunstgelenken forschte; der Anatom Andreas Oksche (1926–2017) aus Gießen, der sich mit Fragen der Neuroanatomie und Neuroendokrinologie auseinandersetzte und 2003 die Cothenius-Medaille der Leopoldina erhielt; der italienische Dermatologe Ferdinando Ormea (1917–1977) aus Rom, der sich neben klinisch-dermatologischen Fragen auch mit dem Werk des französischen Philosophen und Paläontologen Pierre Teilhard de Chardin (1881–1955) beschäftigte; der britische Anatom und Pathologe Anthony Guy Everson Pearse (1916–2003) aus London, der sich mit Fragen der Histochemie von chemischen Substanzen (von Fetten, Proteinen, Kohlenhydraten, Nukleinsäuren, Enzymen usw.) in menschlichem Gewebe und mit Problemen der Pathologie befasste und 1989 die Schleiden-Medaille der Leopoldina bekam; der britische Serologe und Humangenetiker Robert Russell Race (1907–1984) aus London, der sich mit den menschlichen Blutgruppen und Fragen der Transfusionsmedizin beschäftigte; der Virologe und Veterinärmediziner Rudolf Rott (1926–2003) aus Gießen, der vor allem den Aufbau und die Struktur von Grippeviren sowie die Oberflächenproteine der Hülle verschiedener Viren erforschte und 1999 mit der Cothenius-Medaille der Leopoldina geehrt wurde; der Urologe Egbert Schmiedt (1920–2011) aus München, der u. a. zur Etablierung eines Verfahrens zur Behandlung von Nierensteinen (extrakorporale Stoßwellenlithotripsie) beitrug; der japanische Chirurg und Urologe Hisao Takayasu (1916–1996) aus Tokyo, der vor allem zur Erforschung der Symptomatik und Therapie der Niereninsuffizienz (Peritonealdialyse, künstliche Niere, Nierentransplantation) arbeitete, aber auch die Endokrinologie der Nebenniere und die Therapie ihrer Erkrankungen untersuchte sowie zur elektronenmikroskopischen Analyse von Prostataerkrankungen forschte; der finnische Chirurg Martti I. Turunen (1918–1993) aus Helsiniki, der sich vor allem der Thoraxchirurgie widmete und eine moderne Bauchchirurgie in Finnland etablierte; und der polnische Radiologe Szczęsny L. Zgliczyński (1914–2009) aus Warschau, der sich der Klinischen Radiologie zuwandte.

– Von den Nobelpreisträgern des Jahres sind Mitglieder der Akademie der Chemiker Ernst Otto Fischer (1918–2007, ML 1969, Nobelpreis für Chemie), die Verhaltensbiologen Karl Ritter von Frisch (1886–1982, ML 1935, Nobelpreis für Physiologie oder Medizin), Konrad Lorenz (Nobelpreis für Physiologie oder Medizin) und Nikolaas Tinbergen (1907–1988, ML 1959, Nobelpreis für Physiologie oder Medizin).

(Für die Kurzcharakterisierungen wurden neben Leopoldina-Unterlagen gegebenenfalls auch die Wikipedia-Einträge zu den Personen herangezogen.)

Markus Scholz | Leopoldina

Englisches oder italienisches Vorbild? – Zur Diskussion um den Einfluss Francis Bacons auf die Gründung der Academia Naturae Curiosorum (Leopoldina)

Uwe Müller ML (Schweinfurt)

In der einschlägigen Forschungsliteratur wird die Frage nach den ideellen und organisatorischen Vorbildern der Gründung der *Academia Naturae Curiosorum* (Leopoldina) kontrovers diskutiert. Im Folgenden wird versucht, die in zahlreichen, hier bibliographisch erfassten Arbeiten vorgebrachten Argumente zu ordnen und in konzentrierter Zusammenfassung vorzustellen.

Mit der Begründung und Herausgabe der Zeitschrift *Miscellanea curiosa medico-physica Academiae Naturae Curiosorum sive Ephemeridum medico-physicarum Germanicarum curiosarum* (ab 1670) eröffnete Philipp Jacob Sachs von Lewenhaimb (1627–1672, ML 1658) der 1652 gegründeten *Academia Naturae Curiosorum* den Weg zu internationaler Rezeption und Reputation. Obwohl es aus organisatorischen und infrastrukturellen Gründen nicht möglich war und auch nicht angestrebt wurde, die in Form eines weitgespannten brieflichen Netzwerkes agierende *Academia Naturae Curiosorum* in ein Experimental-Collegium nach west- bzw. südeuropäischem Muster zu transformieren, sah diese sich doch selbstbewusst auf einer Ebene mit der *Royal Society*.

In einem ersten Abriss der Gründungsgeschichte der Akademie, im *Praeloquium* der *Ampelographia* (1661), verweist Sachs von Lewenhaimb – wie die in *Salve Academicum* (1662) erstmals publizierten Gründungsdokumente aus den Jahren 1651/1652 – auf das Vorbild der zahlreichen italienischen Akademien: Im Einladungsschreiben (*Epistola invitatoria*) des Schweinfurter Stadtphysikus Johann Laurentius Bausch (1605–1665, ML 1652) an auswärtige Mediziner zur Mitarbeit in der Akademie sind acht italienische Akademien und die *Fruchtbringende Gesellschaft* als Beispiele genannt.[1] Im *Praeloquium* seiner *Ampelographia*[2] führt Sachs weitere Vorbild-Akademien an, in der *Gammarologia*[3] (1665) zählt Sachs schließlich über 60 italienische Akademien auf.

In seiner, dem zweiten Band der Zeitschrift (1671) anonym beigefügten *Historica Succincta & Brevis Ortus & Progressus S. R. Imp. Academia Naturae Curiosorum* vermeidet Sachs von Lewenhaimb den Bezug zu den italienischen Vorbildern. Statt dessen stellt er der eigentlichen Akademiegeschichte eine ausführliche Darstellung der *Royal Society* auf der Grundlage ihrer 1667 erschienenen Geschichte von Thomas Sprat (1635–1713) voran, für deren überaus glänzenden Bau und „wahrhaft Salomonisches Haus“ Francis Bacon (1561–1626) die Grundsteine gelegt habe. Neben dieses „äußerst ruhmreiche Bei-

1 *Salve Academicum* 1662, S. A2[5].
2 Sachs von Lewenhaimb 1661, S. 3v, 4r.
3 Sachs von Lewenhaimb 1665, S. 55–61.

spiel“ für die Vereinigung der Gelehrten zugunsten des Gemeinwohls stellt er die *Academia Naturae Curiosorum*.

In der Diskussion um den Einfluss Bacons und insbesondere seiner Utopie vom „Haus Salomons“ in der *Nova Atlantis* auf die Gründer der *Academia Naturae Curiosorum* und ihre wissenschaftlichen Konzepte spielt die folgende Textpassage aus der *Historica Succincta [...]* über die *Royal Society* eine zentrale Rolle:

> „Exemplum gloriosissimum exhibere poterit toto orbi veneranda ILLUSTRISSIMA REGIA ANGLIÆ SOCIETAS, cujus splendidissimæ Structuræ & Domus vere Salomoneæ fundamenta stravit Illustris & Summus Vir *Franciscus BACO de VERULAMIO Vice-Comes S. Albani*, initio *magni Angliæ Sigilli Custos*, postea *Summus Regni Cancellarius*, qui & negotiis publicis & otio Sapientis consulendo, agendo, legendo &scribendo Britanniarum Regna & æternam famam & maximam utilitatem conciliavit.“[4]

In der Regel wird dieser Text dahingehend verstanden, dass Bacons „Haus Salomons“ als Modell für die *Academia Naturae Curiosorum* gedient habe. So z. B. 2003 Lorraine Daston (*1951, ML 2002): „Fehr [korrekt: Sachs] pries darin [= *Historia succincta*] das Haus Salomons in Bacons utopischem Fragment The New Atlantis (1627) als Modell für die Akademie.“[5] Dabei wird aber außer Acht gelassen, dass dieser Text, worauf schon 1970 Walter Artelt (1906–1976, ML 1952) hingewiesen hat, „[...] sich nur auf das ‚Haus Salomons‘ als Modell der Royal Society“ bezieht und nicht auf die *Academia Naturae Curiosorum*.[6] Zur Einordnung der Passage ist zu bedenken, dass die *Historia succincta* von 1671 als Werbeschrift für die Akademie das Ziel verfolgt, die durch die Zeitschrift und die reformierten *Leges* erfolgreich neu positionierte Akademie selbstbewusst auf eine Ebene mit der *Royal Society* zu heben;[7] dies nicht nur im Hinblick auf Autoren- und Mitgliederwerbung, sondern auch auf das erstrebte kaiserliche Engagement für die Akademie.

In der akademieinternen Geschichtsschreibung der folgenden Jahrzehnte[8] nimmt erst Andreas Elias Büchner (1701–1769, ML 1726) in seiner Geschichte des ersten Jahrhunderts der Akademie *Academia Sacri Romani Imperii Leopoldino-Carolinae Naturae Curiosorum historia conscripta ab eiusdem preside Andrea Elia Büchnero* (1755) das Thema wieder auf.[9] Er bezieht sich auf die *Historia succincta*, die *Gammarologia* und den Briefwechsel Henry Oldenburgs (ca. 1619–1677), Sekretär der *Royal Society*, mit Sachs von Lewenhaimb.[10] Zu Bacon, dessen „maßgebenden Einfluß“, so Daston,[11] auf die *Academia Naturae Curiosorum* Büchner als selbstverständlich ansieht, verweist er

4 *Historia succincta* 1671, S. d. (Deutsche Übersetzung Thomas Hübner: „Ein äußerst ruhmreiches Beispiel wird der ganzen Welt die ehrwürdige HOCHBERÜHMTE KÖNIGLICHE GESELLSCHAFT VON ENGLAND darbieten können. Die Fundamente dieses überaus glänzenden Bauwerks und wahrhaft Salomonischen Hauses legte der berühmte und sehr bedeutende Mann *Francis BACON of VERULAM, Viscount St. Albans*, zunächst *Hüter des Großen Siegels von England*, später *Lordkanzler des Königreichs*, der in seiner Betätigung als Staatsmann sowie als Philosoph durch Rat und Tat sowie ‚durch Lesen und Schreiben‘ dem Königreich Britanniens sowohl ewigen Ruhm als auch größten Nutzen verschafft hat.“)

5 Daston 2003, S. 20, unter Berufung auf Barnett 1995, S. 63–68.

6 Artelt 1970, S. 14; aufgegriffen von Winau 1977, S. 119.

7 Vgl. Müller 2002, S. 61.

8 Wedel 1680, Schroeck 1689, Müller et al. 2013, Büchner 1755.

9 Büchner 1755, §. VII. Tertia eaque summa constituende Academiae occasio., S. 16f.

10 Büchner 1755, S. 16, Anm. 16.

11 Daston 2003, S. 20, Anm. 9; entsprechend Barnett 1995, S. 64f.

auf die Werkausgaben London 1623, London 1740 und Frankfurt 1665.[12] Johann Daniel Ferdinand NEIGEBAUR (1783–1866, ML 1850) referiert in seiner offiziellen Fortsetzung der Akademiegeschichte *Geschichte der Kaiserlichen Leopoldino-Carolinischen Deutschen Akademie der Naturforscher während des zweiten Jahrhunderts ihres Bestehens* (1860) BÜCHNERS Einschätzung, dass neben den italienischen Akademievorbildern (explizit genannt wird die *Accademia die Lincei* in Rom) die „Schriften des grossen Engländers Bacon“[13] BAUSCH zur Gründung der *Academia Naturae Curiosorum* veranlasst hätten.

Ausgehend von der oben genannten Fehlinterpretation der *Historia succincta* und der Textstelle bei BÜCHNER kommt 1936 Helmut MINKOWSKI (1908–1997) zu dem Fazit, dass die leitenden Gedanken der Neu-Atlantis „[...] schon zehn Jahre vor der Konstituierung der Royal Society bei uns ihre früheste Verwirklichung fanden und zwar in der ersten naturwissenschaftlichen Gelehrtengesellschaft Deutschlands, in der Academia Naturae Curiosorum zu Schweinfurt“.[14] MINKOWSKIS Behauptung, dass in der *Historia succincta* und bei BÜCHNER die Neu-Atlantis „ausdrücklich als die Ursache genannt [werde], die den Anlaß zur Gründung gegeben habe“,[15] trifft nicht zu. Durch die Aufnahme in die Festgabe der Akademie zum 250. Jahrestag der kaiserlichen Privilegierung von 1687 (1937) erhielten MINKOWSKIS Thesen offiziellen Charakter.[16] Ähnlich 1952 im zeitgenössisch patriotisch und national geprägten Pathos Leo STERN (1901–1982): Das bleibende wissenschaftliche Verdienst BAUSCHS bestehe darin, dass er „[...] darangegangen war, die genialen Ideen Bacons über die kollektive wissenschaftliche Arbeit in die Praxis umzusetzen, bevor diese noch im Heimatlande Bacons selbst Gestalt gewonnen hatten“.[17]

Georg GERBER (*1919) kommt 1955 in seiner Analyse der Thesen MINKOWSKIS dagegen zu dem Schluss, dass Organisation und Aufgaben der *Academia Naturae Curiosorum* zeigen, dass sie „[...] ganz den Verhältnissen in Deutschland angepasst ist. Es ist möglich, dass Gedanken Bacons den Gründern bekannt gewesen sind, aber man darf nicht übersehen, dass solche vielfach im Zuge der Zeit lagen.“[18] Georg USCHMANN (1913–1986, ML 1964) schließlich verneint 1977 zwar – wie ebenfalls Rolf WINAU (1937–2006)[19] – den Vorbildcharakter des „Haus Salomon“, hält aber an der Beeinflussung BAUSCHS durch die frühen Schriften von Francis BACON fest.[20] Unter Berufung auf GERBER schließlich weist der Leopoldina-Präsident Benno PARTHIER (1932–2019, ML 1974) einen Zusammenhang der Gründung mit BACONS Neu-Atlantis 1994 zurück.[21]

Erstmals unternimmt Helmut KELLER (*1929) 1955 den Versuch, das Gründungsprogramm der Akademie, eine Enzyklopädie der Heilmittel in Monographien „ad normam

12 BÜCHNER 1755, S. 17, Anm. 17 (London 1623 The two Books oft the Proficience and Advancement of Learning divine and human, hoc est Libri duo de augmentis et incrimentis divinae humanaeque scientiae), London 1740 (Novum Organum), Frankfurt 1665 (Nova Atlantis).

13 NEIGEBAUR 1860, S. 8.

14 MINKOWSKI 1936, S. 290; so auch MINKOWSKI 1933.

15 MINKOWSKI 1936, S. 292.

16 MINKOWSKI 1937 (in ABDERHALDEN 1937); vgl. LEICHT 1952, der MINKOWSKI plagiiert; ZAUNICK 1952, S. 34: „Auch Bacons Methodik und Neu-Atlantis waren ihm [= Bausch] wohl bekannt.“ HELFRICH 1970, S. 87.

17 STERN 1952, S. 26.

18 GERBER 1955, S. 558.

19 WINAU 1977, S. 129.

20 USCHMANN 1977, S. 19; USCHMANN 1989, S. 21.

21 PARTHIER 1994, S. 15f.

et formam Academiae Naturae Curiosorum“ zu erarbeiten,[22] vor dem Hintergrund Baconscher Forderungen[23] zu betrachten. Sein Fazit: „Das ist die praktische Durchführung der theoretischen Forderungen Francis Bacons, ob Bausch sie nun kannte oder nicht.“[24] Frances Mason BARNETT (*1957) konstatiert 2002 für die Monographien eine „beträchtliche Annäherung an das Baconsche Forschungsprogramm“,[25] das „ausdrücklich das systematische Sammeln von Objekten aus den verschiedenen Reichen der Naturphilosophie fordert“.[26] Im Unterschied zum englischen Experimental-Collegium aber sammelten die *Curiosi* „in erster Linie literarisch und nicht ‚natürlich‘“.[27] WINAU (1977) hingegen weist einen Baconschen Einfluss auf die Gründer anhand des Fehlens des Begriffes „Experiment“ in der Erstfassung der Leges zurück.[28] Auf der Grundlage der Analyse des rekonstruierten Bestandes der Bibliothek des Akademiegründers BAUSCH charakterisiert 2002 Richard TOELLNER (1930–2019, ML 1987) diesen als typischen Vertreter des Renaissance-Humanismus und führt die Tatsache an, dass sich in dessen Bibliothek keine Titel von Galileo GALILEI (1564–1642), BACON oder René DESCARTES (1596–1650) nachweisen lassen.[29]

Das große Interesse der *Academia Naturae Curiosorum* an Informationen über die *Royal Society* und die hohe Wertschätzung derselben ist im Briefwechsel SACHS VON LEWENHAIMBS dokumentiert.[30] Inhaltlich geht es dabei weniger um Forschungsansätze als vielmehr um praktische Fragen der Organisation, Finanzierung, Kommunikation und herrscherlichen Patronage.[31] In SPRATS *History*[32] (1667), auf die sich die *Historia succincta* bei der Vorstellung der *Royal Society* beruft, vermutet DASTON (2003) deshalb die Quelle für die „verspätete Baconsche Abstammung“[33] der Schweinfurter Akademie. Diesen Begriff der „verspäteten Baconschen Abstammung“ hat Fabian KRÄMER (2014) in seiner Analyse der 1670 gegründeten Zeitschrift *Miscellanea curiosa* aufgegriffen.[34]

Weder in den Formulierungen der Gründungsdokumente der *Academia Naturae Curiosorum* noch in den Briefwechseln der Gründer ist eine bewusste Auseinandersetzung mit den Theorien BACONS und dessen Neu-Atlantis erkennbar. Die Prägung durch den Renaissance-Humanismus und der Bezug dieser Dokumente auf das Vorbild der italienischen Akademien, das auch die Diskussion der Akademie mit den Wiener Reichsbehörden um die Formulierung der kaiserlichen Anerkennung durch das Privileg von 1677

22 Vgl. BERG 1985; BERG und THAMM 2008.

23 De dignitate et augmentis scientiarum, Buch IV, Kap. 2; in dt. Übersetzung von WALLACH 1926; aufgegriffen von BERG und PARTHIER 2000, S. 40–42.

24 KELLER 1955, S. 52.

25 BARNETT 2002, S. 54.

26 BARNETT 2002, S. 64; vgl. BACON 1960, S. 205–213.

27 BEELEY und SCRIBA 2008, S. 306.

28 WINAU 1977, S. 119; vgl. BARNETT 1995, S. 64–67.

29 TOELLNER 2002, S. 29; dem von TOELLNER unterstellten intellektuellen Konservativismus BAUSCHS widerspricht KRÄMER 2014, S. 245, Anm. 713.

30 SACHS VON LEWENHAIMB 1665, S. 36–75; S. 946-958; vgl. SCRIBA 1987; BEELEY und SCRIBA 2008; MÜLLER 2002, S. 57–59; MÜLLER 2022; HALL und HALL 1965–1986; BARNETT 1995, S. 116–124; KEFALAS 2015.

31 Vgl. BARNETT 2002, S. 67.

32 Zu SPRAT: BEELEY und SCRIBA 2008, S. 145–150.

33 DASTON 2003, S. 20.

34 Vgl. KRÄMER 2014, S. 251–255.

bestimmt, führen Toellner (2002) zur Betonung der Ausschließlichkeit des italienischen Vorbilds für die Akademiegründung.[35]

Literatur

Abderhalden, E. (Hrsg.): Festgabe aus Anlass der 250. Wiederkehr des Tages der Erhebung der am 1. Januar 1652 gegründeten privaten Akademie zur Sacri Romani Imperii Academia Caesareo-Leopoldina Naturae Curiosorum durch Leopold I. (7. August 1687). Halle (Saale): Buchdruckerei des Waisenhauses 1937

Artelt, W.: Vom Akademiegedanken im 17. Jahrhundert. In: Reichenbach, E., und Uschmann, G. (Hrsg.): Nunquam otiosus. Beiträge zur Geschichte der Präsidenten der Deutschen Akademie der Naturforscher Leopoldina. Festgabe zum 70. Geburtstag des XXII. Präsidenten Kurt Mothes. Nova Acta Leopoldina Neue Folge Bd. *36*, Nr. 198, 9–22 (1970)

Bacon, F.: Neu-Atlantis. In: Heinisch, K. J. (Hrsg.): Der utopische Staat. S. 171–215. Reinbek: Rowohlt 1960

Barnett, F. M.: Medical authority and princely patronage: the Academia Naturae Curiosorum 1652–1693. Diss. Chapel Hill: 1995

Barnett, M.: Anspruch und Wirklichkeit. Reformen in der frühen Academia naturae curiosorum. In: Döring, D., und Nowak, K. (Hrsg.): Gelehrte Gesellschaften im mitteldeutschen Raum (1650–1820). Teil II. (Abhandlungen der Sächsischen Akademie der Wissenschaften zu Leipzig, Philologisch-historische Klasse, Bd. *76*, Heft 5). S. 47–72. Stuttgart, Leipzig: Hirzel 2002

Beeley, P., und Scriba, C. J.: Auf der Suche nach neuen Wegen. Die Selbstdarstellung der Leopoldina und der Royal Society in London in ihrer Korrespondenz 1670–1677. In: Toellner, R., Müller, U., Parthier, B., und Berg, W. (Hrsg.): Die Gründung der Leopoldina (Academia Naturae Curiosorum) im historischen Kontext. Johann Laurentius Bausch zum 400. Geburtstag. Leopoldina-Symposium vom 29. September bis 1. Oktober 2005 in Schweinfurt (Bibliothek Otto Schäfer). Acta Historica Leopoldina Nr. *49*, 305–326 (2008)

Berg, W.: Die frühen Schriften der Leopoldina – Spiegel zeitgenössischer Medizin. NTM-Schriftenreihe für Geschichte der Naturwissenschaften, Technik, Medizin *22*/1, 67–76 (1985)

Berg, W., und Parthier, B.: Die „kaiserliche" Leopoldina im Heiligen Römischen Reich Deutscher Nation. In: Döring, D., und Nowak, K. (Hrsg.): Gelehrte Gesellschaften im mitteldeutschen Raum (1650–1820). Teil I. (Abhandlungen der Sächsischen Akademie der Wissenschaften zu Leipzig, Philologisch-historische Klasse, Bd. *76*, Heft 2). S. 39–52. Stuttgart, Leipzig: Hirzel 2000

Berg, W., und Thamm, J.: Die systematische Erfassung der Naturgegenstände. Zum Programm der Academia Naturae Curiosorum von 1652 und seiner Vorgeschichte. In: Toellner, R., Müller, U., Parthier, B., und Berg, W. (Hrsg.): Die Gründung der Leopoldina (Academia Naturae Curiosorum) im historischen Kontext. Johann Laurentius Bausch zum 400. Geburtstag. Leopoldina-Symposium vom 29. September bis 1. Oktober 2005 in Schweinfurt (Bibliothek Otto Schäfer). Acta Historica Leopoldina Nr. *49*, 285–304 (2008)

Büchner, A. E.: Academia Sacri Romani Imperii Leopoldino-Carolinae Naturae Curiosorum historia conscripta ab eiusdem preside Andrea Elia Büchnero. Halle (Saale): Gebauer 1755

Daston, L.: Die Akademien und die Neuerfindung der Erfahrung im 17. Jahrhundert. In: Parthier, B. (Hrsg.): Academia 350 – Die Leopoldina-Feiern in Schweinfurt und Halle 2002. Nova Acta Leopoldina Neue Folge Bd. *87*, Nr. 325, 15–33 (2003)

Gerber, G.: Die Neu-Atlantis des Francis Bacon und die Entstehung der Academia Naturae Curiosorum (Leopoldina) und der Societät der Wissenschaften in Berlin. Wiss. Annalen *4*, 552–560 (1955)

Hall, A. R., und Hall, M. B. (Eds.): The Correspondence of Henry Oldenburg. 13 Vol. Madison, WI: University of Wisconsin Press 1965–1986

Helfrich, J.: Der I. Präsident (1652–1665) – Johann Laurentius Bausch (1605–1665). In: Reichenbach, E., und Uschmann, G. (Hrsg.): Nunquam otiosus. Beiträge zur Geschichte der Präsidenten der Deutschen Akademie der Naturforscher Leopoldina. Festgabe zum 70. Geburtstag des XXII. Präsidenten Kurt Mothes. Nova Acta Leopoldina Neue Folge Bd. *36*, Nr. 198, 79–95 (1970)

Historia Succincta: Historia Succincta & Brevis Ortus & Progressus S. R. Imp. Academiae Naturae Curiosorum. In: Miscellanea curiosa medico-physica Academiae Naturae Curiosorum sive Ephemeridum medico-physicarum Germanicarum curiosarum. Dec. I, Ann. 2, [unpag.], 1671

35 Toellner 2002, S. 25–28; vgl. Müller und Weber 2012, S. 88–93.

Kefalas, K.: Philipp Jacob Sachs von Lewenhaimb (1627–1672) und die Academia Naturae Curiosorum – Eine Edition seiner Briefe in chronologischer Reihenfolge sowie seines Reistagebuchs. Diss. med. masch., Heidelberg: 2015

Keller, H.: Dr. Johann Laurentius Bausch (1605–1665). Gründer der Academia Naturae-Curiosorum. Diss. med. Würzburg: 1955

Krämer, F.: Ein Zentaur in London. Lektüre und Beobachtung in der frühneuzeitlichen Naturforschung. (Kulturgeschichte. Studien zur Frühen Neuzeit *1*). Affalterbach: Didymos 2014

Leicht, W. H.: Die Gründung der Deutschen Akademie der Naturforscher. In: *Historischer Verein Schweinfurt*, und *Stadtarchiv und Stadtbibliothek Schweinfurt* (Hrsg.): Festschrift zur Gedenkfeier an die vor 300 Jahren in Schweinfurt erfolgte Gründung der Deutschen Akademie der Naturforscher (Kaiserlich Leopoldinisch-Carolinisch Deutsche Akademie der Naturforscher). (Veröffentlichungen des Historischen Vereins Schweinfurt *2*). S. 5–17. Schweinfurt: Historischer Verein Schweinfurt 1952

Minkowski, H.: Francis Bacon und die Academia Naturae Curiosorum. Zur Vorgeschichte der Schweinfurter Akademie der Wissenschaften – der heutigen Akademie der Naturforscher in Halle. Fränkische Heimat Jg. 1933, 77–80 (1933)

Minkowski, H.: Die Neu-Atlantis des Francis Bacon und die Leopoldina-Carolina. Archiv für Kulturgeschichte *26*, 283–295 (1936)

Minkowski, H.: Die Stellung der Academia Naturae Curiosorum in der Geistesgeschichte des 17. Jahrhunderts und ihre Bedeutung für die Ausbildung exaktwissenschaftlicher Forschungsmethoden. In: Abderhalden, E. (Hrsg.): Festgabe aus Anlass der 250. Wiederkehr des Tages der Erhebung der am 1. Januar 1652 gegründeten privaten Akademie zur Sacri Romani Imperii Academia Caesareo-Leopoldina Naturae Curiosorum durch Leopold I. (7. August 1687). S. 29–49. Halle (Saale): Buchdruckerei des Waisenhauses 1937

Müller, U.: Die Leopoldina unter den Präsidenten Bausch, Fehr und Volckamer (1652–1693). In: Parthier, B., und Engelhardt, D. von: 350 Jahre Leopoldina – Anspruch und Wirklichkeit. Festschrift der Deutschen Akademie der Naturforscher Leopoldina 1652–2002. S. 45–93. Halle (Saale): Druck-Zuck 2002

Müller, U.: Philipp Jacob Sachs v. Lewenhaimb (1627–1672): Studienreise, Korrespondenznetzwerk, Begründung der Zeitschrift der Leopoldina. In: Eckart, W. U., und Schott, H. (Hrsg.): Strategien der Kommunikation von Naturwissen und Medizin. Zeitschriften gelehrter Akademien in der frühen Neuzeit. Acta Historica Leopoldina Nr. *81*, 111–138 (2022)

Müller, U., und Weber, D. (Hrsg.): SALUTEM ET FELICITATEM! Gründung und internationale Ausstrahlung der Leopoldina. Ausstellung zum 325. Jahrestag ihrer Privilegierung 1687 durch Kaiser Leopold I. und Edition aller kaiserlichen Urkunden von 1677 bis 1742. Acta Historica Leopoldina Nr. *61* (2012)

Müller, U., Weber, D., und Berg, W. (Bearb.): Protocollum Academiae Caesareo-Leopoldinae Naturae Curiosorum – Edition der Chronik der Kaiserlich-Leopoldinischen Akademie der Naturforscher. Acta Historica Leopoldina Nr. *60* (2013)

Neigebaur, J. D. F.: Geschichte der Kaiserlichen Leopoldino-Carolinischen Deutschen Akademie der Naturforscher während des zweiten Jahrhunderts ihres Bestehens. Jena: Friedrich Frommann 1860

Parthier, B.: Die Leopoldina. Bestand und Wandel der ältesten deutschen Akademie. Festschrift des Präsidiums der Deutschen Akademie der Naturforscher Leopoldina zum 300. Jahrestag der Gründung der heutigen Martin-Luther-Universität Halle-Wittenberg. Halle (Saale): Druck-Zuck 1994

Sachs von Lewenhaimb, P. J.: Ampelographia sive Vitis Viniferae Eiusque Partium Consideratio Physico-Philologico-Historico-Medico-Chymica: in qua Tam de Vite in genere, quam in specie de eius Pampinis, Flore, Lachryma [...] curiosa notata plurima ad normam Collegii Naturae Curiosorum instituta Plurimis Iucundis Secretiis Naturae, Artisque Locupletata / a Philippo Jacobo Sachs, à Lewenhaimb Siles. Phil. & Med. D. & Collegii Naturae Curiosorum Collega. Vratislaviae: Trescherus; Lipsiae: Michaelis 1661

Sachs von Lewenhaimb, P. J.: Gammarologia, Sive Gammarorum, vulgo Cancrorum Consideratio Physico-Philologico-Historico-Medico-Chymica: in qua, Praeter Gammarorum singularem Naturam, Indolem & multivarium usum non minus reliquorum Crustatorum instituitur tractatio Ad Normam Collegii Naturae Curiosorum, Plurimis Inventis Secretioribus Naturae Artisque Locupletata / à Philippo Jacobo Sachs à Lewenheimb, Siles. Ph. & Med D. & Colleg. Nat. Curios. Collega. Francofurti; Lipsiae; Wratislaviae Silesiorum: Fellgibelius 1665

Salve Academicum: Salve Academicum vel Iudicia et Elogia super recens adornata Academia Naturae Curiosorum. Leipzig: Johann Bartholomäus Oehler, Christian Michael 1662

Schroeck, L.: Historica Continuatio Progressus Academiae Leopoldinae-Imperialis Naturae Curiosorum Delineata à Luca Schröckio […]. Nürnberg: 1689

Scriba, C. J.: Auf der Suche nach neuen Wegen. Die Selbstdarstellung der Leopoldina und der Royal Society in London in ihrer Korrespondenz der ersten Jahre (1664–1669). In: Müller, U. (Hrsg.): Salve Academicum – Festschrift der Stadt Schweinfurt anläßlich des 300. Jahrestages der Privilegierung der Deutschen Akademie der Naturforscher Leopoldina durch Kaiser Leopold I. vom 7. August 1687. (Veröffentlichungen des Stadtarchivs Schweinfurt *1*). S. 69–82. Schweinfurt: Stadtarchiv 1987

Sprat, T.: The History of the Royal-Society of London for the Improving of Natural Knowledge. London: J. Martyn, J. Allestry 1667

Stern, L.: Zur Geschichte und wissenschaftlichen Leistung der deutschen Akademie der Naturforscher „Leopoldina". Berlin: Rütten & Loening 1952

Toellner, R.: Im Hain des Akademos auf die Natur wissbegierig sein: Vier Ärzte der Freien Reichsstadt Schweinfurt gründen die Academia Naturae Curiosorum. In: Parthier, B., und Engelhardt, D. von: 350 Jahre Leopoldina – Anspruch und Wirklichkeit. Festschrift der Deutschen Akademie der Naturforscher Leopoldina 1652–2002. S. 15–43. Halle (Saale): Druck-Zuck 2002

Uschmann, G.: Kurze Geschichte der Akademie. In: *Deutsche Akademie der Naturforscher Leopoldina*: Deutsche Akademie der Naturforscher 1652–1977 Acta Historica Leopoldina Suppl. *1*, S. 9–61. Leipzig: Johann Ambrosius Barth 1977 (2. Aufl. 1989, S. 11–65)

Wallach, E.: Baco von Verulam über die Medizin: Ins Deutsche übertragen aus De dignitate et augmentis scientiarum (1623). Buch IV, Kap. II. Archiv für Geschichte der Medizin *18*/2, 113–129 (1926)

Wedel, G. W.: Progressus Academiae Naturae Curiosorum, Catalogo Patronorum Et Collegarum Expressus. Jenae: Bielkius 1680

Winau, R.: Zur Frühgeschichte der Academia Naturae Curiosorum. In: Hartmann, F., und Vierhaus, R. (Hrsg.): Der Akademiegedanke im 17. und 18. Jahrhundert. (Wolfenbütteler Forschungen *3*). S. 117–137. Bremen und Wolfenbüttel: Jacobi 1977

Zaunick, R.: 300 Jahre Leopoldina. Bestand und Wandel. In: Schlüter, O. (Hrsg.): Bericht über den Verlauf der Feier des 300jährigen Bestehens der Deutschen Akademie der Naturforscher (Leopoldina) am 16. und 17. Februar 1952 in Halle/Saale erstattet von Otto Schlüter Präsidenten der Akademie. Nova Acta Leopoldina Neue Folge Bd. *15*, Nr. 104, 31–42 (1952)

Dr. Uwe Müller
Falkenring 1B
97422 Schweinfurt
Bundesrepublik Deutschland
E-Mail: uwemueller.handfest@t-online.de

Neubau

der Bibliothek für die Kaiserl. Leopold. Carol. Deutsch.

Akademie der Naturforscher zu Halle a/S. Friedrichstr.

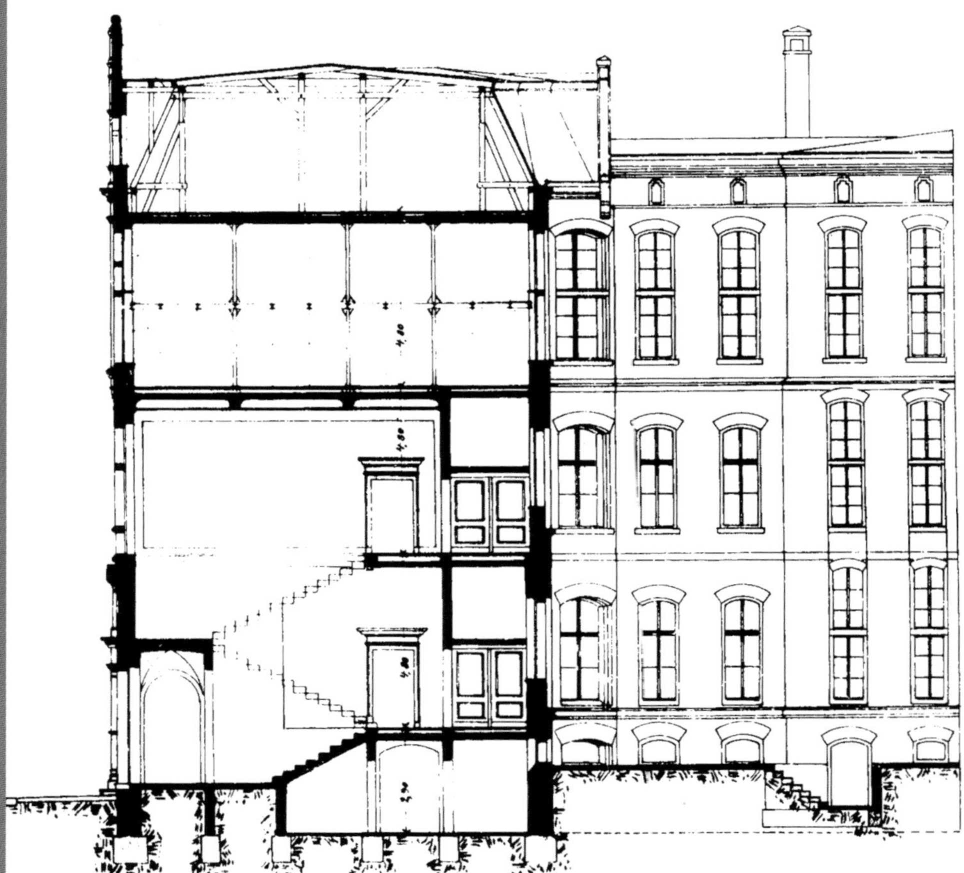

Kriegsfolgeverluste als historisches Faktum und fortlaufende Aufgabe der Leopoldina-Bibliothek

Bernhard Kölbl (Halle/Saale)

Kriegerische Auseinandersetzungen schlagen lang andauernde Wunden. Wie die traumatischen Erlebnisse Betroffener sich nach allgemeiner Auffassung noch bis in Folgegenerationen auswirken können, so sind häufig genug auch die Schäden durch Zerstörung und Entziehung von Kulturgut auch Jahrzehnte später stumme Mahnmale der Kriegs- und unmittelbaren Nachkriegsereignisse. Auch die Leopoldina-Bibliothek blieb davon nicht verschont. Die Folgen beschäftigen die Abteilung Archiv und Bibliothek bis heute. Fast 80 Jahre nach Kriegsende investiert sie nicht unerhebliche finanzielle und personelle Ressourcen in verschiedene Strategien, um die in ihre Bestände gerissenen Lücken zu heilen.

Aufgrund der zunehmenden Bedrohung durch Luftangriffe war 1943 eine Auswahl der ca. 7000 wertvollsten Stücke der Bibliothek (Handschriften, Inkunabeln und alte Drucke) in einen aufgelassenen Kali-Stollen in Wansleben zwischen Halle und Eisleben ausgelagert worden, den man zuvor gewissenhaft auf seine Eignung überprüft hatte. Auch andere Materialien, die für die Akademie von herausragender ideeller oder wirtschaftlicher Bedeutung waren – so etwa wertvolles und einmaliges Archivgut, die zum Verkauf bestimmte Verlagsproduktion und weitere Teile des Bibliotheksbestandes – wurde aus Sicherheitsgründen dorthin verbracht.[1] Die unmittelbar nach Kriegsende durch die Akademieleitung stark forcierte Rückführung in das schlussendlich unbeschädigt gebliebene Bibliotheksgebäude in der August-Bebel-Straße scheiterte jedoch kurz vor ihrer Umsetzung: Das Bibliotheksgut war unmittelbar zuvor durch die Besatzer in die UdSSR verbracht worden.[2] Im nun einsetzenden und – bei Verschiedenheit der Akteure – bis weit in die 1990er Jahre andauernden zähen Ringen um eine Rückgabe konnten zwar einige Teile des Auslagerungsguts, hier vor allem Teile des Archivguts, für die Leopoldina zurückgewonnen werden, der wertvolle Buchbestand ist jedoch zum ganz überwiegenden Teil bis heute nicht zurückgekehrt: nur 43 der ca. 7000 Bände fanden auf teils verschlungenen Pfaden ihren Weg zurück in die Bibliothek.[3]

---

1 Für eine quantitative Übersicht über die verschiedenen ausgelagerten Bestände siehe https://www.leopoldina.org/ueber-uns/bibliothek/kriegsbedingte-verluste-der-bibliothek/auslagerung-und-abtransport/ (zugegriffen am 12. 4. 2024).

2 Erst in den letzten Jahren konnte anhand von Einzelfällen belegt werden, dass es noch vor der Übernahme des Schachtes durch die Sowjettruppen zu gelegentlichen Diebstählen gekommen sein muss, wenngleich diese im Verhältnis zum gesamten ausgelagerten Bestand – zumindest quantitativ – einen vergleichsweise geringen Umfang gehabt haben dürften.

3 Die hier gegebene stark verknappte Skizze der Verlusthistorie fußt auf der detaillierten Darstellung von Mechthild Hofmann und Jochen Thamm (1994). Die Zusammenstellung der bisher zurückerhaltenen Bände erfolgte durch Thamm, sie liegt in der Abteilung Archiv und Bibliothek der Leopoldina als unpubliziertes Dokument vor.

Über die Modalitäten der Verteilung der Bücher aus der Bibliothek der Leopoldina auf Bibliotheken innerhalb der Sowjetunion konnten bisher noch keine gesicherten Erkenntnisse gewonnen werden. Indizien deuten jedoch darauf hin, dass zumindest bei einem Teil der Titel der Staatliche Literaturfonds an der Zuweisung zu Empfängerinstitutionen beteiligt war. Für einige Orte bzw. Einrichtungen, an die Titel der Leopoldina gelangt sind, gibt es immerhin Belege oder zumindest Hinweise: So lassen sich Bände mit Leopoldina-Provenienz in der Russischen Nationalbibliothek, der Russischen Staatsbibliothek, der Öffentlichen Historischen Bibliothek und der Allrussischen Staatlichen M.-I.-Rudomino-Bibliothek für ausländische Literatur in Moskau nachweisen. Rückgaben aufgrund bilateraler Vereinbarungen erfolgten aus Armenien und Georgien. Schließlich lassen die Umstände der Verbringung innerhalb der Sowjetunion einen Teilbestand in Estland vermuten, wobei nicht auszuschließen ist, dass sich auch an weiteren Orten bzw. in Institutionen der früheren Sowjetunion ehemalige Bestände der Leopoldina-Bibliothek befinden. Die Möglichkeiten, konkrete Titel zu bestimmen, die sich heute noch in Bibliotheken der Nachfolgestaaten der UdSSR befinden, sind jedoch in der Mehrzahl der Fälle beschränkt, da sie ganz wesentlich vom Stand der elektronischen Erfassung der Titel überhaupt sowie der Provenienz als Datum in öffentlich zugänglichen Katalogen sowie den Such- und Exportfunktionen in diesen Katalogsystemen abhängen.

Da sich nach gegenwärtigem Stand für die Zukunft keine weitere Restitutionslösung abzeichnet, entzieht sich die Bibliothek der Leopoldina dem Spannungsfeld zwischen der Position des Beharrens auf dem Eigentum an unrechtmäßig entzogenem Kulturgut auf der einen und der Anerkennung der aktuellen Besitzverhältnisse als Folge eines Entschädigungsbedürfnisses für deutsche Gräueltaten und Zerstörungen andererseits, in dem deutsche Gedächtnisinstitutionen bis in die Gegenwart in weiten Teilen agieren,[4] durch ein pragmatisches Vorgehen: Sie bewertet die Lücken im Bestand nach dem Kriterium der spezifischen Bedeutung der Verluste für die Akademie und beschränkt sich für einen Teil dieser Lücken darauf, sie virtuell, nämlich durch Nachweis in ihren Katalogen und gegebenenfalls die Verlinkung auf verfügbare Digitalisate anderer (deutscher) Einrichtungen, zu schließen.

Ein anderer Weg muss dort beschritten werden, wo der substanzielle Kern der Sammlung betroffen ist: die von der Akademie selbst verantworteten oder mit ihr in unmittelbarer Verbindung erfolgten Publikationen. Namentlich sind dies das sogenannte „Akademieprogramm", d.i. das erste Publikationsvorhaben der noch jungen Gelehrtengesellschaft, eine ab 1661 erschienene, als Enzyklopädie der Heilmittel konzipierte Reihe von Monographien sowie die Bände der von der Leopoldina ab 1670 herausgebrachten

4 Dem Austausch mit Russland auch in Bezug auf die Eigentumsverhältnisse widmet sich der Deutsch-Russische-Bibliotheksdialog, eine Initiative, die allerdings seit dem Beginn des russischen Angriffskriegs gegen die Ukraine pausiert (https://www.preussischer-kulturbesitz.de/schwerpunkte/kooperationen/deutsch-russischer-bibliotheksdialog.html; zugegriffen am 12. 4. 2024).
Die Eigentumsfrage gewann deutlich an Brisanz, nachdem Russland nach vorherigen bilateralen Abkommen über die gegenseitige Rückgabe 1990 und 1992 die aus deutschen Institutionen stammenden Kulturgüter in Russland 1996 per Gesetz zu russischem Eigentum erklärt hat, siehe dazu: https://www.preussischer-kulturbesitz.de/schwerpunkte/provenienzforschung-und-eigentumsfragen/kriegsverluste-der-sammlungen/kriegsbedingt-verlagerte-kulturgueter-in-russland.html; zugegriffen am 12. 4. 2024.

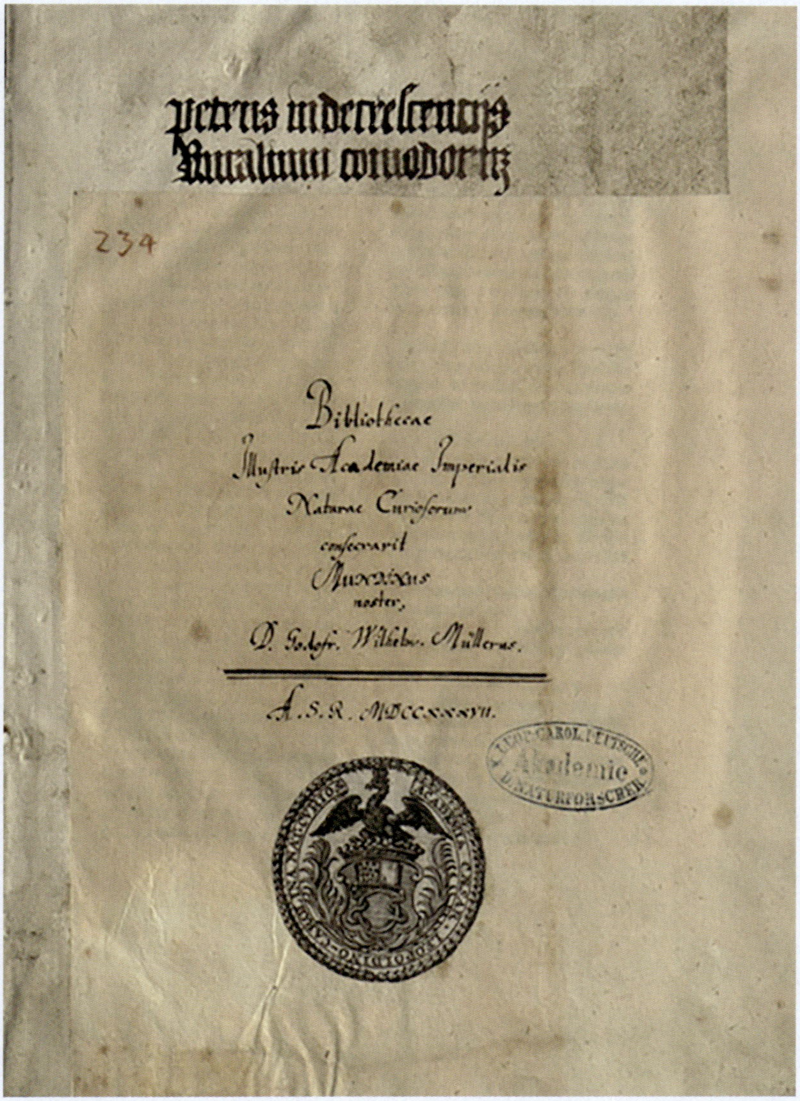

Der *Liber ruralium commodorum* des Petrus de Crescentiis (1230/1233–1320/1321) in der Ausgabe Löwen 1485 mit handschriftlichem Schenkungsvermerk und Besitzstempeln der Leopoldina-Bibliothek (Leopoldina-Signatur Gb 4 : 1905) ist heute im Besitz der Russischen Staatsbibliothek Moskau (Signatur MK MK Inc/4.286), die ihn unter dem URL https://search.rsl.ru/ru/record/01003386155 (zugegriffen am 12. 4. 2024) digital zur Verfügung stellt.

ersten naturwissenschaftlich-medizinischen Zeitschrift, der *Miscellanea curiosa*. Das mittelfristige Ziel, diese für die Akademiegeschichte essenziellen Bände wieder vollständig in je einem physischen Exemplar zu besitzen, verfolgt die Bibliothek durch dauernde, gewissenhafte Sichtung des Antiquariatsmarktes und entsprechende Ankäufe. So konnten trotz der geringen Verfügbarkeit entsprechender Bände auf dem Markt in den vergangenen Jahren mit dem Ankauf mehrerer bisher fehlender Titel aus dem Akademieprogramm, so z. B. der 1698 als Teil eines größeren Werkes des Leopoldina-Mitglieds Rosinus Lentilius (1657–1733, ML 1683) publizierten *Ambrologia* von Georg Balthasar Metzger (1623–1687, ML 1652), einem der Gründungsmitglieder der Akademie, oder der 1694 veröffentlichten *Lycographia* des Christian Franz Paullini (1645–1712, ML 1675), beachtliche Erfolge erzielt werden. Überdies gelang der Erwerb einiger weiterer seit der Auslagerung vermisster Bände der *Miscellanea curiosa*. Gleichwohl bleibt die Schließung der im Gefolge des Krieges in die Bestände der Bibliothek der Leopoldina geschlagenen Lücken eine fordernde Aufgabe für Gegenwart und Zukunft.

Literatur

Hofmann, M., und Thamm, J.: Hoffnung auf späte Rückkehr. Das Schicksal der im Zweiten Weltkrieg ausgelagerten Bestände der Leopoldina-Bibliothek. Jahrbuch 1993. Leopoldina (R. 3) *39*, 411–426 (1994)

Dr. Bernhard Kölbl
Deutsche Akademie der Naturforscher Leopoldina –
Nationale Akademie der Wissenschaften –
Jägerberg 1
06108 Halle (Saale)
Bundesrepublik Deutschland
Tel.: +49 345 47239142
Fax: +49 345 47239149
E-Mail: bernhard.koelbl@leopoldina.org

Spenderinnen und Spender für die Bibliothek und das Archiv 2023

acatech – Deutsche Akademie der Technikwissenschaften, München
Akademie der Wissenschaften, Hamburg
Albanische Akademie der Wissenschaften, Tirana (Albanien)
Marietta AUER, Frankfurt (Main)
Gunnar BERG, Halle (Saale)
Petra BORST, München
Botanischer Verein Sachsen-Anhalt, Petersberg
Andreas CLAUSING, Halle (Saale)
Deutsche Forschungsgemeinschaft, Bonn
Deutsche Ophthalmologische Gesellschaft, Heidelberg
Deutsche Ornithologen-Gesellschaft, Wilhelmshaven
Deutsches Hygiene-Museum, Dresden
Deutsches Krebsforschungszentrum, Heidelberg
Gesellschaft für Geschichte der Wehrmedizin, München
Rainer GODEL, Halle (Saale)
Marian HEFTER, Gotha
Uwe HOSSFELD, Jena
Michael KAASCH, Halle (Saale)
Andreas KLEINERT, Halle (Saale)
Landesarchiv Sachsen-Anhalt, Magdeburg
Werner LEHFELDT, Göttingen
Corina LINK, Niedereschach
LJ-Verlag, Freiburg
Martin-Luther-Universität, Halle-Wittenberg, Halle (Saale)
Christoph MEINEL, Regensburg
Naturkundemuseum, Erfurt
Naturkundemuseum, Potsdam
Naumann-Museum, Köthen
Robert OFFNER, Regensburg
Orden pour le mérite, Bonn
Heinz PENZLIN, Jena
Presse- und Informationsamt der Bundesregierung, Berlin
Robert Koch-Institut, Berlin
Peter SCHOLZ, Schkeuditz
Dieter SCHWARTZE, Petersberg
St. Gallische Naturwissenschaftliche Gesellschaft, St. Gallen (Schweiz)
Sudetendeutsche Akademie der Wissenschaften und Künste, München
The Gardens Trust, London (Großbritannien)
Renate TOBIES, Jena
Eric J. WARRANT, Lund (Schweden)
Danny WEBER, Leipzig
Wissenschaftliche Gesellschaft an der Johann Wolfgang Goethe-Universität, Frankfurt (Main)
Wissenschaftliche Verlagsgesellschaft, Stuttgart
Wissenschaftskolleg zu Berlin, Berlin

Bildnachweis

S. 8 – Foto: Markus SCHOLZ für die Leopoldina. Das Präsidium der Nationalen Akademie der Wissenschaften Leopoldina am 28. September 2023, dem Eröffnungstag der Leopoldina-Jahresversammlung 2023, vor dem Hauptgebäude der Akademie, Jägerberg 1, in Halle (Saale).

S. 9 – Foto: Markus SCHOLZ für die Leopoldina. Zustrom der Teilnehmenden an der Leopoldina-Jahresversammlung 2023. Aufnahme vom 28. September 2023, Hauptsitz der Leopoldina, Jägerberg 1, in Halle (Saale).

S. 10 – Foto: Markus SCHOLZ für die Leopoldina. Workshop „Infectious Diseases beyond COVID-19" in Kooperation mit der *Academy of Science of South Africa*, der *Académie des Sciences et Techniques du Sénégal*, der *Ethiopian Academy of Sciences* und der Leopoldina; Max-Planck-Institut für Infektionsbiologie, Charitéplatz 1, Berlin. „Panel Discussion A on Pandemic Preparedness": Wondwossen AMOGNE DEGU, *Addis Ababa University*, Addis Ababa, Ethiopia; Ndeye Fatou NGOM, *University Alioune DIOP of Bambey*, Bambey, Senegal (Moderation); Gabriela CROMHOUT, *University of KwaZulu-Natal*, South Africa; Beate KAMPMANN, Charité – Universitätsmedizin Berlin, Institut für Internationale Gesundheit, Berlin (*von links nach rechts*). Aufnahme vom 23. Mai 2023.

S. 23 – Foto: Markus SCHOLZ für die Leopoldina. Deutsch-amerikanisch-israelisches trilaterales Symposium „Energy Solutions. Research and Industry-Related Developments in Energy Production, Storage, Conversion, Transmission and Distribution" am 11. und 12. Oktober 2023, Hauptsitz der Leopoldina, Jägerberg 1, Halle (Saale). Aufnahme vom 11. Oktober 2023.

S. 24 – Foto: Thomas Meinicke Photography. Auszeichnung von Eckart VON HIRSCHHAUSEN mit dem Wissenschaftskommunikationspreis 2023 durch den Leopoldina Akademie Freundeskreis e. V. Aufnahme vom 31. Mai 2023.

S. 27 – Foto: Markus SCHOLZ für die Leopoldina. Enthüllung des Denkmals für Akademie-Gründer Johann Lorenz BAUSCH auf dem Campus der Technischen Hochschule Würzburg-Schweinfurt. Aufnahme vom 5. September 2023.

S. 31 – Foto: Markus SCHOLZ für die Leopoldina. Blick in den Festsaal des Akademiehauptsitzes, Jägerberg 1, Halle (Saale), während der Einführung in das Thema der Leopoldina-Jahresversammlung 2023 „Gesetz(e): Regeln der Wirklichkeit – Regeln für die Wirklichkeit" durch den Mitorganisator der Jahresversammlung Andreas KABLITZ ML (Köln). Aufnahme vom 28. September 2023.

S. 32 – Foto: Markus SCHOLZ für die Leopoldina. Impression aus dem Festsaal des Leopoldina-Hauptgebäudes, Jägerberg 1, Halle (Saale), vor der Eröffnung der Jahresversammlung „Gesetz(e): Regeln der Wirklichkeit – Regeln für die Wirklichkeit". Aufnahme vom 28. September 2023.

S. 34, 35 – Fotos: Markus SCHOLZ für die Leopoldina. Aufnahmen vom ersten Tag der Leopoldina-Jahresversammlung „Gesetz(e): Regeln der Wirklichkeit – Regeln für die Wirklichkeit". Aufnahmen vom 28. September 2023.

S. 50, 53, 55, – Fotos: Markus SCHOLZ für die Leopoldina. Aufnahmen vom zweiten Tag der Leopoldina-Jahresversammlung „Gesetz(e): Regeln der Wirklichkeit – Regeln für die Wirklichkeit". Aufnahmen vom 29. September 2023.

S. 59 – Foto: Markus SCHOLZ für die Leopoldina. Impression aus dem Festsaal des Leopoldina-Hauptgebäudes, Jägerberg 1, Halle (Saale), vor der Eröffnung der Jahresversammlung „Gesetz(e): Regeln der Wirklichkeit – Regeln für die Wirklichkeit". Aufnahme vom 28. September 2023.

S. 60 – Foto: Markus SCHOLZ für die Leopoldina. Der XXVII. Präsident der Deutschen Akademie der Naturforscher Leopoldina – Nationale Akademie der Wissenschaften Gerald HAUG ML während seiner Begrüßung und Ansprache zur Jahresversammlung 2023. Aufnahme vom 28. September 2023.

Leopoldina-Jahrbuch 2023, 288–291 (2024)

S. 66 – Foto: Markus SCHOLZ für die Leopoldina. Der Ministerpräsident des Landes Sachsen-Anhalt Reiner HASELOFF während seines Grußwortes zur Leopoldina-Jahresversammlung 2023. Aufnahme vom 28. September 2023.

S. 70 – Foto: Markus SCHOLZ für die Leopoldina. Die Staatssekretärin im Bundesministerium für Bildung und Forschung Sabine DÖRING während ihres Grußwortes zur Leopoldina-Jahresversammlung 2023. Aufnahme vom 28. September 2023.

S. 78 – Foto: Markus SCHOLZ für die Leopoldina. Leopoldina-Präsident Gerald HAUG ML überreicht die Ernennungsurkunde zum Ehrensenator der Leopoldina an Andreas BARNER (Ingelheim).

S. 79 – Foto: Markus SCHOLZ für die Leopoldina. Symbolbild – aktualisierter Programmausdruck der Leopoldina-Jahresversammlung 2023.

S. 80 – Foto: Markus SCHOLZ für die Leopoldina. Ausgewählte Schülerinnen und Schüler aus ganz Deutschland nahmen mit finanzieller Unterstützung der Wilhelm und Else Heraeus-Stiftung an der Leopoldina-Jahresversammlung 2023 teil. Gruppenaufnahme vom 28. September 2023 vor dem Hauptsitz der Akademie, Jägerberg 1, Halle (Saale).

S. 82 – Foto: Viktoria WALTHER für die Leopoldina. Vorstellung der Leopoldina-Geschichte im Rahmen des Schülerprogramms 2023 im Lesesaal der Akademiebibliothek in der Emil-Abderhalden-Straße 36 in Halle (Saale). Aufnahme vom 27. September 2023.

S. 84 – Foto: Markus SCHOLZ für die Leopoldina. Symbolbild – Veranstaltungsteilnehmer. Aufnahme vom 15. Februar 2023 zur Leopoldina-Vorlesung der Klasse I – Mathematik, Natur- und Technikwissenschaften“ von Ben L. FERINGA ML (Groningen, Niederlande): „The Art of Building Small“.

S. 85 – Foto: Markus SCHOLZ für die Leopoldina. Am 19. April 2023 erhielten am Vorabend des Leopoldina-Symposiums „Der lange Weg zur mRNA als therapeutischem Werkzeug“ die im Jahr 2022 neu Zugewählten der Klasse II – Lebenswissenschaften ihre Ernennungsurkunden. Auf dem Foto Leopoldina-Präsident Gerald HAUG ML (*vorn Mitte*) sowie die neuen Mitglieder (*von links nach rechts*): Anna KÖTTGEN (ML bereits seit 2021), Jörn PIEL (ML bereits seit 2020), Tina ROMEIS, Michael BOUTROS, Andreas PESCHEL, Patrick BAEUERLE (ML bereits seit 2021), Kai-Uwe ECKARDT, Hans-Georg RAMMENSEE, Robert GROSSE, Charlotte FÖRSTER (ML bereits seit 2021), Sonja-Verena ALBERS, Claudia HÖBARTNER, Ulrich TECHNAU (ML bereits seit 2020), Katalin KARIKÓ, Ivo FEUSSNER, Johannes HERRMANN (ML bereits seit 2020), Christian FANKHAUSER (ML bereits seit 2019) und Wulf AMELUNG.

S. 86 – Foto: Markus SCHOLZ für die Leopoldina. Ben L. FERINGA ML (Groningen, Niederlande) bei seiner Leopoldina-Vorlesung „The Art of Building Small“ am 15. Februar 2023.

S. 87 – Foto: Markus SCHOLZ für die Leopoldina. Aufnahme vom 16. Februar 2023 zum Symposium der Klasse I „Energiespeicher: der Schlüssel zur Energiewende?“.

S. 89 – Foto: Markus SCHOLZ für die Leopoldina. Aufnahme vom 19. April 2023 zur Leopoldina-Vorlesung von Katalin KARIKÓ „Developing mRNA for Therapy“.

S. 91 – Foto: Markus SCHOLZ für die Leopoldina. Aufnahme vom 12. Juli 2023 zur Leopoldina-Vorlesung von Carmen SCHEIBENBOGEN „Die Folgen der Pandemie: Post COVID und ME/CFS“.

S. 92 – Foto: Markus SCHOLZ für die Leopoldina. Gruppenbild von im Jahr 2022 neu in die Klasse III – Medizin der Leopoldina Aufgenommenen mit Leopoldina-Präsident Gerald HAUG. Aufnahme vom 12. Juli 2023.

S. 94 – Foto: Markus SCHOLZ für die Leopoldina. Am 22. November 2023 erhielten 2021, 2022 und 2023 in die Klasse IV – Geistes-, Sozial- und Verhaltenswissenschaften Gewählte ihre Ernennungsurkunden. Gruppenfoto mit Leopoldina-Präsident Gerald HAUG ML (*Vierter von links*) und den neuen Mitgliedern (*von links nach rechts*) Xuetao LI (ML seit 2023); Michèle TERTILT, Stephan LEWANDOWSKY, Thomas METZINGER, Marietta

AUER, Julia FISCHER (alle ML seit 2022); sowie Nicola FUCHS-SCHÜNDELN und Axel OCKENFELS (beide ML seit 2021).

S. 95, 97 – Fotos: Markus SCHOLZ für die Leopoldina. Aufnahmen vom 22. November 2023 zum Symposium „Die Autorität der Wissenschaften auf dem Prüfstand“ der Klasse IV – Geistes-, Sozial- und Verhaltenswissenschaften.

S. 99 – Foto: Markus SCHOLZ für die Leopoldina. Gemeinsamer Ausschuss zum Umgang mit sicherheitsrelevanter Forschung: Veranstaltung „Sensibilisierung und Kompetenzbildung für Ethik sicherheitsrelevanter Forschung (Dual Use) in der Lehre – Theorien, Methoden, Good-Practices“ am 5. Juni 2023, Landesvertretung Sachsen-Anhalt in Berlin, Luisenstraße 18, Berlin. Vortrag von Sebastian WEYDNER-VOLKMANN, Ruhr-Universität Bochum.

S. 100 – Foto: Anna KOLATA für die Leopoldina. Das Hauptgebäude der Leopoldina auf dem Jägerberg 1 in Halle (Saale) zur Langen Nacht der Wissenschaften 2023. Aufnahme vom 7. Juli 2023.

S. 108 – Foto: Markus SCHOLZ für die Leopoldina. Symbolbild – Mappe mit Tagungsunterlagen für Teilnehmende an Leopoldina-Veranstaltungen.

S. 112 – Foto: Markus SCHOLZ für die Leopoldina. Symbolbild – Schreibutensilien für Teilnehmende von Leopoldina-Veranstaltungen.

S. 115 – Foto: Johann SABA, Universitätsklinikum Bonn. Die Organisatorinnen und Organisatoren mit den Referentinnen und Referenten des Leopoldina-Symposiums „Stoffwechsel aus dem Gleichgewicht: Zwischen Forschung und gesellschaftlicher Relevanz“.

S. 120 – Foto: Copyright-Hinweis: GAIN/Fox. Repräsentantinnen und Repräsentanten von Wissenschaftsorganisationen und deutschen Regierungsstellen zur GAIN23-Jahrestagung in Boston.

S. 123 – Foto: T. PAPADAKIS, Gießen. Teilnehmerinnen und Teilnehmer des Symposiums „Tuft Cells“.

S. 124 – Foto: M. KESHAVARZ, Gießen. Elektronenmikroskopische Aufnahme einer *Tuft Cell*.

S. 136 – Foto: Markus SCHOLZ für die Leopoldina. Symbolbild – Tragebeutel für Materialien der Teilnehmenden an Leopoldina-Veranstaltungen.

S. 140 – Foto: Markus SCHOLZ für die Leopoldina. Symbolbild – Teilnehmer an einer Leopoldina-Veranstaltung mit Tagungsunterlagen.

S. 158 – Foto: Markus SCHOLZ für die Leopoldina. Symbolbild – Tagungsmaterialen einer Leopoldina-Veranstaltung.

S. 160 – Fotonachweis: Susanne HARTMANN und Marko JANKE. Teilnehmende am *German-African Global Health*-Workshop „Parasite Infections in Global Health: Socioeconomics, Nutrition, Drug Resistance and Immunity“.

S. 196 – Foto: Markus SCHOLZ für die Leopoldina. Büchertisch mit Veröffentlichungen der Nationalen Akademie der Wissenschaften Leopoldina im Foyer der ersten Etage des Leopoldina-Hauptgebäudes zur Jahresversammlung 2023. Aufnahme vom 29. September 2023.

S. 197 – Zusammenstellung von aktuellen Publikationen der Nationalen Akademie der Wissenschaften Leopoldina und des ältesten Bandes der medizinisch-naturwissenschaftlichen Zeitschrift der Welt (*von links nach rechts*): *NAL-conference* Nr. *430 Global Health. Von Gesundheitsleistungen über Klimawandel bis zu sozialer Gerechtigkeit*, die *Miscellanea* von 1670, *NAL-historica* Nr. *85 „Wir und die ‚Anderen'“: Intergruppenbeziehungen in interdisziplinärer Perspektive* und *NAL-live* 2020.1 *The New (Old) Genetics*, *Version 2.0* (Zusammenstellung: Leopoldina).

S. 227 – Foto: Markus Scholz für die Leopoldina. Schriftzug „Leopoldina" über dem Eingang zum Hauptgebäude der Deutschen Akademie der Naturforscher Leopoldina – Nationale Akademie der Wissenschaften, Jägerberg 1, Halle (Saale).

S. 259 – Foto: Markus Scholz für die Leopoldina. Symbolbild – Leopoldina-Veröffentlichung mit historischem Kapitel.

S. 274 – Foto: Markus Scholz für die Leopoldina. Das vom Bildhauer Bernd Göbel geschaffene Denkmal für den Akademie-Gründer Johann Lorenz Bausch auf dem Campus der Technischen Hochschule Würzburg-Schweinfurt am Tag seiner Enthüllung, dem 5. September 2023.

S. 282 – Die Abbildung zeigt eine Bauskizze von Baurat Kortüm aus dem Jahre 1903 für den Bibliotheksneubau der Akademie. Mit dem in der Amtszeit des XVI. Präsidenten Karl Frhr. von Fritsch (1838–1906, Amtszeit 1895–1906) realisierten Neubau erhielt die Bibliothek eine würdige Unterbringung. Das Gebäude wurde in moderner Stahlskelettbauweise errichtet. Quelle: Archiv der Leopoldina.

S. 285 – Abbildung der *Liber ruralium commodorum* des Petrus de Crescentiis in der Ausgabe Löwen 1485 mit handschriftlichem Schenkungsvermerk und Besitzstempeln der Leopoldina-Bibliothek (Zugriff am 12. April 2024: https://search.rsl.ru/ru/record/01003386155).